机械设计手册

第6版

单行本

机械系统概念设计

主　编　闻邦椿

副主编　鄂中凯　张义民　陈良玉　孙志礼

宋锦春　柳洪义　巩亚东　宋桂秋

机械工业出版社

《机械设计手册》第6版 单行本共26分册，内容涵盖机械常规设计、机电一体化设计与机电控制、现代设计方法及其应用等内容，具有系统全面、信息量大、内容现代、突显创新、实用可靠、简明便查、便于携带和翻阅等特色。各分册分别为：《常用设计资料和数据》《机械制图与机械零部件精度设计》《机械零部件结构设计》《连接与紧固》《带传动和链传动 摩擦轮传动与螺旋传动》《齿轮传动》《减速器和变速器》《机构设计》《轴 弹簧》《滚动轴承》《联轴器、离合器与制动器》《起重运输机械零部件和操作件》《机架、箱体与导轨》《润滑 密封》《气压传动与控制》《机电一体化技术及设计》《机电系统控制》《机器人与机器人装备》《数控技术》《微机电系统及设计》《机械系统概念设计》《机械系统的振动设计及噪声控制》《疲劳强度设计 机械可靠性设计》《数字化设计》《工业设计与人机工程》《智能设计 仿生机械设计》。

本单行本为《机械系统概念设计》，主要介绍机械系统概念设计概论、机械系统概念设计的基本方法、动作行业载体及其创新设计、机械运动系统的协调设计、机械系统的需求分析和工作机理确定、具有机械产品特征的功能求解模型、机械系统运动方案的构思和设计、机械运动系统的评价体系和评价方法等内容。

本书供从事机械设计、制造、维修及有关工程技术人员作为工具书使用，也可供大专院校的有关专业师生使用和参考。

图书在版编目（CIP）数据

机械设计手册. 机械系统概念设计/闻邦椿主编. —6版. —北京：机械工业出版社，2020.1

ISBN 978-7-111-64750-8

Ⅰ.①机… Ⅱ.①闻… Ⅲ.①机械设计-技术手册②机械系统-系统设计-技术手册 Ⅳ.①TH122-62

中国版本图书馆CIP数据核字（2020）第024365号

机械工业出版社（北京市百万庄大街22号 邮政编码100037）
策划编辑：曲彩云 责任编辑：曲彩云 高依楠
责任校对：徐 强 封面设计：马精明
责任印制：郜 敏
北京中兴印刷有限公司印刷
2020年4月第6版第1次印刷
184mm×260mm · 7.75印张 · 184千字
0001—2500册
标准书号：ISBN 978-7-111-64750-8
定价：29.00元

电话服务	网络服务
客服电话：010-88361066	机 工 官 网：www.cmpbook.com
010-88379833	机 工 官 博：weibo.com/cmp1952
010-68326294	金 书 网：www.golden-book.com
封底无防伪标均为盗版	机工教育服务网：www.cmpedu.com

出版说明

《机械设计手册》自出版以来，已经进行了5次修订，2018年第6版出版发行。截至2019年，《机械设计手册》累计发行39万套。作为国家级重点科技图书，《机械设计手册》深受广大读者的欢迎和好评，在全国具有很大的影响力。该书曾获得中国出版政府奖提名奖、中国机械工业科学技术奖一等奖、全国优秀科技图书奖二等奖、中国机械工业部科技进步奖二等奖，并多次获得全国优秀畅销书奖等奖项。《机械设计手册》已成为机械设计领域的品牌产品，是机械工程领域最具权威和影响力的大型工具书之一。

《机械设计手册》第6版共7卷55篇，是在前5版的基础上吸收并总结了国内外机械工程设计领域中的新标准、新材料、新工艺、新结构、新技术、新产品、新的设计理论与方法，并配合我国创新驱动战略的需求编写而成的。与前5版相比，第6版无论是从体系还是内容，都在传承的基础上进行了创新。重点充实了机电一体化系统设计、机电控制与信息技术、现代机械设计理论与方法等现代机械设计的最新内容，将常规设计方法与现代设计方法相融合，光、机、电设计融为一体，局部的零部件设计与系统化设计互相衔接，并努力将创新设计的理念贯穿其中。《机械设计手册》第6版体现了国内外机械设计发展的新水平，精心诠释了常规与现代机械设计的内涵、全面荟萃凝练了机械设计各专业技术的精华，它将引领现代机械设计创新潮流、成就新一代机械设计大师，为我国实现装备制造强国梦做出重大贡献。

《机械设计手册》第6版的主要特色是：体系新颖、系统全面、信息量大、内容现代、突显创新、实用可靠、简明便查。应该特别指出的是，第6版手册具有较高的科技含量和大量技术创新性的内容。手册中的许多内容都是编著者多年研究成果的科学总结。这些内容中有不少依托国家“863计划”“973计划”“985工程”“国家科技重大专项”“国家自然科学基金”重大、重点和面上项目资助项目。相关项目有不少成果曾获得国际、国家、部委、省市科技奖励、技术专利。这充分体现了手册内容的重大科学价值与创新性。如仿生机械设计、激光及其在机械工程中的应用、绿色设计与和谐设计、微机电系统及设计等前沿新技术；又如产品综合设计理论与方法是闻邦椿院士在国际上首先提出，并综合8部专著后首次编入手册，该方法已经在高铁、动车及离心压缩机等机械工程中成功应用，获得了巨大的社会效益和经济效益。

在《机械设计手册》历次修订的过程中，出版社和作者都广泛征求和听取各方面的意见，广大读者在对《机械设计手册》给予充分肯定的同时，也指出《机械设计手册》卷册厚重，不便携带，希望能出版篇幅较小、针对性强、便查便携的更加实用的单行本。为满足读者的需要，机械工业出版社于2007年首次推出了《机械设计手册》第4版单行本。该单行本出版后很快受到读者的欢迎和好评。《机械设计手册》第6版已经面市，为了使读者能按需要、有针对性地选用《机械设计手册》第6版中的相关内容并降低购书费用，机械工业出版社在总结《机械设计手册》前几版单行本经验的基础上推出了《机械设计手册》第6版单行本。

《机械设计手册》第6版单行本保持了《机械设计手册》第6版（7卷本）的优势和特色，依据机械设计的实际情况和机械设计专业的具体情况以及手册各篇内容的相关性，将原手册的7卷55篇进行精选、合并，重新整合为26个分册，分别为：《常用设计资料和数据》《机械制图与机械零部件精度设计》《机械零部件结构设计》《连接与紧固》《带传动和链传动　摩擦轮传动与螺旋传动》《齿轮传动》《减速器和变速器》《机构设计》《轴　弹簧》《滚动轴承》《联轴器、离合器与制动器》《起重运输机械零部件和操作件》《机架、箱体与导轨》《润滑　密封》《气压传动与控制》《机电一体化技术及设计》《机电系统控制》《机器人与机器人装备》《数控技术》《微机电系统及设计》《机械系统概念设计》《机械系统的振动设计及噪声控制》《疲劳强度设计　机械可靠性设计》《数字化设计》《工业设计与人机工程》《智能设计　仿生机械设计》。各分册内容针对性强、篇幅适中、查阅和携带方便，读者可根据需要灵活选用。

《机械设计手册》第6版单行本是为了助力我国制造业转型升级、经济发展从高增长迈向高质量，满足广大读者的需要而编辑出版的，它将与《机械设计手册》第6版（7卷本）一起，成为机械设计人员、工程技术人员得心应手的工具书，成为广大读者的良师益友。

由于工作量大、水平有限，难免有一些错误和不妥之处，殷切希望广大读者给予指正。

机械工业出版社

前　言

本版手册为新出版的第 6 版 7 卷本《机械设计手册》。由于科学技术的快速发展，需要我们对手册内容进行更新，增加新的科技内容，以满足广大读者的迫切需要。

《机械设计手册》自 1991 年面世发行以来，历经 5 次修订，截至 2016 年已累计发行 38 万套。作为国家级重点科技图书的《机械设计手册》，深受社会各界的重视和好评，在全国具有很大的影响力，该手册曾获得全国优秀科技图书奖二等奖（1995 年）、中国机械工业部科技进步奖二等奖（1997 年）、中国机械工业科学技术奖一等奖（2011 年）、中国出版政府奖提名奖（2013 年），并多次获得全国优秀畅销书奖等奖项。1994 年，《机械设计手册》曾在我国台湾建宏出版社出版发行，并在海内外产生了广泛的影响。《机械设计手册》荣获的一系列国家和部级奖项表明，其具有很高的科学价值、实用价值和文化价值。《机械设计手册》已成为机械设计领域的一部大型品牌工具书，已成为机械工程领域权威的和影响力较大的大型工具书，长期以来，它为我国装备制造业的发展做出了巨大贡献。

第 5 版《机械设计手册》出版发行至今已有 7 年时间，这期间我国国民经济有了很大发展，国家制定了《国家创新驱动发展战略纲要》，其中把创新驱动发展作为了国家的优先战略。因此，《机械设计手册》第 6 版修订工作的指导思想除努力贯彻“科学性、先进性、创新性、实用性、可靠性”外，更加突出了“创新性”，以全力配合我国“创新驱动发展战略”的重大需求，为实现我国建设创新型国家和科技强国梦做出贡献。

在本版手册的修订过程中，广泛调研了厂矿企业、设计院、科研院所和高等院校等多方面的使用情况和意见。对机械设计的基础内容、经典内容和传统内容，从取材、产品及其零部件的设计方法与计算流程、设计实例等多方面进行了深入系统的整合，同时，还全面总结了当前国内外机械设计的新理论、新方法、新材料、新工艺、新结构、新产品和新技术，特别是在现代设计与创新设计理论与方法、机电一体化及机械系统控制技术等方面做了系统和全面的论述和凝练。相信本版手册会以崭新的面貌展现在广大读者面前，它将对提高我国机械产品的设计水平、推进新产品的研究与开发、老产品的改造，以及产品的引进、消化、吸收和再创新，进而促进我国由制造大国向制造强国跃升，发挥出巨大的作用。

本版手册分为 7 卷 55 篇：第 1 卷　机械设计基础资料；第 2 卷　机械零部件设计（连接、紧固与传动）；第 3 卷　机械零部件设计（轴系、支承与其他）；第 4 卷　流体传动与控制；第 5 卷　机电一体化与控制技术；第 6 卷　现代设计与创新设计（一）；第 7 卷　现代设计与创新设计（二）。

本版手册有以下七大特点：

一、构建新体系

构建了科学、先进、实用、适应现代机械设计创新潮流的《机械设计手册》新结构体系。该体系层次为：机械基础、常规设计、机电一体化设计与控制技术、现代设计与创新设计方法。该体系的特点是：常规设计方法与现代设计方法互相融合，光、机、电设计融为一体，局部的零部件设计与系统化设计互相衔接，并努力将创新设计的理念贯穿于常规设计与现代设计之中。

二、凸显创新性

习近平总书记在 2014 年 6 月和 2016 年 5 月召开的中国科学院、中国工程院两院院士大会上分别提出了我国科技发展的方向就是“创新、创新、再创新”，以及实现创新型国家和科技强国的三个阶段的目标和五项具体工作。为了配合我国创新驱动发展战略的重大需求，本版手册突出了机械创新设计内容的编写，主要有以下几个方面：

（1）新增第7卷，重点介绍了创新设计及与创新设计有关的内容。

该卷主要内容有：机械创新设计概论，创新设计方法论，顶层设计原理、方法与应用，创新原理、思维、方法与应用，绿色设计与和谐设计，智能设计，仿生机械设计，互联网上的合作设计，工业通信网络，面向机械工程领域的大数据、云计算与物联网技术，3D打印设计与制造技术，系统化设计理论与方法。

（2）在一些篇章编入了创新设计和多种典型机械创新设计的内容。

“第11篇 机构设计”篇新增加了“机构创新设计”一章，该章编入了机构创新设计的原理、方法及飞剪机剪切机构创新设计，大型空间折展机构创新设计等多个创新设计的案例。典型机械的创新设计有大型全断面掘进机（盾构机）仿真分析与数字化设计、机器人挖掘机的机电一体化创新设计、节能抽油机的创新设计、产品包装生产线的机构方案创新设计等。

（3）编入了一大批典型的创新机械产品。

“机械无级变速器”一章中编入了新型金属带式无级变速器，“并联机构的设计与应用”一章中编入了数十个新型的并联机床产品，“振动的利用”一章中新编入了激振器偏移式自同步振动筛、惯性共振式振动筛、振动压路机等十多个典型的创新机械产品。这些产品有的获得了国家或省部级奖励，有的是专利产品。

（4）编入了机械设计理论和设计方法论等方面的创新研究成果。

1）闻邦椿院士团队经过长期研究，在国际上首先创建了振动利用工程学科，提出了该类机械设计理论和方法。本版手册中编入了相关内容和实例。

2）根据多年的研究，提出了以非线性动力学理论为基础的深层次的动态设计理论与方法。本版手册首次编入了该方法并列举了若干应用范例。

3）首先提出了和谐设计的新概念和新内容，阐明了自然环境、社会环境（政治环境、经济环境、人文环境、国际环境、国内环境）、技术环境、资金环境、法律环境下的产品和谐设计的概念和内容的新体系，把既有的绿色设计篇拓展为绿色设计与和谐设计篇。

4）全面系统地阐述了产品系统化设计的理论和方法，提出了产品设计的总体目标、广义目标和技术目标的内涵，提出了应该用IQCTES六项设计要求来代替QCTES五项要求，详细阐明了设计的四个理想步骤，即“3I调研”“7D规划”“1+3+X实施”“5（A+C）检验”，明确提出了产品系统化设计的基本内容是主辅功能、三大性能和特殊性能要求的具体实现。

5）本版手册引入了闻邦椿院士经过长期实践总结出的独特的、科学的创新设计方法论体系和规则，用来指导产品设计，并提出了创新设计方法论的运用可向智能化方向发展，即采用专家系统来完成。

三、坚持科学性

手册的科学水平是评价手册编写质量的重要方面，因此，本版手册特别强调突出内容的科学性。

（1）本版手册努力贯彻科学发展观及科学方法论的指导思想和方法，并将其落实到手册内容的编写中，特别是在产品设计理论方法的和谐设计、深层次设计及系统化设计的编写中。

（2）本版手册中的许多内容是编著者多年研究成果的科学总结。这些内容中有不少是国家863、973计划项目，国家科技重大专项，国家自然科学基金重大、重点和面上项目资助项目的研究成果，有不少成果曾获得国际、国家、部委、省市科技奖励及技术专利，充分体现了本版手册内容的重大科学价值与创新性。

下面简要介绍本版手册编入的几方面的重要研究成果：

1）振动利用工程新学科是闻邦椿院士团队经过长期研究在国际上首先创建的。本版手册中编入了振动利用机械的设计理论、方法和范例。

2）产品系统化设计理论与方法的体系和内容是闻邦椿院士团队提出并加以完善的，编写者依据多年的研究成果和系列专著，经综合整理后首次编入本版手册。

3）仿生机械设计是一门新兴的综合性交叉学科，近年来得到了快速发展，它为机械设计的创新提供了新思路、新理论和新方法。吉林大学任露泉院士领导的工程仿生教育部重点实验室开展了大量的深入研究工作，取得了一系列创新成果且出版了专著，据此并结合国内外大量较新的文献资料，为本版手册构建了仿生机械设计的新体系，编写了“仿生机械设计”篇（第50篇）。

4）激光及其在机械工程中的应用篇是中国科学院长春光学精密机械与物理研究所王立军院士依据多年的研究成果，并参考国内外大量较新的文献资料编写而成的。

5）绿色制造工程是国家确立的五项重大工程之一，绿色设计是绿色制造工程的最重要环节，是一个新的学科。合肥工业大学刘志峰教授依据在绿色设计方面获多项国家和省部级奖励的研究成果，参考国内外大量较新的文献资料为本版手册首次构建了绿色设计新体系，编写了“绿色设计与和谐设计”篇（第48篇）。

6）微机电系统及设计是前沿的新技术。东南大学黄庆安教授领导的微电子机械系统教育部重点实验室多年来开展了大量研究工作，取得了一系列创新研究成果，本版手册的“微机电系统及设计”篇（第28篇）就是依据这些成果和国内外大量较新的文献资料编写而成的。

四、重视先进性

（1）本版手册对机械基础设计和常规设计的内容做了大规模全面修订，编入了大量新标准、新材料、新结构、新工艺、新产品、新技术、新设计理论和计算方法等。

1）编入和更新了产品设计中需要的大量国家标准，仅机械工程材料篇就更新了标准126个，如GB/T 699—2015《优质碳素结构钢》和GB/T 3077—2015《合金结构钢》等。

2）在新材料方面，充实并完善了铝及铝合金、钛及钛合金、镁及镁合金等内容。这些材料由于具有优良的力学性能、物理性能以及回收率高等优点，目前广泛应用于航空、航天、高铁、计算机、通信元件、电子产品、纺织和印刷等行业。增加了国内外粉末冶金材料的新品种，如美国、德国和日本等国家的各种粉末冶金材料。充实了国内外工程塑料及复合材料的新品种。

3）新编的“机械零部件结构设计”篇（第4篇），依据11个结构设计方面的基本要求，编写了相应的内容，并编入了结构设计的评估体系和减速器结构设计、滚动轴承部件结构设计的示例。

4）按照GB/T 3480.1～3—2013（报批稿）、GB/T 10062.1～3—2003及ISO 6336—2006等新标准，重新构建了更加完善的渐开线圆柱齿轮传动和锥齿轮传动的设计计算新体系；按照初步确定尺寸的简化计算、简化疲劳强度校核计算、一般疲劳强度校核计算，编排了三种设计计算方法，以满足不同场合、不同要求的齿轮设计。

5）在“第4卷　流体传动与控制”卷中，编入了一大批国内外知名品牌的新标准、新结构、新产品、新技术和新设计计算方法。在“液力传动”篇（第23篇）中新增加了液黏传动，它是一种新型的液力传动。

（2）“第5卷　机电一体化与控制技术”卷充实了智能控制及专家系统的内容，大篇幅增加了机器人与机器人装备的内容。

机器人是机电一体化特征最为显著的现代机械系统，机器人技术是智能制造的关键技术。由于智能制造的迅速发展，近年来机器人产业呈现出高速发展的态势。为此，本版手册大篇幅增加了“机器人与机器人装备”篇（第26篇）的内容。该篇从实用性的角度，编写了串联机器人、并联机器人、轮式机器人、机器人工装夹具及变位机；编入了机器人的驱动、控制、传感、视角和人工智能等共性技术；结合喷涂、搬运、电焊、冲压及压铸等工艺，介绍了机器人的典型应用实例；介绍了服务机器人技术的新进展。

（3）为了配合我国创新驱动战略的重大需求，本版手册扩大了创新设计的篇数，将原第6卷扩编为两卷，即新的“现代设计与创新设计（一）”（第6卷）和“现代设计与创新设计（二）”（第7卷）。前者保留了原第6卷的主要内容，后者编入了创新设计和与创新设计有关的内容及一些前沿的技术内容。

本版手册“现代设计与创新设计（一）”卷（第6卷）的重点内容和新增内容主要有：

1）在“现代设计理论与方法综述”篇（第32篇）中，简要介绍了机械制造技术发展总趋势、在国际上有影响的主要设计理论与方法、产品研究与开发的一般过程和关键技术、现代设计理论的发展和根据不同的设计目标对设计理论与方法的选用。闻邦椿院士在国内外首次按照系统工程原理，对产品的现代设计方法做了科学分类，克服了目前产品设计方法的论述缺乏系统性的不足。

2）新编了“数字化设计”篇（第40篇）。数字化设计是智能制造的重要手段，并呈现应用日益广泛、发展更加深刻的趋势。本篇编入了数字化技术及其相关技术、计算机图形学基础、产品的数字化建模、数字化仿真与分析、逆向工程与快速原型制造、协同设计、虚拟设计等内容，并编入了大型全断面掘进机（盾构机）的数字化仿真分析和数字化设计、摩托车逆向工程设计等多个实例。

3）新编了“试验优化设计”篇（第41篇）。试验是保证产品性能与质量的重要手段。本篇以新的视觉优化设计构建了试验设计的新体系、全新内容，主要包括正交试验、试验干扰控制、正交试验的结果分析、稳健试验设计、广义试验设计、回归设计、混料回归设计、试验优化分析及试验优化设计常用软件等。

4）将手册第5版的“造型设计与人机工程”篇改编为“工业设计与人机工程”篇（第42篇），引入了工业设计的相关理论及新的理念，主要有品牌设计与产品识别系统（PIS）设计、通用设计、交互设计、系统设计、服务设计等，并编入了机器人的产品系统设计分析及自行车的人机系统设计等典型案例。

（4）“现代设计与创新设计（二）”卷（第7卷）主要编入了创新设计和与创新设计有关的内容及一些前沿技术内容，其重点内容和新编内容有：

1）新编了“机械创新设计概论”篇（第44篇）。该篇主要编入了创新是我国科技和经济发展的重要战略、创新设计的发展与现状、创新设计的指导思想与目标、创新设计的内容与方法、创新设计的未来发展战略、创新设计方法论的体系和规则等。

2）新编了“创新设计方法论”篇（第45篇）。该篇为创新设计提供了正确的指导思想和方法，主要编入了创新设计方法论的体系、规则，创新设计的目的、要求、内容、步骤、程序及科学方法，创新设计工作者或团队的四项潜能，创新设计客观因素的影响及动态因素的作用，用科学哲学思想来统领创新设计工作，创新设计方法论的应用，创新设计方法论应用的智能化及专家系统，创新设计的关键因素及制约的因素分析等内容。

3）创新设计是提高机械产品竞争力的重要手段和方法，大力发展创新设计对我国国民经济发展具有重要的战略意义。为此，编写了“创新原理、思维、方法与应用”篇（第47篇）。除编入了创新思维、原理和方法，创新设计的基本理论和创新的系统化设计方法外，还编入了29种创新思维方法、30种创新技术、40种发明创造原理，列举了大量的应用范例，为引领机械创新设计做出了示范。

4）绿色设计是实现低资源消耗、低环境污染、低碳经济的保护环境和资源合理利用的重要技术政策。本版手册中编入了“绿色设计与和谐设计”篇（第48篇）。该篇系统地论述了绿色设计的概念、理论、方法及其关键技术。编者结合多年的研究实践，并参考了大量的国内外文献及较新的研究成果，首次构建了系统实用的绿色设计的完整体系，包括绿色材料选择、拆卸回收产品设计、包装设计、节能设计、绿色设计体系与评估方法，并给出了系列典型范例，这些对推动工程绿色设计的普遍实施具有重要的指引和示范作用。

5）仿生机械设计是一门新兴的综合性交叉学科，本版手册新编入了“仿生机械设计”篇（第50篇），包括仿生机械设计的原理、方法、步骤，仿生机械设计的生物模本，仿生机械形态与结构设计，仿生机械运动学设计，仿生机构设计，并结合仿生行走、飞行、游走、运动及生机电仿生手臂，编入了多个仿生机械设计范例。

6）第55篇为“系统化设计理论与方法”篇。装备制造机械产品的大型化、复杂化、信息化程度越来越高，对设计方法的科学性、全面性、深刻性、系统性提出的要求也越来越高，为了满足我国制造强国的重大需要，亟待创建一种能统领产品设计全局的先进设计方法。该方法已经在我国许多重要机械产品（如动车、大型离心压缩机等）中成功应用，并获得重大的社会效益和经济效益。本版手册对该系统化设计方法做了系统论述并给出了大型综合应用实例，相信该系统化设计方法对我国大型、复杂、现代化机械产品的设计具有重要的指导和示范作用。

7）本版手册第7卷还编入了与创新设计有关的其他多篇现代化设计方法及前沿新技术，包括顶层设计原理、方法与应用，智能设计，互联网上的合作设计，工业通信网络，面向机械工程领域的大数据、云计算与物联网技术，3D打印设计与制造技术等。

五、突出实用性

为了方便产品设计者使用和参考，本版手册对每种机械零部件和产品均给出了具体应用，并给出了选用方法或设计方法、设计步骤及应用范例，有的给出了零部件的生产企业，以加强实际设计的指导和应用。本版手册的编排尽量采用表格化、框图化等形式来表达产品设计所需要的内容和资料，使其更加简明、便查；对各种标准采用摘编、数据合并、改排和格式统一等方法进行改编，使其更为规范和便于读者使用。

六、保证可靠性

编入本版手册的资料尽可能取自原始资料，重要的资料均注明来源，以保证其可靠性。所有数据、公式、图表力求准确可靠，方法、工艺、技术力求成熟。所有材料、零部件、产品和工艺标准均采用新公布的标准资料，并且在编入时做到认真核对以避免差错。所有计算公式、计算参数和计算方法都经过长期检验，各种算例、设计实例均来自工程实际，并经过认真的计算，以确保可靠。本版手册编入的各种通用的及标准化的产品均说明其特点及适用情况，并注明生产厂家，供设计人员全面了解情况后选用。

七、保证高质量和权威性

本版手册主编单位东北大学是国家211、985重点大学、“重大机械关键设计制造共性技术”985创新平台建设单位、2011国家钢铁共性技术协同创新中心建设单位，建有“机械设计及理论国家重点学科”和“机械工程一级学科”。由东北大学机械及相关学科的老教授、老专家和中青年学术精英组成了实力强大的大型工具书编写团队骨干，以及一批来自国家重点高校、研究院所、大型企业等 30 多个单位、近 200 位专家、学者组成了高水平编审团队。编审团队成员的大多数都是所在领域的著名资深专家，他们具有深广的理论基础、丰富的机械设计工作经历、丰富的工具书编纂经验和执着的敬业精神，从而确保了本版手册的高质量和权威性。

在本版手册编写中，为便于协调，提高质量，加快编写进度，编审人员以东北大学的教师为主，并组织邀请了清华大学、上海交通大学、西安交通大学、浙江大学、哈尔滨工业大学、吉林大学、天津大学、华中科技大学、北京科技大学、大连理工大学、东南大学、同济大学、重庆大学、北京化工大学、南京航空航天大学、上海师范大学、合肥工业大学、大连交通大学、长安大学、西安建筑科技大学、沈阳工业大学、沈阳航空航天大学、沈阳建筑大学、沈阳理工大学、沈阳化工大学、重庆理工大学、中国科学院长春光学精密机械与物理研究所、中国科学院沈阳自动化研究所等单位的专家、学者参加。

在本版手册出版之际，特向著名机械专家、本手册创始人、第 1 版及第 2 版的主编徐灏教授致以崇高的敬意，向历次版本副主编邱宣怀教授、蔡春源教授、严隽琪教授、林忠钦教授、余俊教授、汪恺总工程师、周士昌教授致以崇高的敬意，向参加本手册历次版本的编写单位和人员表示衷心感谢，向在本手册历次版本的编写、出版过程中给予大力支持的单位和社会各界朋友们表示衷心感谢，特别感谢机械科学研究总院、郑州机械研究所、徐州工程机械集团公司、北方重工集团沈阳重型机械集团有限责任公司和沈阳矿山机械集团有限责任公司、沈阳机床集团有限责任公司、沈阳鼓风机集团有限责任公司及辽宁省标准研究院等单位的大力支持。

由于编者水平有限，手册中难免有一些不尽如人意之处，殷切希望广大读者批评指正。

主编　闻邦椿

目　　录

第33篇　机械系统概念设计

第1章　概　　论

第2章　机械系统概念设计的基本方法

第6章　具有机械产品特征的功能求解模型

第7章　机械系统运动方案的构思和设计

第8章　机械运动系统的评价体系和评价方法

第 33 篇　机械系统概念设计

主　编　邹慧君
编写人　邹慧君
审稿人　谢友柏

第 5 版
机械系统概念设计

主　编　邹慧君
编写人　邹慧君
审稿人　陈良玉

第1章　概　　论

1　机械系统的基本概念

1.1　什么是系统

1.1.1　系统的定义

系统思想是进行分析和综合的辩证思维工具，它在辩证唯物主义那里吸取了丰富的哲学思想，在运筹学、控制论、各门工程学和社会科学那里获得了定性与定量相结合的科学方法，并通过系统工程充实了丰富的实践内容。

如果我们撇开一切具体系统的形态和性质，可将系统定义为：具有特定功能的、相互间具有有机联系的要素所构成的一个整体。在美国的韦氏（Webster）大辞典中，“系统”一词被解说为“有组织的或被组织化的整体；结合着的整体所形成的各种概念和原理的综合；由有规则的相互作用、相互依存的形式组成的诸要素集合等”。在日本的JIS标准中，“系统”被定义为“许多组成要素保持有机的秩序，向同一目的行动的集合体”。一般系统的创始人L. V. 贝塔郎菲（L. V. Bertalanffy）把“系统”定义为“相互作用的诸要素的综合体”。美国著名学者阿柯夫（R. L. Ackoff）认为：系统是由两个或两个以上相互联系的任何种类的要素所构成的集合。

1.1.2　系统的特性和组成

一个形成系统的诸要素的集合永远具有一定的固有特性，或者表现为一定的行为，而这些特性或行为是它的任何一个部分都不具备的。一个系统是由许多要素所构成的整体，但从系统功能来看，它又是一个不可分割的整体，如果硬把一个系统分割开来，那么它将失去其原来的性质。在物质世界中，一个系统中的任何部分可以被看作为一个子系统，而每一个系统又可以成为一个更大规模系统中的一部分。这就体现了分析与综合有机结合的思想方法。

系统是由要素组成的，一般地说，系统的性质是由要素决定的，有什么样的要素，就有什么样的系统。要素在构成系统、决定系统时，各种要素要形成一定的结构。要素以一定的结构形成系统时，各种要素在系统中的地位和作用不尽相同。有些要素处于中心地位，支配和决定整个系统的行为，这就是中心要素；还有一些要素处于非中心、被支配的地位，称之为非中心要素。系统的性质取决于要素的结构，结构的好坏是由要素之间的协调作用直接体现出来的。优质的要素如果协调得不好，形成的结构可能不是最优的；但是，质量差一些的要素，如果协调得好，则可能形成优异的结构，从而决定出质量较优的系统。因此，处理好要素与要素、要素与系统的关系，对于系统的功能和性质至关重要。这就体现出系统设计的重要意义。

系统与环境同样也存在着密切的关系和联系。每一具体的系统都是在时空上有限的存在。作为一个有限的存在，都有它外界的存在或环境。一般把一个系统之外的所有其他事物或存在称为该系统的环境。环境是系统存在的外部条件。环境对系统的性质起着一定的支配作用。系统的整体性是在系统与环境的相互联系中体现出来的。系统和它的环境构成一个整体。

1.2　什么是机械系统

1.2.1　机械系统的基本特点

机械系统的关键部分是机械运动的装置，它用来完成一定的工作过程。现代机器通常由控制系统、信息测量和处理系统、动力系统以及传动和执行机构系统等组成。现代机器中控制和信息处理由电子计算机来完成。不管现代机器如何先进，机器与其他装置的主要不同点是产生确定的机械运动，完成有用的工作过程。因此，实现机械运动的传动和执行机构系统是机械的核心，机器中各个机构通过有序的运动和动力传递最终实现功能变化、完成所需的工作过程。从运动的角度来说，机器中的运动单元体称为机构。因此，机构是把一个或几个构件的运动变换成其他构件所需的具有确定运动的构件系统。从现代机器发展趋势来看，机构中的各构件可以都是刚性构件，也可以某些构件是柔性构件、弹性构件、液体、气体和电磁体等，而且将各驱动元件与执行机构系统组合在一起用。驱动元件是指各种各样的驱动机，如电动机、液压马达等。

机械是机构和机器的总称。

此外，在实际生产过程中，还有采用多种机器组合起来、完成比较复杂的工作过程的机器系统，这种机器系统称为生产线。

从系统的概念来考虑问题，上述构件系统、机构系统和机器系统均可称之为机械系统，只是它们的组成要素各不相同。从完成单一的运动要求考虑，机构就是机械系统，它的组成要素是构件；从完成某一工艺动作过程考虑，机器也是机械系统，它的组成要素是机构；从完成某一复杂的工艺动作和工作过程考虑，生产线也是机械系统，它的组成要素是机器。如果我们从对某一机器进行加工制造的需要出发，将其中的各个零件作为它的组成要素，则零件组成的系统也可称为机械系统。由上述分析可见，机械系统是一个广义的概念，它的内涵要按分析研究的对象来加以具体化。

由于动作的实现方式和完成的具体功能不同，机械系统的种类形形色色。例如，液压系统、气动系统、物流输送系统、自动加工系统等均是机械系统。

1.2.2 传动-执行机构系统组成了机械系统的核心

机器的种类繁多，结构也愈来愈复杂，但从实现机器功能的需要来看，一般应该包括下列子系统：动力系统、传动-执行机构系统、操纵系统及控制系统等。这些子系统分别实现各自的分功能，综合实现机器的总功能。从完成机器的工作过程需要考虑，传动-执行机构系统是机器的核心。因此，一般情况下，机械系统研究的重点也是传动-执行机构系统。研究机械系统概念设计时把重点放在传动-执行机构系统上，其依据是显而易见的。

从系统设计的角度来看，把机械系统界定为机器是比较合理的，有利于开展机器的创新设计。现在有不少文献和专著中把机构也称为机械系统，从系统的观点来看这是正确的，但是对机构的结构、运动学和动力学的研究在机构学中已经有了深入和全面的展开，也是机构学的主要研究内容。如果把机构学的研究改称为机械系统的研究，反而易使人产生误解。把机器称为机械系统，有两方面的作用：一是将机器各组成部分作为组成要素可以按系统科学的方法来研究机器的设计，有利于机器的创新和达到综合最优的目标；二是有利于将机器的内部系统与环境的外部系统综合在一起形成一个广义机械系统，使其成为人-机-环境的综合体，由此出发进行机器的设计可以达到满足人机工程要求和适应环境变化的优良水平。

1.3 什么是广义机械系统

任何一台机器要达到最有效能的运行均离不开人和环境所构成的外部条件。我们把机器本身称为内部系统，把人和环境称为外部系统。内部系统和外部系统组成了全系统，也可称之为广义机械系统，如图 33.1-1 所示。人与环境是机械系统存在的外部条件，人与环境对机械的效能起着一定的支配作用。机械系统的整体性是在内部系统与外部系统的相互联系中体现出来的。例如，一台精密加工机床的效能好坏与操作者的生理、心理和技术水平有关，也与环境对机床的影响有关。

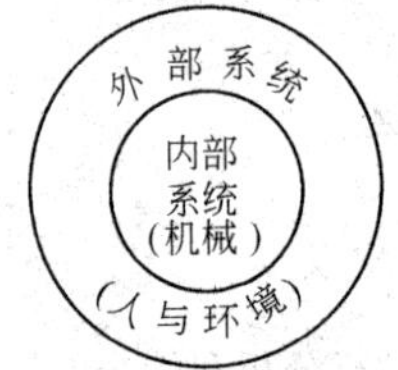

图 33.1-1 广义机械系统

2 机械系统的基本特征

2.1 整体性

整体性是机械系统所具有的最重要和最基本的特性。系统是由两个或两个以上的可以相互区别的要素构成的统一体。虽然各要素具有各自不同的性能，但它们结合后必须服从整体功能的要求，相互间需协调和适应。一个系统整体功能的实现，并不是也不可能是某个要素单独作用的结果。一个系统的好坏最终体现在它的效能上，因此，必须从整体效能的优劣来判断系统的好坏。确定各要素的性能和它们间的联系时，必须从整体着眼，从全局出发。并不要求所有要素都具有完美的性能。所有要素的性能都十全十美，其整体效能若统一性和协调性差也得不到令人满意的结果。相反，即使某些要素的性能并不很完善，但如能与其相关要素处于很好的统一与协调之中，往往也可使系统具有令人满意的效能。整体性也就是统一性和协调性。

各要素的随意组合不能称为系统。因此，系统的整体性还反映在组合成系统的各要素之间的有机联系上。正是这种有机联系，才使各要素组成一个整体，如果失去了这种有机联系也就不存在整个系统。同样，在系统中不存在与其他要素不发生联系的独立要素。由此可见，系统是不能分割的，不能把一个系统分割成相互独立的子系统。但是，实际的系统有时是很复杂的，为了研究方便，可根据需要，按功能分解原理把一个系统分解成若干个子系统。这种将系统“分解”所得的子系统与毫无道理的“分割”所得的系统是完全不同的概念。因为在分解系统时，始终保持着代表某一子功能的子系统之间的有机联系。分解后的子系统都不是完全独立的，而是维持着某种联系。这种联系分别用相应的子系统的输入与输出表示。因此，这种子系统也就不能分割成完全独立的要素。

2.2　相关性

组成系统的要素是相互联系、相互作用的，这就是系统的相关性。相关性就是系统各要素之间的特定关系，其中包括系统的输入与输出的关系、各要素间的层次关系、各要素的性能与系统整体之间的特定关系等。系统的相关性还体现在某一要素的改变将影响其对相关要素的作用，由此对整个系统产生影响。

系统的相关性是通过相互联系的方式来实现的，如时间的联系和空间的联系。广义地讲，要素之间一切联系方式的总和叫作系统的结构。不同的联系方式对系统的相关性有不同的影响和作用。没有按一定的结构框架组织起来的多要素集合是一种非系统。结构不能离开要素而单独存在，只有通过要素间相互作用才能体现其客观存在。要素和结构是构成系统的两个缺一不可的方面，系统是要素与结构的统一。给定要素和结构两方面，才算给定一个系统。系统的相关性就是通过结构来体现的。

2.3　层次性

系统作为一个相互作用的诸要素的总体，它可以分解为一系列的子系统，并存在一定的层次结构，这是系统空间结构的特定形式。在系统层次结构中表述了在不同层次子系统之间的从属关系或相互作用关系。在不同的层次结构中存在着动态的信息流和物质流，它们构成了系统的运动特性，为深入研究系统层次之间的控制与细节功能提供了条件。

从机械系统的构成来看，由基本要素到系统整体是有阶梯性和层次性的。每个层次反映了系统某种功能实现方式。层次本身就是系统构成的部分。图 33.1-2 所示为机械系统的层次结构。

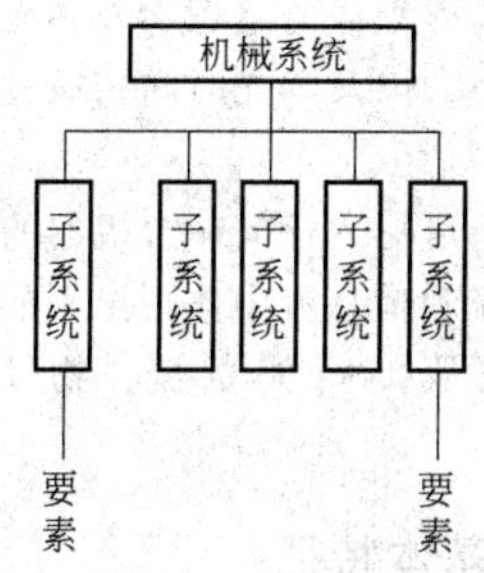

图 33.1-2　机械系统的层次结构

如何划分层次，层次的基本特性是什么，只有根据某一具体的机械系统来加以考虑，而且还与系统的分析和设计人员的某些构想有关。

2.4　目的性

系统的价值体现在实现的功能上，完成特定的功能是系统存在的目的。系统的目的性是区别这一系统和那一系统的标志。系统的目的一般用更具体的目标来体现，一般来说，比较复杂的系统都具有不止一个的目标，因此往往需要一个指标体系来描述系统的目标。

在指标体系中，各个指标之间有时是相互矛盾的。为此，要从整体要求出发力求取得全局综合最优的效果，要设法在矛盾的目标之间做好协调工作，寻求平衡点，取得综合最优的方案。

系统的功能就是系统的目的性，它主要取决于要素、结构和环境。要素必须具备必要的性能，否则难以达到预期的目的。要素的相互联系方式取决于系统的结构，选择最佳的结构框架，将有利于最优实现系统的目的。同时，还要选择或创造适当的环境条件，使环境条件有利于系统功能的实现。在要素和环境条件已经给定的情况下，系统的结构才是起决定性影响的。

为了实现系统的目的，系统必须具有控制、调节和管理的功能，这些功能使系统进入与它的目的相适应的状态，实现要求的功能并能排除或减少有意的干扰。

2.5　环境适应性

任何一个系统都存在于一定的物质世界的环境中。因此，它必然也要与外界环境产生物质的、能量的和信息的交换，外界环境的变化必然会引起系统内部各要素之间输出、输入的变化，从而会使系统的输入发生变化，甚至产生干扰，引起系统功能的变化。不能适应外部环境变化的系统是没有生命力的，而能够经常与外部环境保持最优适应状态的系统，才是理想的系统。

外部环境总是不断变化着的，系统也总是处于动态过程中，稳态过程是相对的、暂时的。因此，为了使系统运行状态良好，必须使系统对外部环境的各种动态变化和干扰具有良好的动态适应性。

为了把握好系统，必须了解系统所处的环境，分析环境对系统有何影响，如何使系统适应这种影响。系统与环境的相互作用、相互联系是通过交换物质、能量、信息来实现的。研究系统和环境的物质、能量、信息交换的规律和特性，才能有的放矢解决系统的环境适应问题。

3　机器的类别和基本特征

3.1　机器的类别

机械系统的概念是广泛的，但是从机械产品设计需要出发，我们重点研究机器的概念设计。因此，我们应对机器的类别做比较系统的研究。

机器的种类繁多，形形色色，但是从它们的工作类型来分，机器可以分为 3 类：动力机器、工作机器和信息机器。

动力机器的功用是将任何一种能量变换成机械能，或将机械能变换成其他形式的能量。例如，内燃机、压气机、涡轮机、电动机和发电机等都属于动力机器。

工作机器的功用是完成有用的机械功或搬运物品。例如，金属切削机床、轧钢机、织布机、包装机、汽车、机车、飞机、起重机和输送机等属于工作机器。

信息机器的功用是完成信息的传递和变换。例如，复印机、打印机、绘图机、传真机和照相机等都属于信息机器。

不管现代机器如何先进，机器与其他装置的主要不同点是产生确定的机械运动，完成有用的工作过程，随之也发生能量的变换。不论是动力机器、工作机器还是信息机器，虽然它们的工作原理各不相同，但是任何机器都必须产生有序的运动和动力传递，并最终实现功和能的变换，完成特有的工作过程。有序运动和动力的传递，主要是依靠机器的运动系统，也就是传动-执行机构系统。因此，机械运动方案设计就成为机器设计的一个关键。

按机器的工作类型来划分机器，可以将众多的机器分成 3 种机器类型，这将有利于寻找机器设计的一般规律，根据机器的工作特点来进行机械运动系统的创新设计。

3.2　能量流、物质流和信息流

机械系统与其他系统一样都存在着能量流、物质流和信息流的传递和变换。

(1) 能量流

能量流在机械系统中存在于能量变换和传递的整个过程之中。它是机械系统完成特定工作过程所需的能量形态变化和实现动作过程所需的动力。没有能量流也就不存在机械系统的工作过程。在机械系统中，能量流又有其特定的变化规则，亦即机械系统中存在机械能转换成其他形态的能，或者其他形态的能转换成机械能的过程。机械能的互换是机械系统主要的能量流特征，没有这种转换也就不能成为机械系统。

能量的类型也是多种多样的，如机械能、热能、电能、光能、化学能、太阳能、核能和生物能等。机械系统的动能和位能均属于机械能。

电动机是将电能变换成机械能；内燃机是将燃油的化学能通过燃烧变成热能，再由热能变成机械能；发电机是将机械能变换成电能；压气机把机械能变换成气体的位能等。

(2) 物质流

物质流在机械系统中存在的主要形式是物料流，它是机械系统完成特定工作过程中工作的对象和载体。没有物料流也就体现不出机械系统的工作过程和工作特点。

物料的种类也是多种多样的。例如，金属材料包括黑色金属和有色金属材料，纺织品包括麻、棉、丝等，塑料包括容器、薄膜等，还有皮革、橡胶、各种液体、各种气体等。

物料流是物料的运动形态变化、物料的构型变化以及两种以上物料包容和混合等的物料变化过程。机械系统的物料只有形态、构型、包容、混合的变化，也就是物料只产生物理的、机械的变化。

机械运动系统所实现的工艺动作过程就是为了满足特定的物料变化过程。

金属切削机床是将金属毛坯通过上料、切削、下料来得到所需形态的某种零件。织布机械是将纱线织成布匹。包装机械是将物件包入包装容器。汽车是将人或货物运送到规定场所。挖土机是将土壤挖开，运送被挖土块。

(3) 信息流

信息流是反映信号、数据的检测、传输、变换和显示的过程。信息流的功用是实现机械系统工作过程的操纵、控制以及对某些信息实现传输、变换和显示。因此，信息流对于机械系统实现有序、有效的工作过程是必不可少的。

信息的种类是多种多样的，如某些物理量信号、机械运动状态参数、图形显示、数据传输等。

在工作机器中信息流是实现机械系统的操纵和控制必不可少的。例如，加工中心的工作过程完全是根据给定的信息、数据来控制的。

在信息机器中，信息流的作用更加突出。例如，照相机根据所拍摄景像的远近、外界光线的强弱确定距离和光圈大小，以及曝光时间，通过成像原理获得清晰的景像。

从上述分析可见，任何一台机器的主要特征是从能量流、物质流和信息流中体现出来的，要设计一台新机器首先应从剖析能量流、物质流和信息流着手。

3.3　机器的基本特征

任何机器从总体上看都是实现某种能量流、物质流和信息流的传递和变换的，如图 33.1-3 所示。因此，可以这样说，任何一种机器都是实现输入的能量、物料、信息和输出的能量、物料、信息的函数关系的机械装置。新机器的设计就是为了建立实现这种函数关系的机械系统。

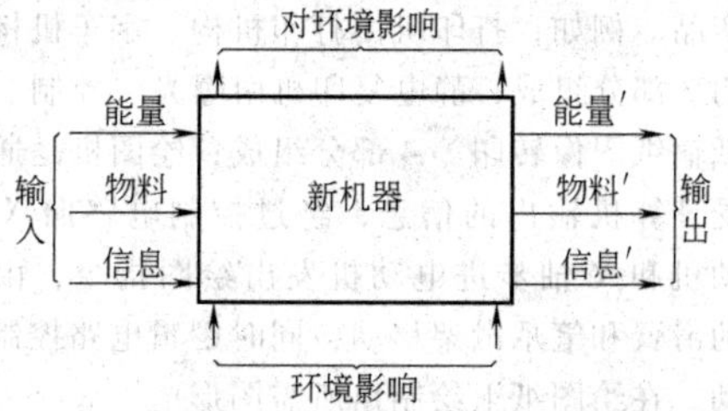

图 33.1-3　机器的基本特征

通过对输入的能量、物料、信息形态和输出的能量、物料、信息形态的深入分析，可以求出机器所要实现的功能，再通过功能分析和功能求解来构思和设计新机器的运动方案。

分析3类机器的基本特征将会找到一些设计新机器的线索，便于构思和设计。

（1）3类机器的基本特征（见表33.1-1）

由表33.1-1可见，动力机器的最基本特征是其他形式能量变换成机械能，或将机械能变换成其他形式的能量。这种能量变换就是动力机器的主要功能。

同样，从表33.1-1可见，工作机器是利用机械能来搬移物料或改变物料的构形。因此，它最基本的特征是使物料产生运动、改变构形、进行包容等。工作机器的动作过程相对比较复杂。

信息机器的主要功能是传递和变换信息。对于普通的印刷机，其传递和变换原理比较简单，经过给纸、匀墨、印刷到收纸等动作完成。对于静电复印机，其工作原理较为复杂，它由控制系统、曝光系统、成像系统以及搓纸、输纸及图像转印系统组成，完成曝光、显影、转印、定影等工作。

（2）动力机器类别与功能

表 33.1-1　3类机器的基本特征

类别＼特征	能量流	物料流	信息流	举例
动力机器	1)将其他能量变换成机械能 2)将机械能变换成其他能量	为了实现能量变换所需的物质运动变换	控制能量变化的速度和大小	1)内燃机、电动机等 2)发电机、压缩机等
工作机器	1)实现物料搬移所需的机械能 2)实现物料形态变化所需的机械能	物料从一位置搬移至另一位置 上料，切削，下料（上料，包装，下料）	控制物料搬移 控制上料，加工，下料	1)起重机、汽车等 2)金属切削机床、包装机等
信息机器	实现信息传递和变换时所需的能量。这种能量较小	信息载体的输送和转移	相关信息的传递和变换	绘图机、复印机、照相机等

1）化学能变换成机械能的动力机器。有汽油机、柴油机、蒸汽轮机和燃气轮机等，它们将油或煤燃烧后，将化学能变成热能，形成高压燃气或高压蒸汽，由此产生机械能。这种动力机器的关键是如何有效地将化学能变成热能，由热能转换成机械能的机械装置的结构一般不太复杂。这类动力机器的设计较多地涉及热能学科。

2）电能变换成机械能的动力机器。有三相异步电动机、直流电动机、变频电动机、伺服电动机和步进电动机等，它们将电能变换成机械能。这类动力机器的设计主要应用了电磁理论和电工学。

3）机械能变换成其他形式能的动力机器。有压缩机、水泵和发电机等。这类动力机器的设计需按相关的转换原理，涉及各个专业的知识。

（3）工作机器的类别与功能

工作机器的种类繁多，是3种机器中类别最多的一种。过去这类机器往往按行业来分，有机床、重型机械、矿山机械、纺织机械、农业机械、轻工机械、印刷机械和包装机械等。按行业和用途类型来划分机器类别对生产和应用是有利的。但是从设计的角度看，采用按工作特点来对机器进行分类是比较有利的。比较广泛应用的机器可以分成如下几种：

1）金属切削机床。如车床、铣床、刨床、磨床、钻床、镗床和加工中心等。它们主要的工作特点是工件和刀具的夹持和相对运动情况。按物料输入、输出状况可确定机床的类别和组成特点。

2）运输机械。如起重机、输送机、提升机和自动化立体仓库等。它们的工作特点是搬运物料，堆积货物，按物料类别不同和搬运要求确定机器的类型。

3）纺织机械。如各种纺织机。它们的工作特点是将纱线按要求进行纺纱、织布，按纺纱和织布的不同工作原理来确定机器的类型。

4）缝制机械。如各种平缝机、包缝机、绷缝机、钉扣机、锁眼机和绣花机等。它们的工作特点是按缝制要求运送衣料和缝线，形成衣料成品。不同的缝制要求就构成不同的缝制设备。

5）包装机械。如糖果包装机、啤酒罐装机、软管充填封口机和制袋充填包装机等。它们的工作特点是将物料（包括固体、液体、气体）充入容器，或用包装材料包容物料。由于物料形态不同，包装物具体情况相差较大，包装机械的执行动作构想和执行动作配合就会有不同的方案。

工作机器的设计关键在于如何构想物料的动作过程，实现相应的工艺动作过程。

（4）信息机器的类别与功能

信息机器一般有打印机、复印机、传真机、绘图机和照相机等。信息机器的功能是进行文字、图像、数据等的传递、变换、显示和记录。信息机器由于工作原理的不同，其具体的结构型式也多种多样。信息机器是精密机械、传感技术、计算机控制技术、微电机技术等多种技术融为一体，发展成为的典型机电一体化产品。例如，打印机由打印机构、字车机构、走纸机构 3 部分组成；静电复印机由曝光、控制、成像和搓纸输纸图像转印等 4 部分组成；绘图机是通过接口接受计算机输出的信息，经过控制电路向 X 轴步进电动机和 Y 轴步进电动机发出绘图指令，由电动机驱动滑臂和笔爪滑架移动，同时逻辑电路控制绘图笔运动，在绘图纸上绘制出所需图形。

4　机械设计概述

设计是复杂的思维过程，设计过程蕴含着创新和发明的机会。设计本身就是创新，没有创新的设计严格来说不能称之为设计。设计的目的是将预定的目标经过一系列规划与分析决策，产生一定的信息（文字、数据、图形），形成设计，并通过制造，使设计成为产品，造福人类。

设计由于情况不同可以有 3 类不同的设计类型，详见表 33.1-2。

表 33.1-2　产品设计的类型

设计类型	设计的主要特点
开发性设计	在工作原理、结构等完全未知的情况下，应用成熟的科学技术或经过试验证明是可行的新技术，设计出过去没有过的新型机器。这是一种完全创新的设计
适应性设计	在原理方案基本保持不变的前提下，对产品做局部的变更或设计一个新部件，使产品在质和量方面更能满足使用要求
变型设计	在工作原理和功能结构都不变的情况下，变更现有产品的结构配置和尺寸，使之适应于更多的容量的要求。这里的容量含义很广，如功率、转矩、加工对象的尺寸和速比范围等

在机械产品设计中，开发性设计目前还占少数，但是随着产品竞争加剧，开发性设计会有所增加。为了充分发挥现有机械产品的潜力，适应性设计和变型设计就显得格外重要。但是，作为一个设计人员，不论从事哪一类设计，都应该在“创新”上下功夫。“创新”是开发性设计、适应性设计和变型设计的灵魂，“创新”可使设计焕然一新。通常较为广泛实施和应用的程序可归纳成表 33.1-3 中所示的程序框图。

（1）产品规划

产品规划要求进行需求分析、市场预测、可行性分析，确定设计参数及制约条件，最后给出详细的设计任务书（或要求表），作为设计、评价和决策的依据。

（2）概念设计

需求是以产品的功能来体现的，功能与产品设计的关系是因果关系。体现同一功能的产品可以有多种多样的工作原理。因此，这一阶段的最终目标就是在功能分析的基础上，通过构想设计理念、创新构思、搜索探求、优化筛选取得较理想的工作原理方案。对于机械产品来说，在功能分析和工作原理确定的基础上进行工艺动作构思和工艺动作分解，初步拟定各执行构件动作相互协调配合的运动循环图，进行机械运动方案的设计（即机构系统的型综合和数综合）等，就是产品概念设计过程的主要内容。

（3）构形设计

构形设计是将机械方案（主要是机械运动方案等）具体转化为机器及其零部件的合理构形，也就是要完成机械产品的总体设计、部件和零件设计，完成全部生产图样并编制设计说明书等有关技术文件。

构形设计时要求零件、部件设计满足机械的功能要求，零件结构形状要便于制造加工，常用零件尽可能标准化、系列化、通用化。总体设计还应满足总功能、人机工程、造型美学、包装和运输等方面的要求。

构形设计时一般先由总装配图分拆成部件、零件草图，经审核无误后，再由零件工作图、部件图绘制出总装图。

表 33.1-3　机械设计的一般程序框图

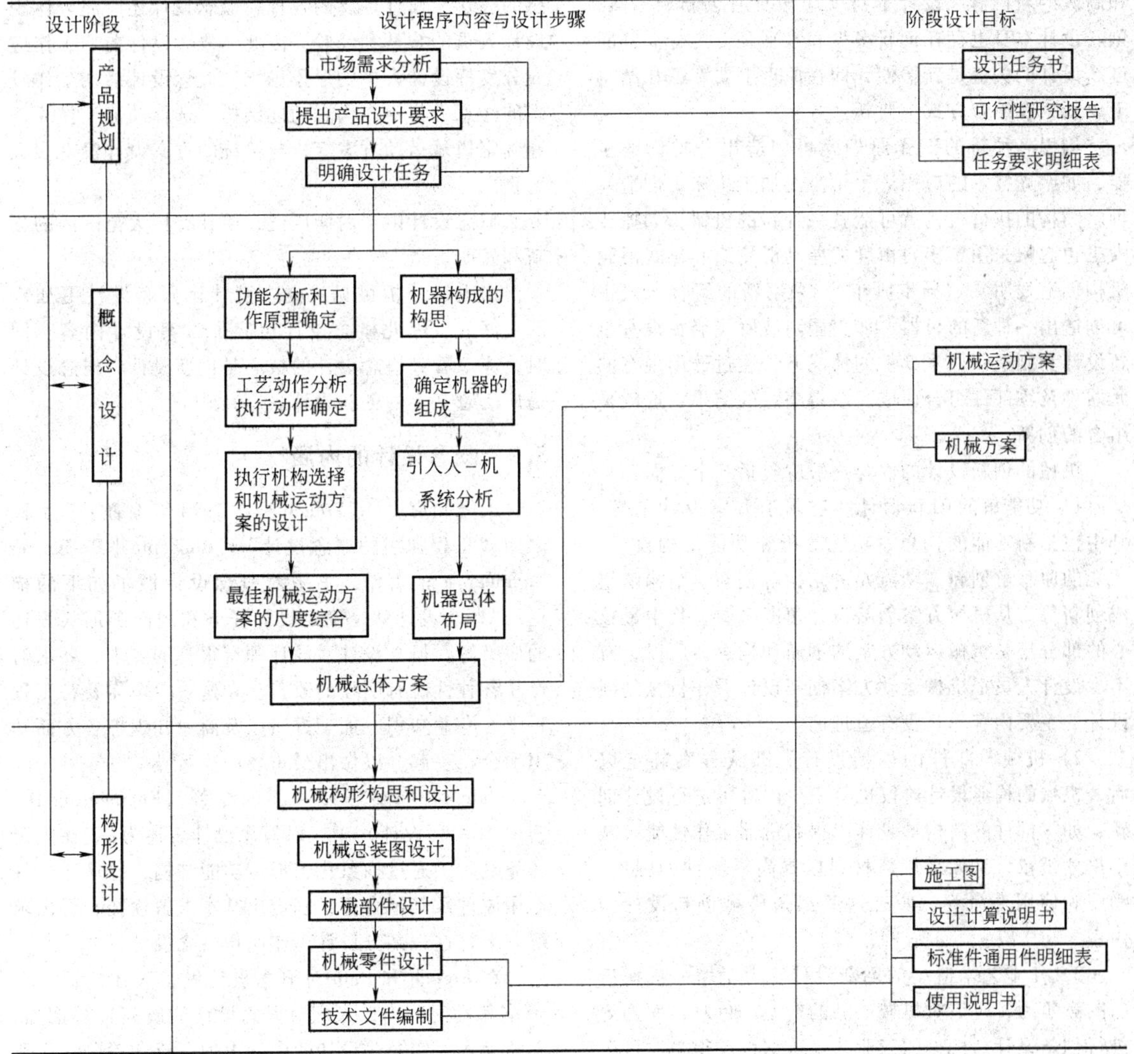

最后还要编制技术文件，如设计说明书，标准件、外购件明细表，备件、专用工具明细表等。

5　机械系统的概念设计

5.1　概念设计与方案设计、创新设计的比较

从机械系统设计的前期工作来看，人们较多提到的名称有方案设计、创新设计和概念设计。

（1）方案设计

在机械设计程序中，方案设计是机械设计的前期工作，它是根据功能要求求出的包括机器各组成部分和功能结构解的机器简图，其中包括结构类型和尺度的示意图及相对关系。这就勾画出机器的方案，可作为构形设计的依据。机器方案设计关键的内容是确定机器运动方案，通常又称之为机构系统设计方案。

机械运动方案设计必须经过下列步骤：

1）进行机械功能分析。

2）确定各功能元的工作原理。

3）进行工艺动作过程分析，确定一系列执行动作。

4）选择执行机构类型组成机械运动方案。

5）通过综合评价，确定最优机械运动方案。

在方案设计中，设计功能结构、选择功能元的工作原理、进行工艺动作过程分析、确定执行机构类型、组合机械运动方案等设计步骤均孕育着创新。因此，方案设计离不开创新设计，机器创新紧密融合在方案设计之中。

（2）创新设计

对机器进行创新设计是增强机械产品竞争力的根本途径。

机器创新设计就是通过设计人员的创新思维、运

用创新设计理论和方法，设计出结构新颖、性能优良和高效的新机器。设计本身就应该具有创新。当然，创新设计本身也存在创新多少和水平高低之分。判断创新设计的关键是新颖性，即在原理上要新，在结构上要新，在组合方式上要新。

构思一种新的工作原理就可创造出一类新的机器，如激光技术的应用产生了激光加工机床。创造一种新结构的执行机构就可造就一种新的机器，如抓斗大王包起帆采用了多自由度的差动滑轮组和复式滑轮机构创造发明了“异步抓斗”。采用新的组合方式也可创造出一种新的机器，如美国阿波罗飞船在没有重新设计和制造一件零部件的情况下，通过选用现有的元器件及零部件组合而成，取得满意的结果，这就是组合的创新。

机械的创新设计的内容一般应包括 3 个方面：

1）功能解的创新设计。这属于方案设计范畴，其中包括新功能的构思、功能分析和功能结构设计、功能的原理解创新、功能元的结构解创新、结构解组成创新等。从机械方案创新设计角度来看，其中最核心的部分还是机械运动方案的创新和构思。所以，有不少设计人员把机械运动方案创新设计看作机械创新设计的主要内容不是没有道理的。

2）机械零部件的创新设计。机械方案确定以后，机械的构形设计阶段也有不少内容可进行设计创新，如零部件的新构形设计以提高机器工作性能、减小尺寸重量，又如采用新材料以提高零部件的强度、刚度和使用寿命等，所有这些都是机械创新设计的内容。

3）工业艺术造型的创新设计。为了增强机械产品的竞争力，应该对机械产品的造型、色彩、面饰等进行创新设计。机械的工业艺术造型设计得当，可令使用者心情舒畅，爱不释手，同时也可使机械的功能得到充分的体现。因此，产品艺术造型的创新也是机械创新设计的重要内容。

机械创新设计的内容虽然应包括 3 个方面，但是最关键的还是方案的创新设计。

（3）概念设计

人们对于概念设计的认识和理解还在不断地深入。不管哪一类设计，它的前期工作均可统称为概念设计。例如，很多汽车展览会展示出概念车，它就是用样车的形式体现设计者的设计理念和设计思想，展示汽车设计的方案。又如，一座闻名于世的建筑，它的建筑效果图就体现出建筑师的设计理念和建筑功能表达。这些都是属于概念设计范畴。

概念设计是设计的前期工作过程，概念设计的结果是产生设计方案。但是，概念设计不只局限于方案设计，还应包括设计人员对设计任务的理解，设计灵感的表达，设计理念的发挥。概念设计还应充分体现设计人员的智慧和经验。因此，概念设计前期工作应充分发挥设计人员的形象思维。概念设计后期工作较多的注意力集中在构思功能结构、选择功能工作原理和确定机械运动方案等，与传统的方案设计没有多大区别。

概念设计由于内涵广泛，使其有更大范围内的创新和发明。

由上述分析可见，概念设计比方案设计更加广泛、深入，因此概念设计包容了方案设计内容。同时，应该看到概念设计的核心是创新设计，概念设计是广泛意义上的创新设计。

5.2　概念设计的内涵

大家知道，M. French 早在 1974 年编著了一本称之为“工程师用的概念设计”（Conceptual Design for Engineers）的著作，书中对概念设计做了如下的描述：“概念设计就是确定设计任务和用简图形式表达的广义解。概念设计对设计师有很高的要求，要求对产品各种性能有明显的改善。在这一阶段需要将工程科学、专业知识、加工方法以及商业知识等各方面知识融合在一起，以做出最重要的决策。”

Palh 和 Beitz 在 1984 年的专著《Engineering Design》（工程设计）中，对概念设计表述为：“在确定任务之后，通过抽象化，拟定功能结构，寻求适当的作用原理及其组合等，确定出基本求解途径，得出求解方案，这一部分设计工作叫作概念设计。”

在 French 和 Palh 对概念设计做了表述之后，在 30 多年的时间内，人们对概念设计的研究日益增加，不断深入，使概念设计的内涵更加广泛和深刻。主要体现在：

1）在设计理念上融入了设计师以智慧和经验为结晶的崭新的设计哲理和创新灵感，使概念设计更具创新性。

2）在设计内容上更加广泛，根据产品生命周期各个阶段的要求进行市场需求分析、功能分析、确定功能工作原理、功能载体选择和方案组成等。可见确定方案是概念设计的最终结果，概念设计全过程的好坏才是方案设计的关键。

3）在设计方法上更加全面地融合各种现代设计方法，寻求全局最优方案，同时使设计过程更具有创造性。

总之，概念设计是方案全面创新的一个设计过程，它集成了设计师的智慧和灵感、先进设计方法的应用、设计资料和数据库广泛采纳、相关的专业知识运用等。

5.3　概念设计的基本特征

（1）创新性

创新是概念设计的灵魂。只有创新才有可能得到结构新颖、性能优良、价格低廉的富有竞争力的机械产品。这里的创新可以是多层次的，如从结构跃进、结构替换的低层次创新工作到工作原理更换、功能结构的修改、整体设计理念的更新等高层次的创新活动都属于概念设计的范畴。

（2）多样性

概念设计的多样性主要体现在其设计步骤的多样化和设计结果的多样化。不同的功能定义、功能分解和工作原理等，会产生完全不同的设计思路和设计方法，从而在功能载体的设计上产生完全不同的解决方案。例如，采用机械传动原理或石英振荡原理就产生了机械式手表或石英手表，两种结果完全不同。

（3）层次性

概念设计的层次性体现在两方面：一方面，概念设计分别作用于功能层和载体结构层，并完成由功能层向结构层的映射，如功能定义、功能分解作用于功能层上，而结构修改、结构变异则作用于结构层，由映射关系将两层连接起来。另一方面，在功能层和结构层中也有自身的层次关系。例如，功能分解就是将功能从一个层次向下一个层次推进。功能的层次性也就决定了结构的层次性，不同层次的功能对应不同层次的结构。例如，结构“自行车”的功能是代步，而自行车的子功能之一“控制行进方向”则是由结构“车把”来完成的。

5.4　机械系统概念设计的基本内容

5.4.1　功能分析与功能结构设计

1）功能抽象化。把市场需求和用户要求通过分析，进行功能抽象，突出任务核心和摆脱因循守旧，将会有利于找出新颖的方案。

2）功能分解。将功能进行分解，使其得到合适的若干子功能，该分解过程一定程度上也是创新过程。

3）功能结构图设计。将各子功能的抽象关系确定后，进行功能结构图的构思和设计。

5.4.2　工艺动作的分解和构思

实现机械产品的功能是靠工艺动作来完成的，即一系列工艺动作的目的是完成所需实现的功能。工艺动作的分解往往对应于功能的分解。例如，缝纫机的缝纫功能分解为刺布、挑线、钩线和送布四大功能，它们所对应的动作为机针上下运动、挑线杆供线和收线、梭子钩线和推送缝料四大动作。又如啤酒灌装机的灌装功能分解为送瓶、灌装、压盖及出瓶四大功能，可用对应的四个动作来完成。同一功能可以由不同的工艺动作来实现，因而工艺动作的构思也是相当重要的。例如，在制袋充填封口机中，如果直接模拟手工制袋动作，则机构动作非常复杂，但是如果利用相对运动原理逆反思索方法，将制袋成形器采用不动的象鼻形，而塑料薄膜做相对运动，就会使制袋机构大为简化。

5.4.3　执行机构系统方案构思与设计

实现功能的工艺动作，在机械系统中是靠若干个执行机构来完成的。机械产品概念设计最终归纳为机械运动方案设计，也就是执行机构系统方案设计。执行机构系统方案的构思与设计是概念设计中非常重要的内容。它的设计内容的框架如图 33.1-4 所示。它分为三部分：动力子系统、传动及执行机构子系统和控制子系统。传动及执行机构子系统是方案设计的核心。其中传动机构和执行机构越来越紧密地连接在一起，而且许多机构同时担负传动和执行的作用，无法分割。因此，在概念设计中将它们作为一个整体对待是合理的。控制机构在机械系统中一般采用各执行机构的主动曲柄的相位差来实现。

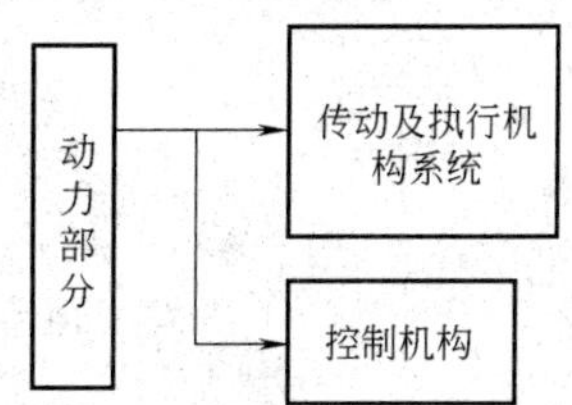

图 33.1-4　执行机构系统方案设计框架

5.5　机电一体化系统的概念设计

机电一体化系统是现代机械系统，用以实现产品功能和工艺动作过程，它是充分应用电子计算机的信息处理和控制功能、可控驱动元件特性的现代化机械系统，体现了机械系统的智能化、自动化。

机电一体化系统从功能分析来看，它的基本构成如图 33.1-5 所示。

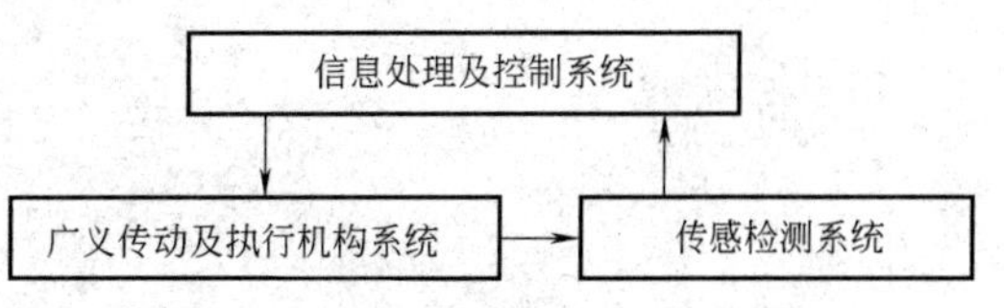

图 33.1-5　机电一体化系统的组成

机电一体化系统的主要组成有：广义传动及执行机构系统，它是通过驱动元件驱动传动及执行机构系统完成工艺动作过程；传感及检测系统进行完成工艺动作过程所需信息的检测，以便有效地实现控制；信息处理及控制系统是由电子计算机及相关软件来实现信息处理和工艺动作过程的控制。

机电一体化系统是现代化的机械系统，从本质上来说还是属于机械系统，因此它的概念设计的基本内容和步骤与机械系统的概念设计没有原则的区别。它的概念设计过程框架如图 33. 1-6 所示。它是从市场需求分析出发，确定机电一体化系统的总功能，通过设计理念的具体构思，进行功能分析和工艺动作过程构思，将工艺动作过程进行分解；选择合适的广义传动、执行机构系统、传感检测系统和信息处理及控制系统；集成机电一体化系统方案；进行若干可行方案的评价，确定最佳的方案。

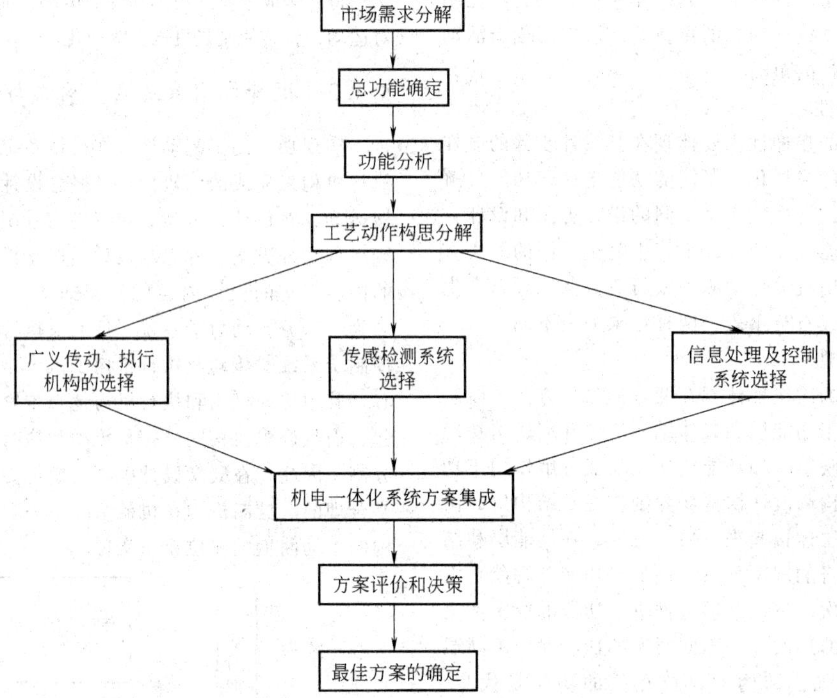

图 33. 1-6　机电一体化系统概念设计框架

第2章　机械系统概念设计的基本方法

1　工艺动作过程和执行机构

1.1　工艺动作过程

机械系统概念设计的前期工作就是要进行工艺动作过程的构思。大家知道，机器的功能是通过它的工艺动作过程来完成的。例如，缝纫机的功能是通过刺布—供线—勾线—收线—送布的工艺动作过程来实现缝纫功能。又如，平版印刷机的功能是通过上墨—刷墨—印刷的工艺动作过程来实现印刷功能。再如，扭结式糖果包装机的功能是通过送纸—送糖果—裹包—扭结的工艺过程来实现糖果扭结包装功能。

工艺动作过程取决于所需实现的功能的工作原理，不同的工作原理就会有不同的工艺动作过程。例如，滚齿原理和插齿原理二者的工艺动作过程是不同的。但是采用同一工作原理的工艺动作过程也是可以有不同的工艺动作过程。例如，折叠式包装机，就可以有如图 33. 2-1a、b 所示的两种工艺动作过程。

工艺动作过程是实现机器功能所需的一系列动作形式、按一定顺序组合而成的系列动作。它往往可以按一定规则加以分解。

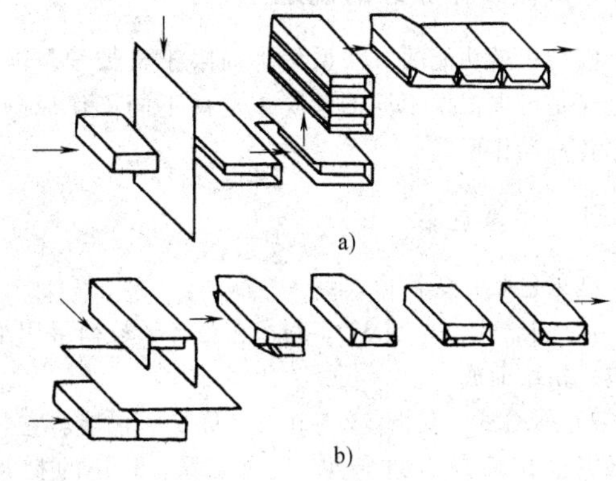

图 33. 2-1　阶梯形工艺路线

1.2　执行动作

机器的工艺动作过程一般来说是比较复杂的，往往难以用某一简单的机构来实现。因此，从设计机械运动方案需要出发，把此工艺动作过程分解成以一定时间序列表达的若干个工艺动作。这些工艺动作，从机械设计的角度来看称之为机械的执行动作，简称为执行动作。

执行动作五花八门，但是可以归纳为表 33. 2-1 所列的 8 种类别。

表 33. 2-1　执行动作的类别

序　号	执行动作的类别	具 体 说 明
1	连续旋转运动	包括等速旋转运动、不等速旋转运动
2	间歇旋转运动	实现不同停歇要求的间歇旋转运动
3	往复摆动	实现不同摆角的往复摆动
4	间歇往复摆动	实现不同间歇停顿的来回摆动
5	往复移动	实现不同行程大小的往复移动
6	间歇往复移动	实现不同间歇停顿的往复移动
7	刚体导引	实现连杆型构件的若干位姿
8	预期运动轨迹	实现连杆上某些点的给定轨迹

1.3　执行构件和执行机构

机械中完成执行动作的构件，称为执行构件。一般情况下，机构的从动件不止一个，从动件中执行构件至少有一个。执行构件是实现预期执行动作的从动件。执行构件也称为输出构件。在某些场合，执行动作同时由机构的两个执行构件来完成。为了有利于完成执行动作，执行构件往往需要做成特殊构形。

实现各执行构件所需执行运动的机构称为执行机构。一般来说，一个执行动作由一个执行机构来完成，但也有用多个执行机构完成一个执行动作，或用一个执行机构完成多个以上的执行动作。

在机械系统运动方案的确定过程中，执行动作的多少、执行动作的形式以及它们间的协调配合等都与机械的工作原理、工艺动作过程及其分解等有密切关系。

确定执行动作、选择执行机构是机械系统运动方案设计中富有创造性的设计内容。

2　工作原理和工艺动作分析

2.1　机械工作原理的确定

实现机械功能的方法虽然都局限于机械学范畴，但是还是可以根据不同的情况来选择不同工作原理，构思各种动作形式。

2.1.1　糖果包装

糖果包装有 3 种形式：

1）扭结式。见图 33.2-2a，它是将颗粒糖果用纸裹包后扭结而成。

2）接缝式。见图 33.2-2b，又称枕式包装。它是将纸裹包在糖果上进行纵封、横封后得到的糖果包装。

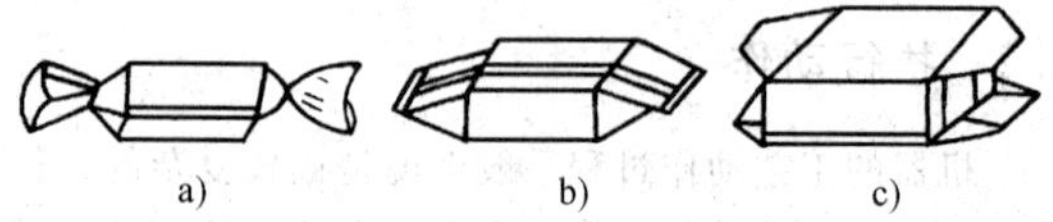

图 33.2-2　颗粒糖果包装形式

3）折叠式。见图 33.2-2c，它将颗粒糖果用纸进行侧封、端封后实现糖果包装。

3 种不同的包装原理，它们的工艺动作过程和工序各不相同，就需选择不同的执行机构，构成相应的运动方案。

2.1.2　印刷工作

根据印刷数量的大小、质量要求高低，印刷机的工作原理有两种形式：

1）平版印刷工作原理。是在平面的铜锌字版上涂刷油墨，然后将待印纸品覆盖在铜锌字版上完成印刷工艺。平版印刷工作犹如盖图章动作。

2）轮转式印刷工作原理。将铜锌字版装在圆筒表面，随圆筒连续转动，而将待印纸张作相应连续移动并与圆筒贴合，完成印刷工艺。轮转式印刷的工作原理与盖章式的动作不同，它是属于连续式的，因此生产效率大大提高。

平版印刷机和轮转式印刷机，它们的工艺动作过程和工序各不相同，因此它们的机械系统运动方案明显有区别。

2.1.3　螺栓的螺纹加工

螺纹加工的工作原理主要有 4 种：

1）车削。用螺纹车刀在车床上切削加工。

2）套螺纹。用螺纹板牙在机床上（或用手工）加工。

3）滚压。用一副滚丝轮在滚丝机上滚压加工。

4）搓丝。用一副搓丝板在搓丝机上加工。

由于 4 种螺纹加工的工作原理各不相同，它们的工艺动作过程和工序也就各不相同。因此它们的机械运动方案有很大不同，构成运动方案的机构型式也有很大差别。

由上述分析可见，机械系统的工作原理体现了实现机械系统功能各种具体可行的方法。它们的具体实现是依靠某些工艺动作过程。

2.2　工艺动作过程的分解

图 33.2-3 表示机械系统运动方案求解的过程模型。由此可见，机械系统工作原理确定之后，构思工艺动作过程和对工艺动作过程的分解是机械系统运动方案设计的重要步骤。

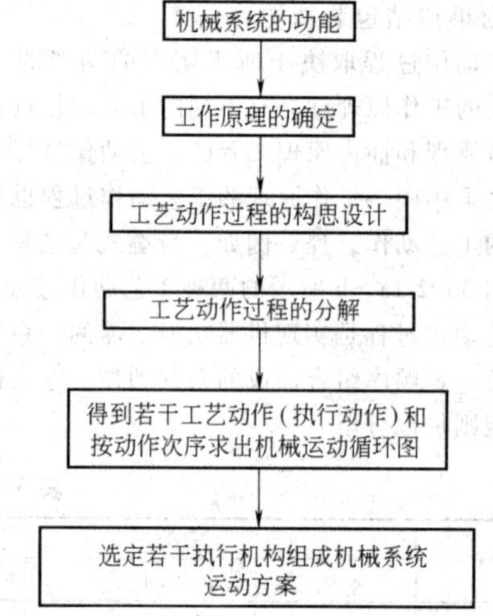

图 33.2-3　机械系统运动方案求解的过程模型

工艺动作过程构思是由机械系统的功能出发，根据工作原理提出可能的动作过程。例如，图 33.2-1 所示的折叠式包装，除了图 33.2-1a、b 所示的包装动作过程外，还可以有其他的包装动作过程。如前侧先包或下面先包等动作过程。

再如，图 33.2-4 所示冲压式蜂窝煤成形机示意图，它的工艺动作过程可由 6 个动作组成：加料—冲压成型—脱模—扫屑—转位—成品输送。构思工艺动作过程要满足工作可靠、工序合理和工效提高等多种要求。

又如，图 33.2-5 所示的 JB 型缝纫机示意图，根据衣料缝制要求和缝制工作原理构思出缝制动作过程：刺布—挑线（供线和挑线）—勾线—送布。

工艺动作过程分解的目的是确定执行动作的数目

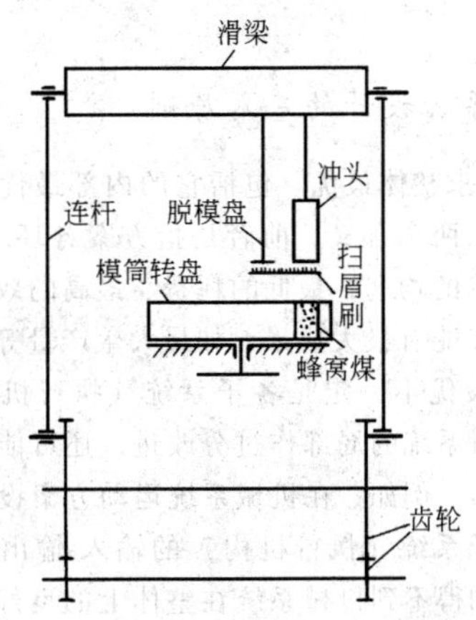

图 33.2-4　冲压式蜂窝煤成形机示意图

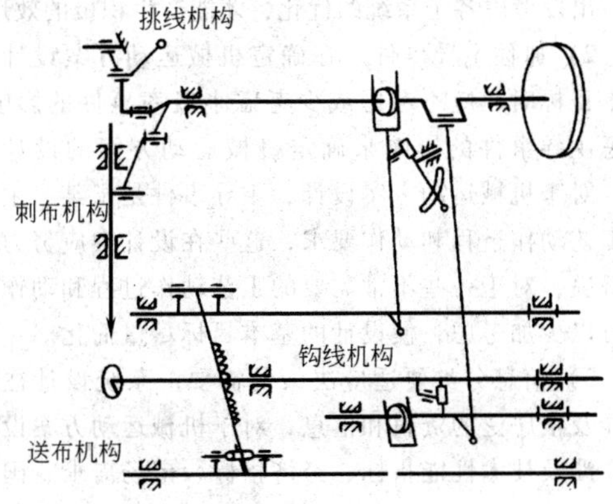

图 33.2-5　JB 型缝纫机示意图

以及它们之间的时间序列。原则上每个执行动作形式从执行机构所能完成的 8 种执行动作中选择，以便从现有机构中选择合适的执行机构。否则需用机构创新设计方法创造新的执行机构，完成特殊的执行动作。

工艺动作过程分解的方法，一般有以下几种：

1）将构思工艺动作过程进行逆向分析，不难得到各个执行动作。构思工艺动作时往往是将预先考虑的若干执行动作用时间顺序贯穿在一起的。

2）用类比法对工艺动作过程进行分解。即借鉴相似工艺动作过程分解的办法来进行动作过程分解不失为一种好办法。

3）采用拟人动作方法来实施工艺动作过程分解。如借鉴人手对一物体的包装过程来得到折叠式包装的各个执行动作。

3　系统设计方法

3.1　系统设计基本概念

系统设计是将机械产品看作一个技术系统，用系统工程方法对机械系统运动方案进行分析和综合。机械系统运动方案是以一定的工艺动作过程来实现机械系统的功能。机械系统运动方案中实现工艺动作过程各个执行动作的相应执行机构均是系统中的各个子系统。各子系统与系统整体之间是密切相连的，通过各子系统的配合和协调使系统达到机械系统运动方案的最优目标。由此获得最佳的方案设计。

在进行机械系统运动方案设计过程中，为了做好系统设计还应该重视系统分析，系统分析是为了更好地设计。

3.2　系统分析

机械系统运动方案的系统分析是将实现机械系统总功能的机械工艺动作过程通过动作分解求得若干执行动作，选用或设计相应的执行机构。以这些执行机构组成的机构系统来实现机械工艺动作过程。

机械运动方案的最主要的功用是将一系列的输入运动转换为相应的输出运动，这些输出运动构成了机械的工艺动作过程。很明显这些输出运动必须具有有序性和必要的反馈性。有序性就是机械运动系统中各个子系统的动作是有序的、相互制约、又能协调地工作。机械运动方案的工作循环图是机械有序性的具体体现。机械的有序性保证机械工作的有效性和整体性。机械中的反馈性是将某些运动信息进行反馈实现系统中各子系统协调动作和有效控制，以保证系统能精确、安全和有效地工作。从现代机械系统要求来看，没有反馈的系统往往不能成为一个好系统。

3.2.1　系统分析的要素

一般情况下，机械运动方案进行系统分析的要素，有以下 4 个：

1）目标。经过分析后确定的目标应是必要的、有根据的、可行的。这是设计机械运动方案的根据，也是分析机械运动方案的出发点。

2）备用方案。这是达到机械运动方案目标的若干可供采用的方案，以供比较和选择。

3）指标。这是对可用方案进行分析的依据，是衡量系统目标的具体标志。对于机械运动方案的指标主要有：运动性能，动力性能，尺寸紧凑性，制造安装的难易程度，设计工作量大小与设计复杂程度，维护使用方便性等。

4）模型。这是根据机械运动方案的目标要求，用若干参数或因素体现出对系统本质方面的描述。通常来说，对于某一机械运动方案可以用一个包含多项评价指标和指标评价值的评价体系来描述这个模型。

模型具有 3 个主要特征：

① 是实际机械系统合理的抽象和有效的模仿。

② 能表征实际系统的本质属性和主要特征。

③ 可以表明主要因素间的相互关系。

对于机械运动方案所采用的抽象模型通常有3种类型：

① 概念模型。这是人们应用知识、经验和直觉，在缺乏资料的情况下，通过构想一些资料，建立初始模型，再逐步扩展和完善而形成的。在形式上它们可以是思维的、文字的或描述性的。

② 图式模型。这是用少量文字、简明的数字、线条等构成的模型，它能够直观形象地表示出方案的一些本质和特征，如流程图、方框图等。

③ 机械工作循环模型。这是用机械工作循环图建立起各执行机构的时序关系和运动特征的模型，它能够较为具体地表示方案构成和工作特征。

3.2.2　系统分析的程序

1）机械运动方案总功能的分析与确定。通过市场需求和用户要求的调查分析、发现问题、明确机械运动方案的目标。明确要求，就易于确定机械运动方案的总功能。需求分析时，要求论证它的合理性、可行性和经济性。同时，提出各种可行性方案并进行评价选优。

2）机械运动方案功能体系的构造。将机械运动方案的总功能通过合理的分解，从而设法构造它的功能体系。由此表达了功能的构成、功能的关系和总功能的实现，同时还可得出各分功能、子功能的主要参数。

3）机械运动方案的评价和选优。确定评价指标体系对机械运动方案可能采用的方案进行评价和选优，得到最为满意的方案。

3.3　系统设计

3.3.1　系统设计的概念

系统设计是在系统分析的基础上进行的。系统分析为系统设计提供了下列条件。

1）机械运动方案重新设计的必要性、可能性和可行性。

2）机械运动方案的目标（总功能）和约束条件。

3）机械运动方案的框架结构和评价基础。

4）得出几种有价值的可供进一步改进的机械运动方案。

系统设计的任务就是要充分利用系统分析的结果，设计出最大限度满足系统总功能要求的具体机械运动方案。

3.3.2　系统设计的基本原则

1）追求整体最优。包括它的内部最优状态和方案最优输出两个含义。前者是指方案各环节的平衡、协调，传输的均衡，最低的耗费、最高的效率等；后者是指方案能有最大成果，如最大生产量等。

整体最优不一定是各子系统（执行机构）的优化。有时对系统的局部作过分改进，还可能反而使系统整体变劣。例如，在机械系统运动方案设计中过分强调某一子系统（执行机构）的输入-输出的运动精度要求，如得不到机械系统在整体上的良好配合，会导致整个系统运动精度下降或不能正常工作。只有从整体出发考虑各子系统的优化，才能产生积极的效用。

2）抓住主导事件。在确定机械运动方案设计的基本目标时，应不考虑或少考虑小概率事件的影响。考虑主导事件的影响来确定机械运动方案的设计要求。对于机械运动方案设计，主导事件是指某一主要的工艺动作过程和动作要求，这些在设计中应努力加以解决，对于一些不常需要的工艺动作过程和动作要求可以少加考虑，使设计的基本目标尽量简化。

3）信息分类要适应决策的需要。系统设计往往会涉及很广泛的资料和信息，对于机械运动方案设计就会涉及技术性能指标、经济指标、市场需求、国内外类似产品的状况、原材料和配件的供应和设计技术资料等。为了有利于系统设计的进展，应将各种信息进行分类，把决策有关的信息优先加以考虑，以提高决策的速度和质量。

3.3.3　系统设计的过程

机械运动方案设计过程主要包括如图33.2-6所示的7个步骤。

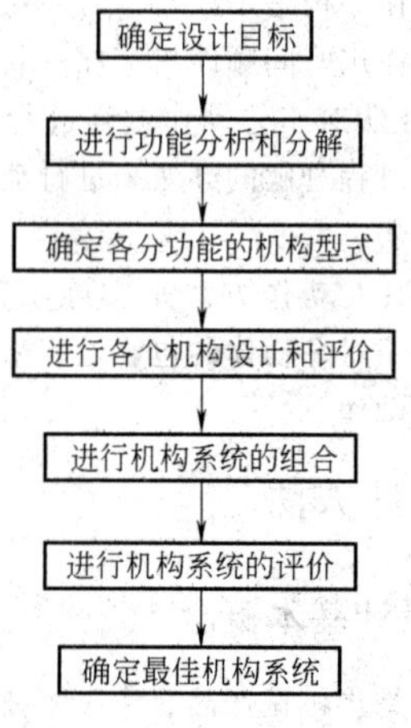

图33.2-6　系统设计过程

系统设计的主要任务，就是要得到最优的机械运动方案，而在方案的寻优过程中又充满着综合与分析的交互作用，在系统分析设计的全过程中，分析-综合方法是系统设计的基本方法。这种方法能够合理解决系统的目标-功能-结构-效益之间协调和最优化问题。

针对某一特定系统设计的具体步骤有其本身的特点。具体问题要作具体分析，这是在系统设计中必须牢牢掌握的原则。

3.3.4　系统综合评价

1）机械运动方案的拟定和设计，最终要求提供最优的方案，而方案的优劣是需要通过系统综合评价来确定的。因此，系统分析和系统设计的基本方法都必须对结果进行评价。从设计全过程来看，评价工作不仅在整个机械运动方案设计完成后是需要的，在整个设计过程的每一阶段也是需要的。

对于某一机械运动方案来说，其目标就是要求完成某一工艺动作过程，亦即完成一系列的动作。对于各个动作的要求有时会相互矛盾。所以，对一个机械运动方案应该建立一个评价体系，通过综合性的评价确定最优的机械运动方案。

2）综合评价的基本原则大体上有以下 3 个：

① 要保证评价的客观性。评价的目的是为了决策。因此评价是否客观，就会影响决策是否正确。为了保证评价的客观性，要求评价资料的全面性和可靠性；防止评价人员的倾向性，评价人员组成要有代表性。

② 要保证方案的可比性。即要求各个方案在实现基本功能上有可比性和一致性。有的方案在实现个别功能方面优点突出或有新颖独特之处，只能表明它在这方面的优越之处，不能代替它在其他方面所能实现的要求，更不能掩盖它在其他方面存在的不足之处。

③ 要有适合于方案设计阶段的评价指标体系。评价指标体系是全面反映系统目标要求的一种评价模式。因此，评价体系应该主要考虑机械运动方案总功能所涉及的各方面要求和指标，不要考虑或少考虑其他方面或设计阶段的要求。建立评价指标体系一定要体现科学性、全面性和专家的经验。

3）系统综合评价的一般步骤有：

① 确定系统综合评价的指标体系。对于机械运动方案的评价指标体系一般应包括实现功能、工作功能、动力功能、经济性和结构紧凑 5 大类的评价指标，这些大类和具体的评价项目均要与机械运动方案设计内容密切相关。在建立系统评价体系时，应尽可能广泛地听取这一领域内权威专家的意见和建议。

② 确定各大类和具体评价指标重要程度的权系数。确定权系数，实际上是使评价指标体系对各种比较特殊的用途和特殊的使用场合的机械运动方案从整体上进行调整。使系统评价指标体系有更大的灵活性、广泛性和实用性，使系统评价指标体系有更大的适用范围。例如，对于重型机械运动方案设计时的评价指标与轻工机械运动方案设计时的评价指标有一定的区别。权系数就可以适应这两者区别的需要。

③ 对子系统的方案进行逐项评价。得到综合评价指标值，为方案综合评价提供必要的条件。

④ 对所采用的机械运动方案进行逐项评价。得出各单项评价指标值。

⑤ 进行系统单项评价指标的综合。得出评价指标体系各大类的评价值。

⑥ 最后进行系统的综合评价。综合机械运动方案各大类指标的评价值，得出整个方案的总评价值。对于多个方案可按总评价值来进行择优，以确定最优方案。在确定最优方案时，还应考虑制造工厂的类似产品情况、加工设备条件和技术力量等。有时总评价值最高的方案不一定被最后选用，就是由于某一方面因素影响。

图 33.2-7 所示为上述系统综合评价的步骤。

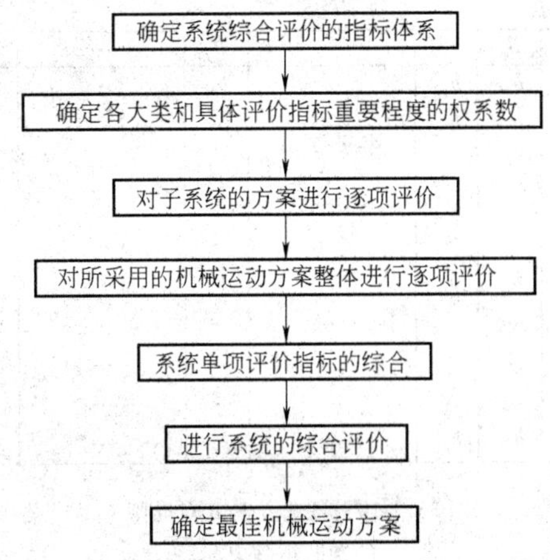

图 33.2-7　系统综合评价的步骤

4　层次分析方法

4.1　层次分析法的基本步骤

1）构造机械运动方案的层次结构模型。

2）建立判断矩阵，计算相对权重，这又称为层次单排序。

3）判断矩阵一致性检验。

4）计算组合权重，并通过组合权重的对比，得到决策方案的优劣顺序，又称为层次总排序。

4.2 层次结构模型

层次结构模型表示方案所涉及的因素及其之间的关系。图 33.2-8 所示为递阶层次结构模型。其中最高层通常只包含一个要素，一般为机械运动方案的总功能；最低层称为方案层，通常设置方案的各种备选方案。中间层称为准则层，列出用来衡量是否达到目标的各项评价准则和评价标准等。

目标层 G	G	最高层
准则层 C	C_1 C_2 … C_k … C_{M-1} C_M	中间层
方案层 B	B_1 B_2 … B_i …… B_n	最低层

图 33.2-8 递阶层次结构

例如，为了确定糖果折叠包装机的机械运动方案，它的递阶层次结构模型如图 33.2-9 所示。

目标层 G	实现糖果折叠包装功能	最高层
准则层 C	实现运动好坏　工作性能　动力性能　经济性　结构紧凑	中间层
方案层 B	方案 B_1　方案 B_2　方案 B_3　方案 B_4	最低层

图 33.2-9 糖果包装的层次结构

4.3 构造判断矩阵和计算相对权重

4.3.1 构造判断矩阵

判断矩阵是将层次结构模型中同一层次的要素相对于上层的某个因素，相互间做成对比较而形成的矩阵。以图 33.2-10 所示的层次结构为例，方案层的备选方案 B_1、B_2、…、B_n 相对上层的准则 C_k 做成对比较，可构成下面的判断矩阵 $\boldsymbol{P}_{C_k-B}$，如图 33.2-10 所示。

C_k	B_1	B_2	…	B_j	…	B_n
B_1	b_{11}	b_{12}	…	b_{1j}	…	b_{1n}
B_2	b_{21}	b_{22}	…	b_{2j}	……	b_{2n}
·	·	·	…	·	…	·
·	·	·	…	·	…	·
·	·	·	…	·	…	·
B_i	b_{i1}	b_{i2}	…	b_{ij}	…	b_{in}
·	·	·	…	·	…	·
·	·	·	…	·	…	·
·	·	·	…	·	…	·
B_n	b_{n1}	b_{n2}	…	b_{nj}	…	b_{nn}

图 33.2-10 备选方案 B 对准则 C_k 的判断矩阵 $\boldsymbol{P}_{C_k-B}$

图中，b_{ij}是以 C_k 为准则对 B_i 与 B_j 哪个更好来确定代表好的程度的数值。

对于 C_k 为准则（如工作性能）如何确定图 33.2-10 中元素 b_{ij}，考虑到大多数准则比较往往是模糊的，哪个方案更好，或稍差等，为了使其定量化，往往引入判断标度。通常使用 1~9 标度法，见表 33.2-2。

表 33.2-2 1~9 标度说明

标　度	说　明
1	表示 B_i 与 B_j 相比，两个要素同等好
3	表示 B_i 比 B_j 稍微好一些
5	表示 B_i 比 B_j 明显好
7	表示 B_i 比 B_j 好得多
9	表示 B_i 比 B_j 绝对好
2,4,6,8	表示两相邻标度的中间值

通过比较得到的判断矩阵 $\boldsymbol{P}=(b_{ij})_{n\times n}$ 具有以下特性

$$\left.\begin{array}{l}1)\ b_{ij}>0\\2)\ b_{ij}=1\\3)\ b_{ij}=1/b_{ji}\end{array}\right\}\quad i,\ j=1,\ 2,\ \cdots,\ n$$

根据以上特性，可以证明一个 n 阶的判断矩阵只有 $n\cdot(n-1)/2$ 个元素。对于如图 33.2-8 所示的层次结构，方案层有 n 个元素、准则层中有 m 个元素。因此可以建立 m 个判断矩阵，即

$$\boldsymbol{P}_{C_k-B}\qquad(k=1,\ 2,\ \cdots,\ m)$$

同样道理，准则层对目标层只有一个判断矩阵，即

$$\boldsymbol{P}_{G-C}\qquad\text{为 1 个。}$$

所以图 33.2-8 所示的层次结构总共需要构造 $m+1$ 个判断矩阵。

同样可以看到，如果机械运动方案比较复杂，它由好几个执行机构组成，我们可按每一机构构造相应的判断矩阵，确定若干个可供采用的执行机构。然后，再选定若干机械运动方案并在方案整体上构造判断矩阵。

4.3.2 计算权重

权重计算的方法有多种，这里仅介绍两种：

（1）方根法

这是一种判断矩阵权重的近似算法，其步骤如下：

首先，计算判断矩阵 $P=(b_{ij})_{n\times n}$ 中每行所有元素的几何平均值，得到向量 M，$M=(m_1,m_2,\cdots,m_n)^T$，其中

$$m_i = \sqrt[n]{\prod_{j=1}^{n} b_{ij}} \quad (i=1,2,\cdots,n) \tag{33.2-1}$$

其次，对列向量作归一化处理，得到相对权重向量 W，$W=(W_1,W_2,\cdots,W_n)^T$，其中

$$W_i = \frac{m_i}{\sum_{j=1}^{n} m_j}$$

所谓归一化，是指

(a) $0 \leqslant W_i \leqslant 1 \quad (i=1,2,\cdots,n)$

(b) $\sum_{i=1}^{n} W_i = 1$

最后，计算判断矩阵 P 的最大特征值 λ_{max}，其近似计算式如下：

$$\lambda_{max} = \frac{1}{n}\sum_{i=1}^{n}\frac{(PW)_i}{W_i} \tag{33.2-2}$$

其中，$(PW)_i$ 是权重向量 W 右乘判断矩阵 P 得到的列向量中的第 i 个分量。

λ_{max} 将用于判断一致性检验。

（2）特征向量法

它的计算精度较高。线性代数中，对于实数矩阵 $P=(b_{ij})_{n\times n}$，其特征方程为 $(P-\lambda I)W=0$，特征多项式为 $|P-\lambda I|=0$，其中，I 为单位阵，W 为对应于特征值 λ 的特征向量。对于特征多项式，经运算可求出 P 的 n 个特征值 λ_1，λ_2，…，λ_n，而最大特征值是指 $\lambda_{max}=\max\{\lambda_1, \lambda_2, \cdots, \lambda_n\}$。另外，称下式为矩阵 P 的迹

$$\lambda_1+\lambda_2+\cdots+\lambda_n=b_{11}+b_{22}+\cdots+b_{nn} \tag{33.2-3}$$

特征向量法计算权重的原理如下：设有 n 个物体 B_1，B_2，…，B_n，重量分别为 W_1，W_2，…，W_n。若两两比较物体的重量，其比值可构成 $n\times n$ 矩阵 P。若用重量向量 $W=(W_1, W_2, \cdots, W_n)^T$ 右乘矩阵 P，可得下式：

$$PW=\begin{pmatrix} \frac{W_1}{W_1} & \frac{W_1}{W_2} & \cdots & \frac{W_1}{W_n} \\ \frac{W_2}{W_1} & \frac{W_2}{W_2} & \cdots & \frac{W_2}{W_n} \\ \vdots & \vdots & \cdots & \vdots \\ \frac{W_n}{W_1} & \frac{W_n}{W_2} & \cdots & \frac{W_n}{W_n} \end{pmatrix}\begin{pmatrix} W_1 \\ W_2 \\ \vdots \\ W_n \end{pmatrix} = n\begin{pmatrix} W_1 \\ W_2 \\ \vdots \\ W_n \end{pmatrix} = nW$$

或 $(P-nI)W=0$

由矩阵理论可知，n 即为 P 的特征值，且是最大特征值 λ_{max}，W 则是对应于最大特征值 λ_{max} 的特征向量。

不难看出，特征向量法应首先求出判断矩阵的最大特征值 λ_{max}；然后计算对应于 λ_{max} 的特征向量 W；再对 W 做归一化处理，即得到权重向量。当判断矩阵阶数较高时，可采用迭代算法编程计算特征值。

4.4 判断矩阵的一致性检验

4.4.1 完全一致性

根据矩阵理论，若正互反矩阵 $P=(b_{ij})_{n\times n}$ 对所有的 i，$j=1$，2，…，n，均有 $b_{ij}=b_{ik}/b_{jk}$ 成立，则称 P 具有完全一致性。此时正互反矩阵 P 具有唯一非零的最大特征值 λ_{max}，且 $\lambda_{max}=n$。实际上，由于正互反矩阵的 $b_{ii}=1$ $(i=1, 2, \cdots, n)$ 且令 $\lambda_{max}=\lambda_1$，由式（33.2-3）可得

$$\lambda_{max} + \sum_{i=2}^{n}\lambda_i = n，则 \sum_{i=2}^{n}\lambda_i = 0$$

4.4.2 一致性检验指标

人们在对复杂问题涉及的因素进行两两比较时，不可能做到判断的完全一致性，总会存在估计误差。这将导致判断矩阵的特征值和特征向量也带有偏差。设 P' 为带有偏差的判断矩阵，其最大特征值和特征向量设为 λ'_{max} 和 W'。因为 $b_{ii}=1$ $(i=1, 2, \cdots, n)$，又设 $\lambda'_{max}=\lambda_1$，由式（33.2-3）可得

$$\lambda'_{max} + \sum_{i=2}^{n}\lambda'_i = n$$

通常 P' 的 $\lambda'_{max}\geqslant n$，而 $\lambda'_{max}-n$ 就是除 λ'_{max} 以外的其余所有特征值的代数和。与完全一致性相比较

$$\lambda'_{max} - n = -\sum_{i=2}^{n}\lambda_i$$

就表征了 P' 的偏差程度，由此一致性检验指标 $C.I$ 构造如下：

$$C.I=\frac{\lambda_{max}-n}{n-1} \tag{33.2-4}$$

由式（33.2-4），对于任意的判断矩阵，当 $\lambda_{max}=n$ 时，$C.I=0$，则判断矩阵具有完全一致性；$C.I$ 的值越大，P' 的估计偏差也就越大，偏离一致性的程度就越大。

4.4.3 随机一致性指标

通常判断矩阵的阶数 n 越高，其估计偏差值随之增大，一致性也越差，因此对高阶判断矩阵的检验应适当

放宽要求。为此引入随机指标 R.I 作为修正值，以更合理的随机一致性指标 C.R 来衡量判断矩阵的一致性。

$$C.R=\frac{C.I}{R.I} \tag{33.2-5}$$

通常只要 $C.R\leqslant 0.10$，则认为 $\boldsymbol{P}'$ 具有满意的一致性，否则必须重新调整 $\boldsymbol{P}'$ 中元素的值。式（33.2-5）中 R.I 的值，可根据判断矩阵的阶数从表 33.2-3 中选取。二阶及以下的判断矩阵总是具有完全一致性。

表 33.2-3　随机一致性指标中 R.I 的取值

n	1	2	3	4	5	6	7	8	9	10
R.I	0	0	0.52	0.89	1.12	1.26	1.36	1.41	1.46	1.49

为了说明一致性检验，举例如下。

例 33.2-1　选择一个执行机构，将工作性能、实现运动和动力性能作为 3 个评价准则，现确定各准则的相对重要顺序。现构造下面两个判断矩阵：

	选择执行机构	工作性能	实现运动	动力性能	W
$\boldsymbol{P}_a$	工作性能	1	1/3	3	0.258
	实现运动	3	1	5	0.636
	动力性能	1/3	1/5	1	0.106

$\lambda_{max}=4.838$；$C.R=0.0371<0.1$

	选择执行机构	工作性能	实现运动	动力性能	W
$\boldsymbol{P}_b$	工作性能	1	1/3	3	0.258
	实现运动	3	1	1/5	0.636
	动力性能	1/3	5	1	0.106

$\lambda_{max}=4.838$；$C.R=1.54>0.1$

由计算结果可知，$\boldsymbol{P}_a$ 满足要求，而 $\boldsymbol{P}_b$ 偏差太大，使评价准则排序为：动力性能、工作性能、实现运动。显然这与人们通常的选择性思维不一致。一致性检验可以帮助发现估计误差对过大的偏差必须加以修正。

4.5　层次总排序

层次总排序就是根据层次单排序得到的结果来计算组合权重。然后，通过比较各要素组合权重的大小，得到要素的相对重要顺序，依此确定对备选方案的评价。

对于图 33.2-8 所示的递阶层次结构，设准则层 C 对目标层 G 的相对权重列向量为 $\boldsymbol{\alpha}=(\alpha_1,\ \alpha_2,\ \cdots,\ \alpha_m)^{\mathrm{T}}$，方案层 B 对 C 层各项准则 C_1，C_2，…，C_m 的权重列向量分别记为 $\boldsymbol{W}_1$，$\boldsymbol{W}_2$，…，$\boldsymbol{W}_k$，…，$\boldsymbol{W}_m$，其中 $\boldsymbol{W}_k=(w_{1k},w_{2k},\cdots,w_{nk})^{\mathrm{T}}$ 是 B 层方案 B_i（$i=1,\ 2,\ \cdots,\ n$）对准则 C_k（$k=1,\ 2,\ \cdots,\ m$）的相对权重列向量。由此构成组合权重计算表 33.2-4，其中 Σ 为 $\sum_{j=1}^{m}$ 的简写。

表 33.2-4　组合权重计算表

B \ C	C_1	C_2	…	C_m	组合权重 V
B \ $\boldsymbol{\alpha}$	α_1	α_2	…	α_m	
B_1	W_{11}	W_{12}	…	W_{1m}	$V_1=\Sigma\alpha_i W_{1i}$
B_2	W_{21}	W_{22}	…	W_{2m}	$V_2=\Sigma\alpha_i W_{2i}$
…	…	…	…	…	…
B_n	W_{n1}	W_{n2}	…	W_{nm}	$V_n=\Sigma\alpha_i W_{ni}$

实际上，由相对权重列向量 $\boldsymbol{W}_1$，$\boldsymbol{W}_2$，…，$\boldsymbol{W}_m$ 可构造相对权重矩阵 $\boldsymbol{W}=(\boldsymbol{W}_1,\boldsymbol{W}_2,\cdots,\boldsymbol{W}_m)$，则组合权重 V 可按下式计算

$$\boldsymbol{V}=\boldsymbol{W\alpha} \tag{33.2-6}$$

4.6　层次分析法应用举例

层次分析法对于像构思机械运动方案那样难以建立数学模型，而又缺乏必要数据的非结构性复杂问题，在分析决策时十分有效和实用。下面举一实例说明其应用。

例 33.2-2　为了实现高速间歇运动，选定了 3 种执行机构方案：I_1—圆柱凸轮间歇运动机构、I_2—槽轮机构、I_3—棘轮机构。评价准则有 C_1—运动性能、C_2—动力性能、C_3—制造难度。试采用层次分析法来选择方案。

解：

1）建立层次结构模型。

层次结构模型如图 33.2-11 所示。

G 层	高速间歇运动		
C 层	C_1 运动性能	C_2 动力性能	C_3 制造难度
I 层	I_1 圆柱凸轮间歇运动	I_2 槽轮机构	I_3 棘轮机构

图 33.2-11　高速间歇运动机构层次结构模型

2）建立判断矩阵，计算相对权重。

判断矩阵有 $\boldsymbol{P}_{G-C}$，$\boldsymbol{P}_{C_1-I}$，$\boldsymbol{P}_{C_2-I}$，$\boldsymbol{P}_{C_3-I}$ 等 4 个，分别是 G 对 C 层，以及 C_1、C_2、C_3 对 I 层的判断矩阵，用 1~9 标度法确定矩阵元素值，计算各矩阵的相对权重，结果见以下各表。

$\boldsymbol{P}_{G-C}$	G 结果	C_1	C_2	C_3	$\boldsymbol{\alpha}$
	C_1	1	1/3	2	0.230
	C_2	3	1	5	0.648
	C_3	1/2	1/5	1	0.122
$\lambda_{max}=3.0037$；$C.R=0.0032<0.1$					
$\boldsymbol{P}_{C_1-I}$	C_1	I_1	I_2	I_3	W_1
	I_1	1	1/3	1/5	0.105
	I_2	3	1	1/3	0.258
	I_3	5	3	1	0.637
$\lambda_{max}=3.0385$；$C.R=0.033<0.1$					
$\boldsymbol{P}_{C_2-I}$	C_2	I_1	I_2	I_3	W_2
	I_1	1	1/3	1/7	0.081
	I_2	3	1	1/5	0.188
	I_3	7	5	1	0.731
$\lambda_{max}=3.065$；$C.R=0.056<0.1$					
$\boldsymbol{P}_{C_3-I}$	C_3	I_1	I_2	I_3	W_3
	I_1	1	2	3	0.592
	I_2	1/2	1	5	0.333
	I_3	1/7	1/5	1	0.075
$\lambda_{max}=3.013$；$C.R=0.012<0.1$					

由上各表可以进行组合权重计算：

C / α / I	C_1	C_2	C_3	V
	0.230	0.122	0.648	
I_1	0.105	0.081	0.592	0.418
I_2	0.258	0.188	0.333	0.298
I_3	0.637	0.731	0.075	0.284

其中 $V_1=0.230\times0.105+0.122\times0.081+0.648\times0.592=0.418$

3）一致性检验。

检验结果显示 4 个判断矩阵均满足一致性要求。

4）计算组合权重，选择执行机构方案。

从组合权重的计算结果来看，三个方案的优劣顺序为 I_1，I_2，I_3，所以应选用 I_1 圆柱凸轮间歇运动机构。

5　形态综合法

5.1　形态综合的基本概念

形态综合法，是一种系统搜索的方法。它的思维方式属于"穷尽法"。形态综合法是系统地对多种因素可能的排列组合进行搜寻，找出一切可能存在的方案，以免丢失有潜力的方案。

形态综合法的要点是将机械系统分成若干部分，对每个部分先寻求其可能的解法，然后对它们的各种组合一一加以考虑，并得出各种可能的方案。

如果机械系统分成的部分数量较多，而且每个部分又有很多的解法，那么它的组合方案数量会过于巨大，造成"方案爆炸"。为了便于评价、决策，需要限制每个部分解法数量，使方案数不要太多。为便于选择综合最优方案，一般应按好坏程度进行方案排序，从较好的若干方案中加以选择。

形态综合法又称形态学矩阵法，它将机械系统的各部分与其解法以矩阵形式列出，并用组合方法获得各种解决方案。

图 33.2-12 表示了形态综合法的求解过程。即将机械系统分解成若干子系统，通过寻求方法获得各子系统的解。再用形态学矩阵，组合成若干个机械系统的方案。最后通过评价决策，确定最佳机械系统方案。

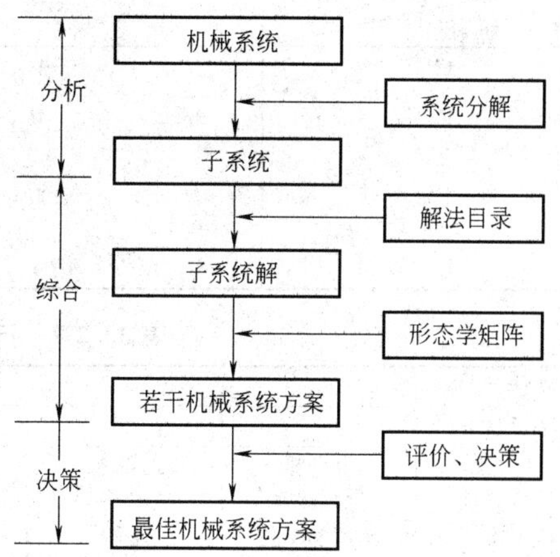

图 33.2-12　形态综合步骤

5.2　子系统的求解

以机械运动系统为例，它的子系统就是各个执行机构。执行机构的功用是完成某一执行动作。因此，可按执行动作的类型将机构进行分类，并按运动和动力特性要求对各类机构进行表述，以便选择合适的执行机构。表 33.2-5 所列为执行机构的特性和类别。

表 33.2-5 中具体的执行机构及其特性可以参见机械工业出版社的《现代机械设备设计手册》第 8 篇机构及其系统设计。从某种意义上说表 33.2-5 就是执行机构的解法目录的组成形式。每类执行机构中有不少具体的机构。

同时，还可以将表 33.2-5 形式的内容建立知识库，便于进行计算机辅助机械运动系统方案设计。

表 33.2-5 执行机构的特性和分类

特性 \ 机构类别	匀速转动机构	非匀速转动机构	往复移动机构	往复转动机构	间歇转动机构	间歇摆动机构	实现运动轨迹机构	刚体导引机构	实现其他功用机构
运动类型及机构 工作性能 动力性能 经济性 结构紧凑性									

5.3 形态综合法进行子系统解的组合

对于机械运动系统，我们将要求实现的执行动作列为纵坐标，将各执行动作的解列为横坐标，构成形态学矩阵见表 33.2-6。

表中 m 为执行动作数目；n_i 为第 i 个执行动作可采用的执行机构个数。

根据组合原理，它能组出 N 种机械运动方案：

$$N=n_1\times n_2\times\cdots n_i\cdots\times n_m$$

从上述计算式可求出可能采用方案数目往往会较大，说明设计人员必须从大量方案中选择和确定某一综合最优的方案。

例 33.2-3 确定行走式挖掘机的原理方案。

行走式挖掘机的总功能是取运物料，为了实现此总功能应由 5 个功能元来实现。因此行走式挖掘机的形态学矩阵列于表 33.2-7。

表 33.2-6 机械运动系统解的形态学矩阵

执行动作 \ 执行机构	1	2	3	4	…	n_1
V_1	M_{11}	M_{12}	M_{13}	M_{14}	…	M_{1n}
V_2	M_{21}	M_{22}	M_{23}	M_{24}	…	M_{2n}
⋮	⋮	⋮	⋮	⋮		⋮
V_i	M_{i1}	M_{i2}	M_{i3}	M_{i4}	…	M_{in}
⋮	⋮	⋮	⋮	⋮		⋮
V_m	M_{m1}	M_{m2}	M_{m3}	M_{m4}	…	M_{mn}

表 33.2-7 行走式挖掘机的形态学矩阵

功能元（子系统）	功能元的解					
	1	2	3	4	5	6
A 动力机	电动机	汽油机	柴油机	蒸汽透平	液压马达	气动马达
B 移位传动	齿轮传动	滑轮传动	带传动	链传动	液力耦合器	
C 移位方式	轨道和车轮	轮胎	履带	气垫		
D 取物传动	拉杆	绳传动	气缸传动	液压缸传动		
E 取物方式	挖斗	抓斗				

由此可求出可能组合的方案数；

$N=6\times5\times4\times4\times2=960$

根据多方面分析，可以采用以下两种方案：

$A_1+B_4+C_3+D_2+E_1\Rightarrow$履带式挖掘机

$A_5+B_5+C_2+D_4+E_2\Rightarrow$液压轮胎式挖掘机

例 33.2-4 确定三面自动切书机的原理方案

三面自动切书机是将装订好的书本的上、下及一侧切齐。因此它的执行动作有：送料动作—压书动作—上下切书——侧切书等 4 个执行动作。它的形态学矩阵见表 33.2-8。

表 33.2-8 三面自动切书机的形态学矩阵

执行动作	可能选择的执行机构			
	1	2	3	4
A 送料动作	凸轮机构	曲柄滑块机构	齿轮-齿条机构	多杆往复移动机构
B 压书动作	凸轮机构	肘杆机构	螺旋机构	
C 上下切书动作	凸轮机构	平面四连杆机构	平面多杆机构	
D 一侧切书动作	凸轮机构	平面四连杆机构	平面多杆机构	

因此，三面自动切书机的方案数为：

$N = 4\times3\times3\times3 = 108$

5.4　求最佳系统方案

在许多方案中进行比较，一般均应由粗到细、由定性到定量进行选优。首先进行粗筛选，把与设计要求不符的或各功能元解不相容的方案除去。例如，行动式挖掘机，若选用电动机，显然与液力耦合器、气垫、液压缸传动等不相容，无法组成可实现的方案。

在定性选取比较满意的几个方案后再用科学评价方法进行定量评价，从中选出符合设计要求的最佳方案（评价方法见第 8 章）。

第3章　动作行为载体及其创新设计

1　机械系统的功能-行为-结构特点

机械系统在总功能分解之后，对于分功能的求解目前常采用功能-行为-结构的求解步骤，即由功能求解实现功能的行为，由行为来构思实现行为的具体结构。

1.1　总功能与工艺动作过程

对于机械运动系统来说，它的总功能是由工艺动作过程来实现的。工艺动作过程实际上是体现工作原理、工作过程和工作特点，是对机械系统总功能的较为具体的描述。因此，工艺动作过程的拟定是机械运动系统设计的关键。

机械运动系统的总功能是完成核心功能所需的一系列功能的总和，由总功能来确定相应的工艺动作过程的方法主要有：

（1）基于实例的完善和改进

为了实现总功能而确定相应的工艺动作过程，可以首先选定与总功能相似的实例来进行分析，以确定工艺动作的程序。例如，啤酒瓶灌装的总功能可找到相似的实例——汽水瓶灌装机，它的工艺动作过程的顺序为

瓶
瓶盖
汽水

}的储存与输送→汽水灌入瓶中→加盖及封口→贴商标→瓶装汽水的输出。

两者差别只在于瓶的外形及容量、商标的大小等，两者只是有较少的差异，有利于构思啤酒瓶灌装工艺动作过程。

又例，为构思香皂包装总功能，可以找到书籍包装机的工艺动作过程，其顺序为

书
包装纸

}的储存与输送→将包装纸裹包在书上的几个动作→包装纸的粘贴→加贴外面的标签→包装后书的输出。

香皂包装与书籍包装两者的差别除大小不同外，还有外形的不同，因此需要修改其中包装纸裹包的几个动作和包装纸的粘贴动作。

总之，基于实例的完善和改进属于“举一反三”“触类旁通”。这与一个人的知识和经验的积累有关。

（2）拟人动作的分析

工作机器的工艺动作过程不少是模拟人的工作过程来构思的。例如，平版印刷机实际上是模拟人在纸上盖图章，因此就有：上墨—移动铅字版—印刷—取出印好纸张等。只要将这一动作过程适当加以完善就可作为平版印刷机的工艺动作过程。

拟人化、仿生化可以帮助我们去构思工艺动作过程，这就是自然界的启示。

（3）分功能动作求解的综合

机械运动系统总功能分解可得一系列分功能，采用相应的动作来综合所得的一系列动作过程，就可构成机械运动系统的工艺动作过程。不同的总功能分解方式就可以得到不同的工艺动作过程。通过分析比较就可求出更为适合的工艺动作过程。

分功能的动作求解，与分功能的工作原理密切相关。例如，“螺栓加工”可采用“车削”或“搓螺纹”。对于车削的分功能可分为：送料—车螺纹—切割—下料；对于“搓螺纹”的分功能可分为：送料—搓螺纹—下料。前者是将棒料送进，后者是将半成品送入搓螺纹工位。车螺纹的动作是车削，搓螺纹的动作是来回搓动。

1.2　行为与执行动作

行为是功能的具体描述，行为本身就有广泛的含义。在机械运动系统中行为的具体表现就是动作。讲得更明确一点就是机器的执行动作。

工艺动作过程的分解与总功能的分解在机械运动系统中往往是一一对应的。因此，每一分功能就对应一个行为。对机械运动系统来说一般是对应一个执行动作。

在机械运动系统中能产生的执行动作种类是比较有限的，一般有：等速转动、不等速转动、往复摆动、往复移动、间歇转动、间歇移动、平面复杂运动（刚体导引）、空间复杂运动（空间刚体导引）、实现轨迹运动……

工作就是行为，使我们更加理解机械运动系统设计的特点，明确设计的目标。

动作就是行为，也就要求我们在构思实现总功能的工艺动作过程时，应考虑每一动作实现的可能性。

1.3　结构与执行机构

在功能-行为-结构的过程模型中，结构是功能的

载体、是行为的具体发生器。对于机械运动系统来说，结构不是别的，就是形形色色的机构，是产生执行动作的机构，或者就称之为执行机构。产生执行动作的执行机构，光是传统的刚性机构就不下千种。这在各种各样的机构手册中就可以见到。这些机构大多在现有的机器中广泛应用。同样，在今后创新机器中也可以采用。

现有的机构是选择执行机构时可靠的功能载体。创新从未有过的新机构也是寻求执行机构的重要途径。

随着现代机构概念的产生，执行机构已不仅仅限于传统的刚性构件机构，还有考虑弹性构件、挠性构件的机构。同时，还有各种各样单自由度、多自由度的可控机构。

因此，可以这样说，执行机构的不断创新是机器创新的基础，是功能求解的取之不尽用之不竭的源泉。

1.4　工艺动作过程-执行动作-执行机构的功能求解模型

由通用性较强的功能-行为-结构（FBS）功能求解模型发展至针对性较强的工艺动作过程-执行动作-执行机构（PAM）功能求解模型，使机械运动系统设计与机构学紧密结合起来，使机构学从原来重点研究单个机构转向同时研究机构系统的问题。同时还使机构学与现代机械设计方法学结合在一起。这无疑是一种创新，推动了机构学的发展。

由于 PAM 功能求解模型具有较强针对性，执行动作与执行机构又有一定规律映射性，各执行机构又可进行一定程度上的可比性，因此，这一功能求解模型将会有利于开展计算机辅助设计，使机械系统设计有可能进入一定程度的智能化、自动化。从这个意义上看 PAM 功能求解模型可以推动机械系统设计创新。

2　动作行为和执行机构

对于机械产品中机械运动系统，其功能分解过程也就是根据工作原理来构思工艺动作过程。人们设计新机器是为了完成某种生产任务，机械运动系统的设计目的是要实现这种工艺动作过程。整个工艺动作过程往往可分解为若干个动作行为或运动行为，工艺动作过程就是由这些动作行为按一定顺序来完成的。

2.1　常见的动作行为形式

机械运动系统常见的动作行为有旋转运动、直线运动、曲线运动以及空间曲线和刚体导引运动等。

（1）旋转运动

1）连续旋转运动。如车床、铣床的主轴以及缝纫机的上轴的转动等。

2）间歇旋转运动。如自动车床工作台的转位，步进滚轮的步进运动等。

3）往复摆动。如颚式碎矿机的动颚板的运动，电风扇的摇头运动等。

（2）直线运动

1）往复移动。如压缩机的活塞、压力机的冲头的运动等。

2）间歇往复移动。如自动机床或半自动机床的刀架运动等。

3）单向间歇直线移动。如刨床的工作台进给运动等。

（3）曲线运动

一般指执行构件上某点做特定的曲线运动。如缝纫机的送布牙做近似矩形轨迹运动，插秧机秧爪做近似人手插秧的曲线动作，电影放映机的抓片爪做局部直线运动等。

（4）刚体导引运动

一般指非连架杆的执行构件的刚体导引运动。如造型机工作台的翻转运动，折叠椅座位的导引运动等。

除上述执行构件的运动形式外，还有其他特殊功能的运动形式，如微动、补偿和换向等。

遵循机器的运动方案设计要求，不同动作行为形式就应选择不同的合适的载体，也就是要找出能完成规定运动要求的物理（技术）装置。随着学科交叉的不断加剧和新的科学原理的应用，能完成某一动作行为的载体形式不断增多。动作行为载体呈现出门类众多、不断创新的特点。

2.2　动作行为载体（执行机构）的类型

动作行为载体总是表现为某种物理（技术）装置，在机构学中就是指各种各样的机构。该技术装置或机构中具体实现该动作行为的构件，传统上称为执行构件。在科学技术不断发展的形势下，机构已发展成为包含机、电、液、气、磁等多种实现原理，以实现机械运动为目的的广义机构。因此，在现代机构学中，动作行为载体就是广义机构。广义机构是在现代条件下对传统机构的拓展和延伸。广义机构的运动输出构件也就是执行构件。

运动行为载体即广义机构的分类有多种方式，可以按结构形式、工作原理和机构功能等进行分类。传统的机械原理教科书上多是按结构形式进行分类，包括连杆机构、齿轮机构、凸轮机构、棘轮机构、槽轮机构、摩擦轮机构、离合器机构、螺旋机构、组合机构、瞬心线机构、万向联轴器和共轭曲线机构等。按工作原理来分，则可分为传统机构（纯机械机构）、机液结合机构、电磁机构、机电结合机构、气动机构、光电机构、声电机构、记忆合金机构、机电液结合机构和电气机构等，其中除传统机构外的其他机构组成意义上的广义机构，相当一部分为电子、液、气、声、光、电、磁材料等学科领域技术在传统机构中的应用结果。鉴于机械运动系统的设计多从功能入手，为便于设计人员工作，越来越多的设计手册以功能来对各类机构进行归类。机构的功能主要体现在执行构件的功能上，而执行构件的功能通过运动来实现。因此从本质上说机构的功能通过运动来实现，也就是机构的功能是运动功能。根据运动目的的不同，执行构件在机械运动方案中实现的功能主要分为两大类：

（1）实现运动形式变换的机构

在绝大多数机械中，原动机的运动形式为转动，执行构件的运动形式多种多样，主要有：

1）匀速与非匀速转动机构。其中匀速转动机构包括定传动比平行轴转动机构（圆柱齿轮机构、平行四边形机构、双转块机构、同步带传动机构、周转轮系机构等）、定传动比相交轴转动机构（锥齿轮传动机构、双万向联轴器等）、定传动比交错轴转动机构（螺旋齿轮传动机构、准双曲面齿轮传动机构、蜗轮蜗杆传动机构等）、可调传动比匀速转动机构（定轴轮系、周转轮系等）等；非匀速转动机构包括双曲柄机构、转动导杆机构、单万向联轴器、齿轮连杆机构和非圆齿轮机构等。

2）往复移动和往复摆动机构。往复移动机构包括曲柄滑块机构、齿轮齿条机构、移动从动件圆柱（锥）凸轮机构、移动从动件盘形凸轮机构和直线电机等；往复摆动机构包括摆动从动件圆柱（锥）凸轮机构、摆动从动件盘形凸轮机构、曲柄摇杆机构、摆动导杆机构和伺服电动机等。

3）间歇运动机构。间歇运动机构包括棘轮棘爪机构、槽轮机构、凸轮分度机构、带停歇段的凸轮机构、不完全齿轮机构和伺服电动机等。

4）实现预期运动轨迹的机构。包括平面铰链四杆机构、组合机构和机电组合机构等。

5）刚体导引机构。

6）运动复合机构。

（2）实现其他功能的机构

在机械中为了调整、操纵机器方便，改善机器的运转质量，保障机器的安全等目的，主要有：

1）实现运动方向变换功能的机构。包括换向机构、单向机构、超越机构和双向电机等。

2）实现运动离合或开停功能的机构。

3）实现过载保护功能的机构。包括摩擦轮机构、带传动机构和止动开关等。

4）实现微动和补偿的机构。包括螺旋差动机构、谐波传动机构、差动轮系机构、杠杆式差动机构、圆柱凸轮蜗杆误差补偿机构、轴线位置误差补偿机构和伺服电机驱动机构等。

5）增力机构。

很显然，当知道某一机器的工艺动作过程及其工作要求之后，就可以根据所需实现某一动作与运动要求来选择合适的机构。在机电一体化等新技术应用不断广泛的今天，上面列出的各种功能实现的物质载体已不仅仅局限于纯机构，更多地体现为机、电、液、气、光、磁、声等多学科技术融合而产生的新型机构，即广义机构了。

3　机构组合和组合机构

在生产实际中，对机构的运动形式、运动规律及动力性能等有各式各样的要求，常见的齿轮机构、凸轮机构和连杆机构等基本机构往往不能满足一些场合的应用，于是要把一些基本机构组合起来，或者干脆把一些基本机构组合成一种与原基本机构特点不同的新的复合机构，即组合机构来实现生产中某些特殊的工艺要求。

机构组合的方式很多，常见的有：串联式、并联式、叠合式和叠联式等。

组合机构常见的有：齿轮-连杆机构、凸轮-连杆机构和凸轮-齿轮机构等。

3.1　机构的串联式组合

把两个或两个以上的基本机构通过串联方式连接起来称为串联式组合。它可分为两种形式。

（1）构件固接式串联

如果把若干个1个自由度的基本机构，将前一个机构的输出构件和后一个机构的输入构件固接（即前一个机构的输出构件就是后一个机构的输入构件），这种组合方式就称为构件固接式串联。如图33.3-1所示为钢锭热锯机构。它由双曲柄机构和曲柄滑块机构串联而成，双曲柄机构的输出曲柄就是曲柄滑块机构的输入曲柄。该机构能满足锯条（即滑块）在工作行程时做近似等速运动，而回程时具有急回特性的要求。它的结构简单，急回系数大，生产效率高。又如图33.3-2所示辊筒式平版印刷机的自动送纸机构。它采用一对椭圆齿轮机构与曲柄滑块机构串联而成。从动的椭圆齿轮2与曲柄滑块机构中的曲柄固接，它既是椭圆齿轮的输出构件又是曲柄滑块机构的输入构件。当纸张送入印刷辊筒前，要求送进速度最慢以便纸张校准，防止它被压皱；而当纸张进入辊筒时，则要求它的速度与辊筒的圆周速度尽可能一致，以保持同步。采用椭圆齿轮和曲柄滑块机构串联而成的组合方式便能满足送纸工艺要求。

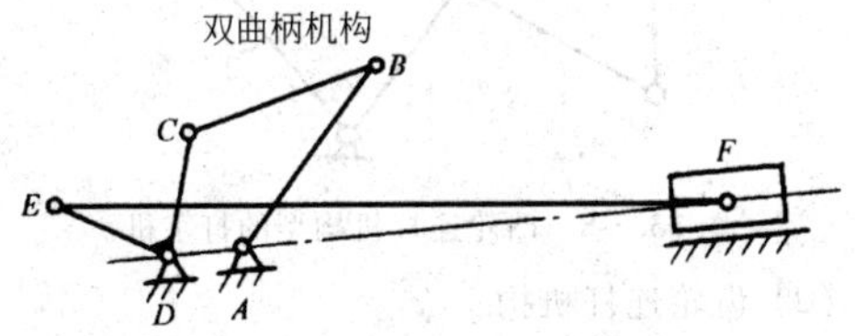

图 33.3-1　钢锭热锯机构

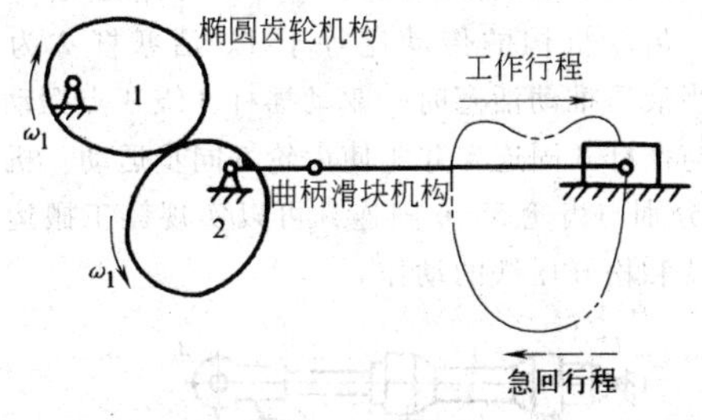

图 33.3-2　印刷机的自动送纸机构

（2）轨迹点串联

假若前一个基本机构的输出为平面运动构件上某一点 M 的轨迹，通过轨迹点 M 与后一个机构相连，这种连接方式称为“轨迹点串联”。如图 33.3-3 所示织布机开口机构。它由曲柄滑块机构和转动导杆机构通过 M 点和滑块用铰链串联而成。当曲柄以等角速度转动时，连杆上的 M 点画出一条连杆曲线，而当转动导杆机构的输入构件滑块 1 上的 M 点沿此连杆曲线的直线段 EF 运动时，构件 2 就能实现较大停歇的运动要求。

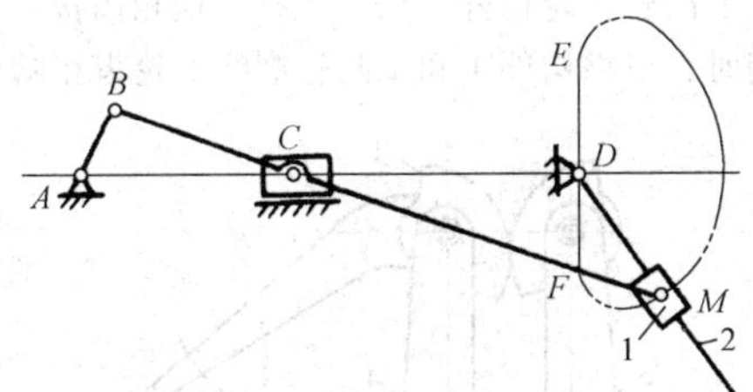

图 33.3-3　织布机的开口机构

3.2　机构的并联式组合

并联式组合的机构，不少属于复合式的。

下面介绍两种并联式组合机构的形式。

1）把原动件的一个运动同时输入给 n 个并列布置的单自由度机构，再转换成 n 个输出运动；这 n 个运动又输入给同一个 n 自由度的基本机构，然后再合成一个输出运动，这种组合方式称并联式组合。如图 33.3-4 所示的铁板输送机构，它由定轴齿轮机构和曲柄摇杆机构通过差动轮系机构并联组合，使定轴齿轮机构的输出运动 ω_5 和曲柄摇杆机构的输出运动 ω_3 作为差动轮系机构的输入运动，然后合成为一个输出运动 ω_7，它可以使与轮固连的送料辊获得具有短暂停歇的送进运动。

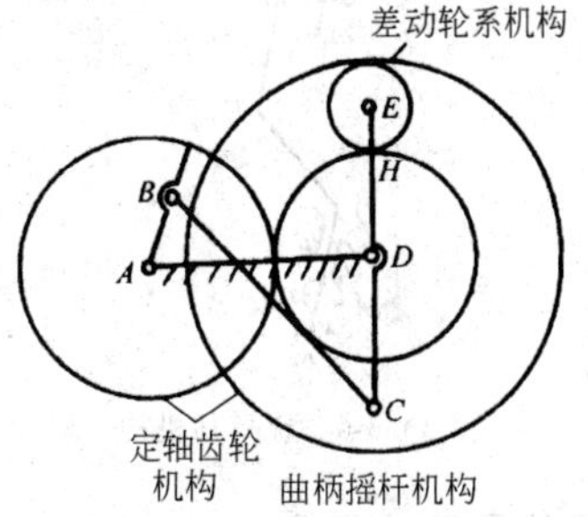

图 33.3-4　铁板输送机构

2）把两个或两个以上单自由度的基本机构共用一个输出构件输出运动，这也是一种并联式组合。如图 33.3-5 所示的星形发动机机构，它由 6 个曲柄滑块机构组成。6 个活塞的往复运动同时通过连杆传给公用曲柄 AB，其输出转动是 6 个曲柄滑块机构输出转动的代数和。与单缸发动机相比，它的输出转矩波动小，可以部分地或全部地消除振动力。

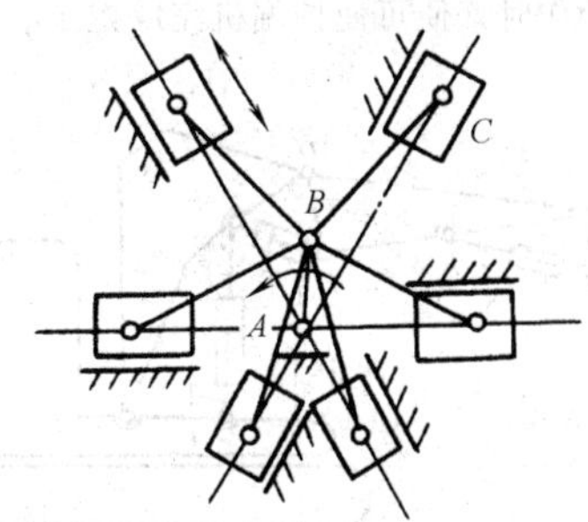

图 33.3-5　6 缸星形发动机机构

3.3　机构的叠合式（或运载式）组合

把一个机构叠装在另一个机构的构件上，两机构各自进行运动，其输出运动则由两机构运动叠加而成。这种组合方式称为机构的叠合式（或运载式）组合。如图 33.3-6 所示为电动玩具马的主体运动机构。它能模仿马的奔驰运动形态，使玩具马上的小朋友仿佛身临其境。实际上，这种电动马由曲柄摇杆机构叠加在两杆机构绕 O-O 轴转动的构件 4 上。两杆机构在此作为运载机构使马绕以 O-O 轴为圆心的圆周向前奔驰；而曲柄摇杆机构中的导杆 2 的摇摆和伸缩则使马获得跃上、窜下、前俯后仰的姿态。

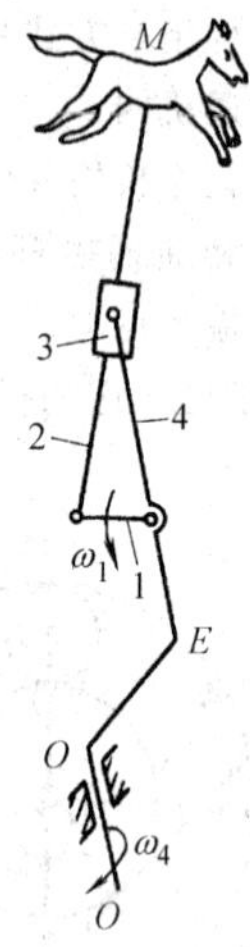

图 33.3-6　玩具马机构

3.4　机构的叠联式组合

把后一个基本机构叠联在前一个基本机构上，称为机构的叠联式组合。如图 33.3-7 所示，它是 1 台全液压的挖掘机，其挖掘动作由 3 个带液压缸的基本连杆机构组合而成。它们一个紧挨着一个，而且后一个基本机构的相对机架正好是前一个基本机构的输出构件。挖掘机臂架 3 的升降、铲斗柄 7 绕 D 轴的摆动以及铲斗 10 的摆动分别由 3 个液压缸驱动，它们分别或协调动作时，便可使挖掘机完成挖土、提升和倒土等动作。

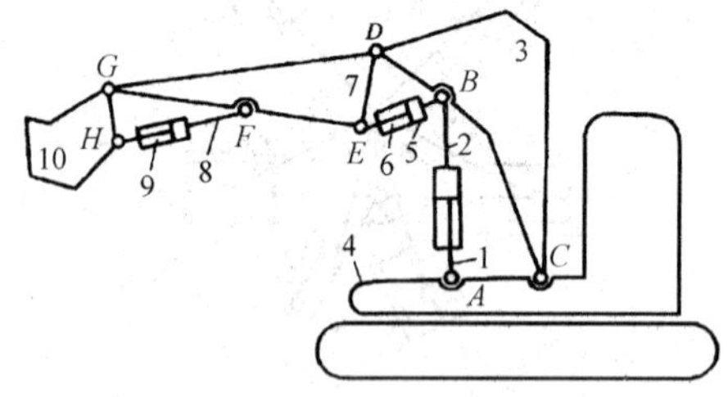

图 33.3-7　挖掘机的作业机构

3.5　组合机构

组合机构是由凸轮构件、连杆构件和齿轮构件相互组成的复合机构，其分析和设计方法与单纯的凸轮机构、连杆机构和齿轮机构不同。常见的有凸轮连杆机构、齿轮连杆机构和凸轮齿轮连杆机构。

（1）凸轮连杆机构

图 33.3-8 所示为凸轮连杆机构型的打字机，凸轮 1 为主动件，摆杆 4（打字机）为从动件。为了使打字杆能以一定的冲力撞击到压纸筒上，其角速度开始较小，将要撞击时较大，故要求从动件具有一定的加速度。

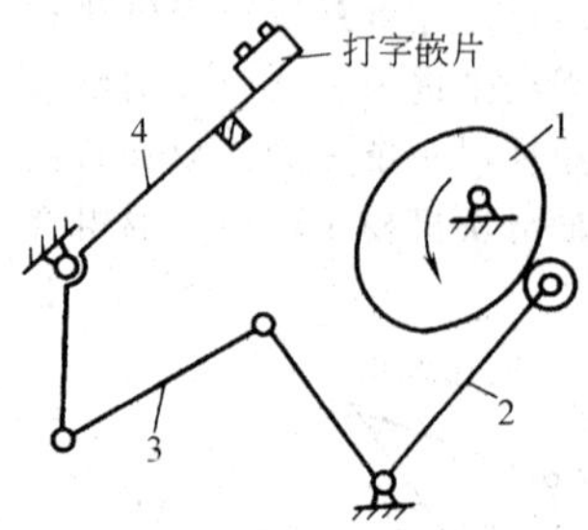

图 33.3-8　凸轮连杆机构型的打字机

（2）齿轮连杆机构

图 33.3-9 所示为机械手抓取机构，它是齿轮连杆机构，它由曲柄摇块机构 1-2-3-4 与齿轮 5、6 组合而成。齿轮机构的传动比等于 1。活塞杆 2 为主动件，当液压推动活塞时，驱动摇杆 3 绕 A 点摆动，齿轮 5 与摆杆 3 固连，并驱使齿轮 6 同步运动。机械手 7、8 分别与齿轮 5、6 固连，可以实现铸工搬运压铁时夹持和松开压铁的动作。

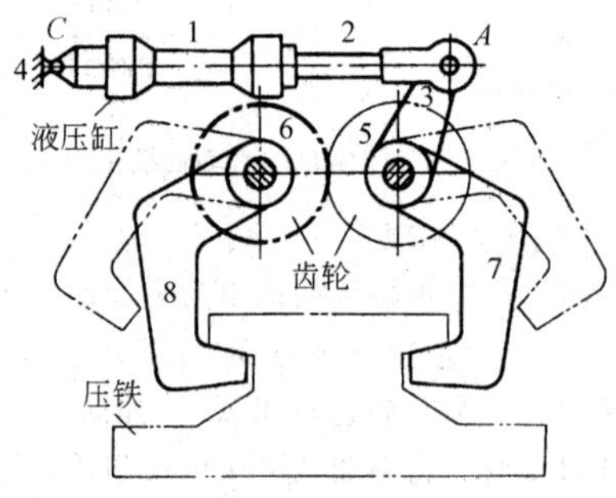

图 33.3-9　机械手抓取机构

（3）凸轮齿轮连杆机构

图 33.3-10 所示为穿孔机构，它是凸轮齿轮连杆机构。构件 1、2 为具有凸轮轮廓曲线并在廓线上制成轮齿的凸轮齿轮构件。构件 1 与手柄相固接。当操纵手柄时，依靠构件 1 和 2 凸轮廓线上轮齿相啮合的

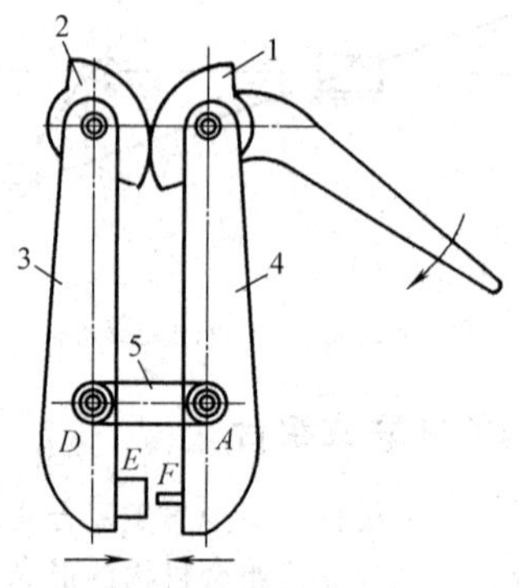

图 33.3-10　穿孔机构

关系驱使连杆 3、4 分别绕 D、A 摆动，使 E、F 移近或移开，实现穿孔的动作。

4　广义机构

科学技术的迅速发展使得机械的构成发生了很大的变化，引入液、气、声、光、电、磁等工作原理的新型机构应用日益广泛。将这类不同于传统机构的现代机构统称为广义机构。广义机构是一些在实现工作原理和结构形式等方面跨越了纯机械领域限制、有所创新的机构。由于利用了一些新的工作介质或工作原理，广义机构可比传统机构更简便地实现运动或动力转换。广义机构还可以实现传统机构较难以完成的运动。广义机构种类繁多，往往是由包括机械在内的多种学科原理的交叉融合而得来。按工作原理的不同广义机构可以分为液动机构、气动机构、电磁机构、振动机构、光电机构、声电机构、记忆合金机构和机电组合机构等。按结构形式及用途的不同广义机构又可以分为微位移机构、微型机构、信息机构和智能机构等。限于篇幅，下面简要介绍应用较为广泛的部分广义机构的基本结构和特点。

4.1　液动机构

液动机构是以具有压力的液体作为工作介质来实现能量传递与运动变换的机构，广泛应用于矿山、冶金、建筑、交通运输和轻工等行业。

（1）液动机构的特点

液压传动与机械传动、气动传动等相比具有下述优点：

1）易于无级调速，调速范围大。

2）体积小、重量轻、输出功率大。

3）工作平稳，易于实现快速启动、制动、换向等动作。

4）控制方便。

5）易于实现过载保护。

6）由于液压元件自润滑、磨损小，工作寿命长。

7）液压元件易于标准化、模块化、系列化。

液压传动也具有下述缺点：

1）油液具有压缩性、易泄漏，易污染环境且传动不准确。

2）液体对温度变化很敏感，不易在变温或低温环境下工作。

3）效率较低，不易做远距离传动。

4）制造精度要求高。

（2）液动机构应用实例

图 33.3-11 所示为一机械手手臂伸缩液动机构。它由数控装置发出指令脉冲，使步进电动机带动电位器动触头转动一个角度 θ。如果为顺时针转动，动触头偏离电位器中点，在其上的引出端便产生与指令信号成比例关系的微弱电压 u_1，经放大器放大为 u_2 作为信号电压输入电液伺服阀的控制线圈，使电液伺服阀产生一个与输入电流成正比例的开口量。这时压力油以一定的流量 q 经阀的开口进入液压缸左腔，推活塞连同机械手手臂向右移动 x。液压缸右腔的油液经伺服阀流回油箱。由于电位器外壳上的齿轮与手臂上的齿条相啮合，因此手臂向右移动的同时，电位器逆时针方向转动。当电位器的中点与动触头重合时，动触头引出端无电压输出，放大器输出端的电压为零，电液伺服阀的控制线圈无电流通过，阀口关闭，手臂停止移动。反之，当指令脉冲的顺序相反，则步进电动机逆时针方向转动，手臂向左移动。手臂的运动速度决定于指令脉冲的频率，而其行程取决于指令脉冲的数量。

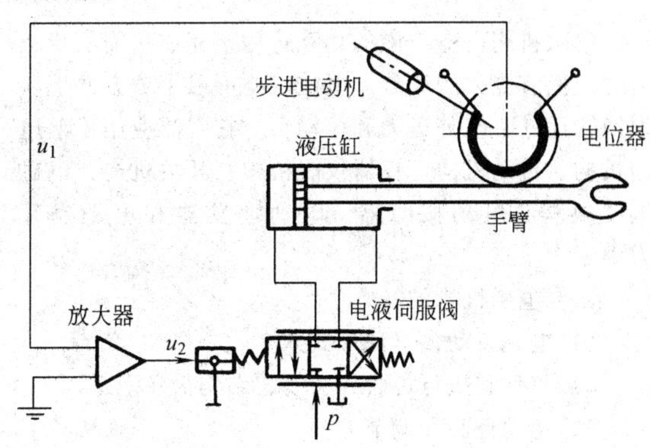

图 33.3-11　机械手手臂伸缩液动机构

4.2　气动机构

与液动机构相类似，气动机构是以具有压力的气体作为工作介质来实现能量传递与运动变换的机构。

（1）气动机构的特点

1）工作介质为空气，易于获取和排放，不污染环境。

2）空气黏度小，故压力损失小，适于远距离输送和集中供气。

3）比液压传动响应快，动作迅速。

4）适于恶劣的工作环境下工作。

5）易于实现过载保护。

6）易于表征化、模块化、系列化。

（2）气动应用实例

图 33.3-12 所示为一种比较简单的可移动式气动通用机械手的结构示意图。由真空吸头 1、水平缸 2、垂直缸 3、齿轮齿条 4、回转缸 5 及小车等组成。可

在 3 个坐标内工作。一般用于装卸轻质、薄片工件，只要更换适当的手指部件，还能完成其他工作。

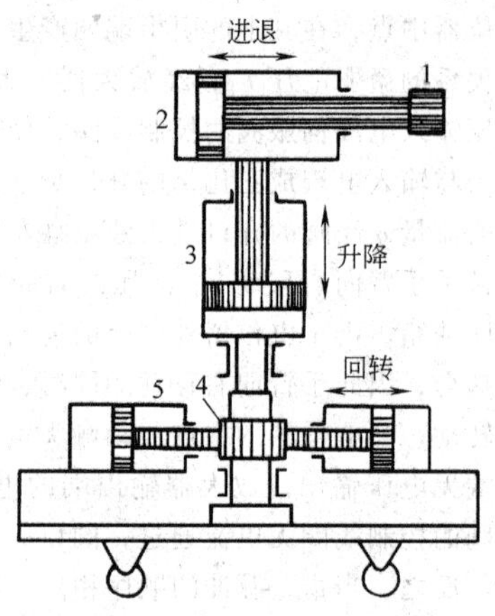

图 33.3-12　通用机械手结构示意图

4.3　电磁机构

电磁机构由电与磁的相互作用来完成所需的机械运动，拥有庞大的家族。电磁机构可以十分方便地实现回转运动、往复运动和振动等。它广泛应用于继电器机构、传动机构、仪器仪表机构、开关机构、电磁振动机构、电动按摩器、电动理发器和电动剃须刀中。

（1）电磁机构的特点

1）电磁致动，电源形式众多。

2）驱动和执行件合二为一，结构简单。

3）运动控制和调节方便。

（2）电磁机构应用实例

图 33.3-13 所示为电动锤机构示意图。利用两个线圈 1、2 的交变磁化，使锤头 3 产生往复直线运动。图 33.3-14 所示为电磁开关机构示意图。电磁铁 1 通电后吸合杆 2，接通电路 3。断电后，杆 2 在回位弹簧 4 的作用下，脱离电磁铁，电路断开。

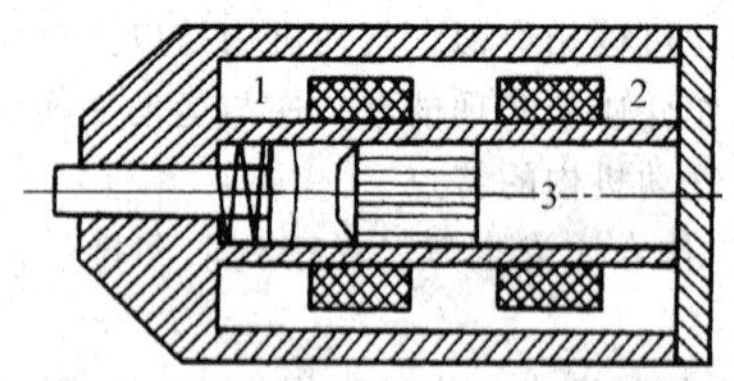

图 33.3-13　电动锤机构示意图

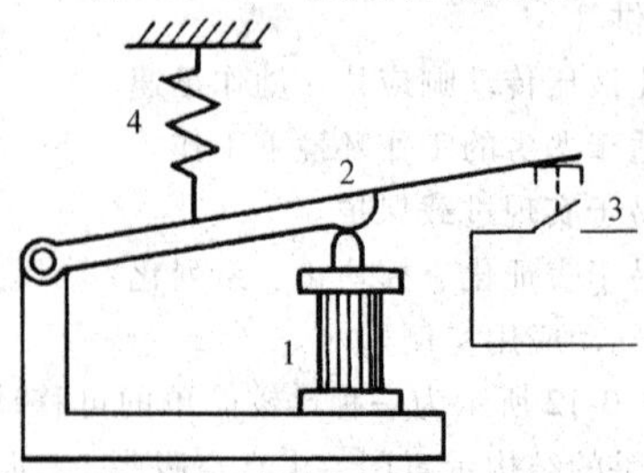

图 33.3-14　电磁开关机构示意图

另外还有反电磁机构，是利用机械运动的切割磁力线作用产生电信号，对电信号进行处理后可判断机械振动的位移大小和频率。反电磁机构多用于磁电式位移或速度传感器中。

4.4　振动机构

利用振动产生运动和动力的机构称为振动机构。用来产生振动的方式有电磁式、机械式、音叉式和超声波式等。振动机构在轻工业中获得广泛应用。对于各种小型产品（如钟表元件、无线电元件、小五金制品）、粉粒料（如味精、洗衣粉、食盐、糖等）、易碎物品（如玻璃、陶瓷制品等）等，振动机构都可以作为有效的供料机构。其中电磁振动机构应用最为广泛。

（1）振动机构的特点

电磁振动机构与其他送料机构相比，具有下述优点：

1）结构简单，重量较轻。

2）供料速度容易调节。

3）物料移动平稳。

4）消耗功率小。

5）适用范围广。

（2）振动机构应用实例

图 33.3-15 所示为圆盘形电磁振动送料机构示意图。该机构沿圆周装有 4 个电磁激振器，每个电磁激振器均呈倾斜安装。用电磁激振器振力强迫漏斗 4 及底座 1 产生垂直运动和绕垂直轴的扭转振动。图中 2 为板簧、3 为衔铁、5 为线圈、6 为铁心、7 为橡胶减振器。振动频率通常为 3000 次/min，机器在近共振状态下工作。图 33.3-16 所示为一利用机械振动来进行工作的插入式振捣器。它由带有增速齿轮的电动机 7、增速器 4、软轴 3 和偏心式振动棒所组成。电动机 7 通过增速器 4 和软轴 3，将动力传递给偏心轴 2，使振动棒 1 振动，用来振捣混凝土。软轴 3 的另一个

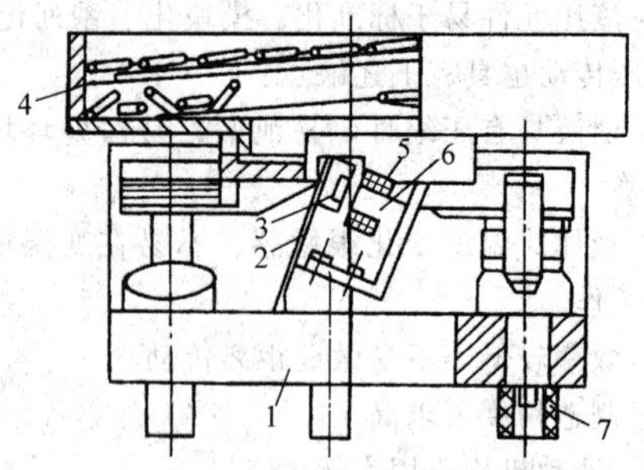

图 33.3-15　圆盘形电磁振动送料机构

作用是使振动棒在任意位置进行工作。在电动机轴 5 和增速器大齿轮之间有防逆转作用的超越离合器 6。图 33.3-17 所示为一音叉式振动机构。当音叉 1 振动时，它轮流地接通电磁铁 2 和 3。当电磁铁 2 激励时，其两极把轮 4 的凸出部 a 和 b 吸引过来，致使轮 4 绕 A 回转某一角度；这时凸出部 c 和 d 接近电磁铁 3 的两极。如果现在接通电磁铁 3，则它的两极吸引凸出部 c 和 d，轮子又在相同的方向回转。此外，还有超声波振动机构（见图 33.3-18）等。

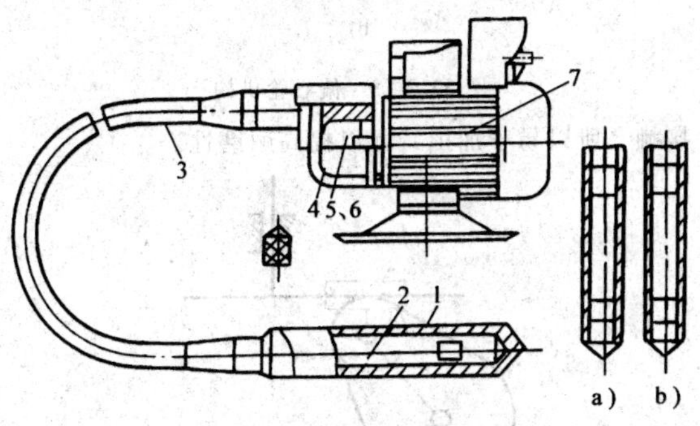

图 33.3-16　插入式振捣器

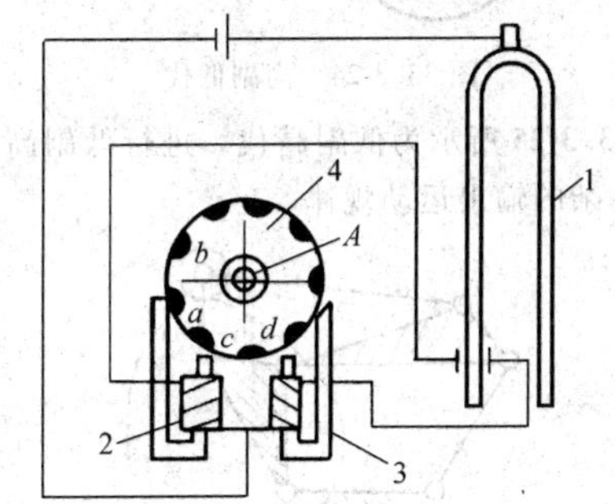

图 33.3-17　音叉式振动机构

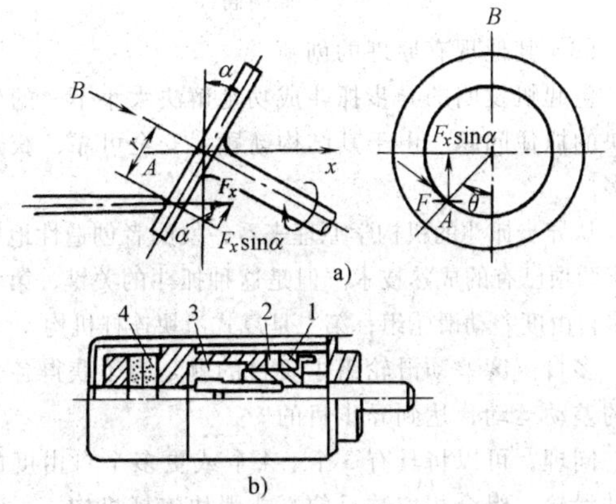

图 33.3-18　超声波振动机构

4.5　光电机构

（1）光电机构的特点

1）结构精巧、别致。

2）广泛用作控制部件。

（2）光电机构应用实例

图 33.3-19 所示为光电动机原理图，其受光面是一般太阳电池，使电动机的转子转动。图 33.3-20 是根据光化学原理将 O_2 的浓度发生变化引起的压力变化转变为机械能的机构。

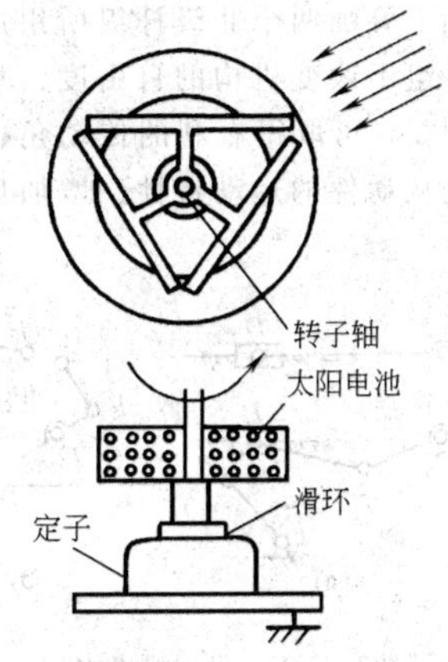

图 33.3-19　光电动机原理图

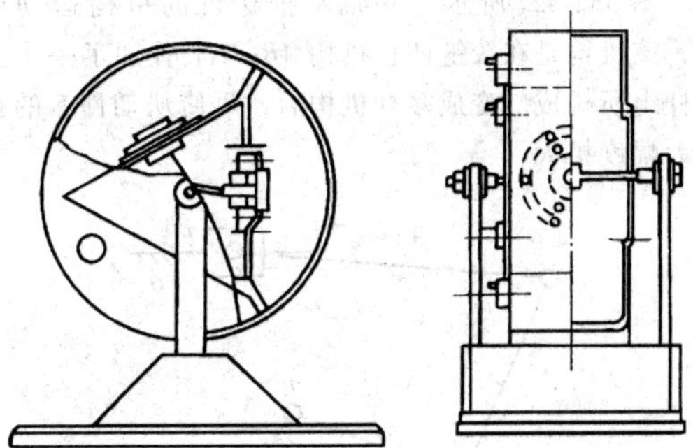

图 33.3-20　光化学回转活塞式星形马达

5　执行机构的创新方法

机械运动系统设计时，对系统方案构思与拟定过程中，选择执行机构的型式是非常重要的内容。通常情况可以考虑选用一些常用的、现有的机构型式。但是，为了追求结构新颖、性能优良，应该采用机构创新设计方法进行执行机构的创新。

常用的机构创新设计方法有以下 7 种：

1）应用机构学原理创新法。

2）利用连杆或连架杆运动特点创新法。

3）利用两构件相对运动关系创新法。

4）利用成形固定构件实现复杂动作的创新法。

5）利用多种驱动原理机构创新法。

6）机构类型创新和变异创新法。

7）机构类型替代创新法。

5.1　应用机构学原理

（1）叠加杆组创新机构

根据平面机构组成原理在一个机构上叠加一个或多个杆组后，便可以形成各种新的机构来满足运动转换或实现某种要求的功能。

如图 33.3-21 所示的发动机机构就是在曲柄滑块机构的基础上叠加两个Ⅱ级杆组所组成。在四杆机构上叠加杆组不改变机构的自由度，却能增加机构的功能。例如，可取得有利的传动角、较大的机械利益，改变从动件的运动特性，增加从动件的行程等。

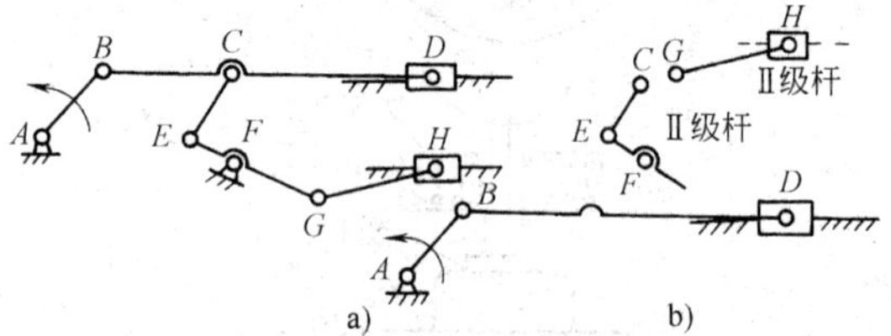

图 33.3-21　发动机机构

图 33.3-22 所示为一钢料推送机的机构运动简图，该机构是在铰链四杆机构 *ABCD* 上叠加了一个Ⅱ级杆组所构成。变成多杆机构后，可使从动件 5 的行程大幅度扩大。

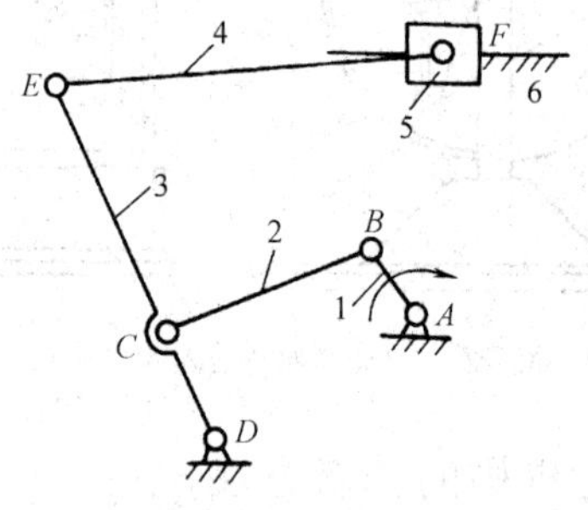

图 33.3-22　钢料推送机构

（2）转动副扩大、高低副互代法

1）转动副扩大。组成运动副的两元素可按同一比例任意扩大或缩小，而不影响该副的特性。图 33.3-23a 所示的机构中，偏心轮绕轴心 *A* 转动，它与构件左端具有同样直径的孔配合，其几何中心 *B* 在构件和上的位置不变，即这两个构件在 *B* 处组成转动副。当选择图 33.3-23b 所示的机构运动简图时，若因 *AB* 杆太短而无法安装两个转动副时，那么可在与其运动特性完全相同的图 33.3-23a 所示机构的基础上进行结构设计，问题即可获得解决。

2）高、低副互代。图 33.3-24 所示为高副低代。将高副代换后对其运动特性没有影响，且因低副是面接触，所以易于加工，可以提高耐磨性。

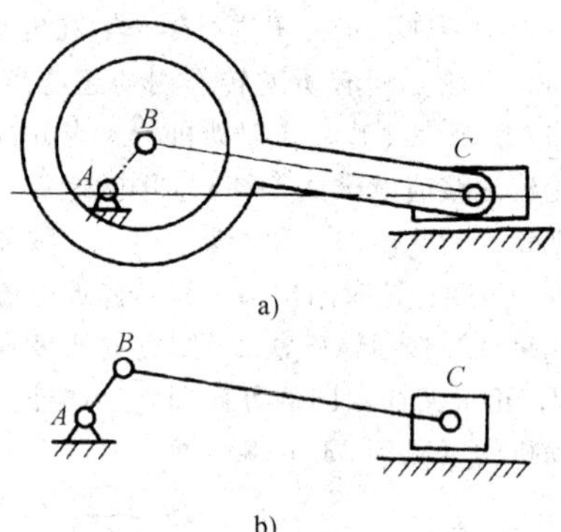

图 33.3-23　偏心轮机构

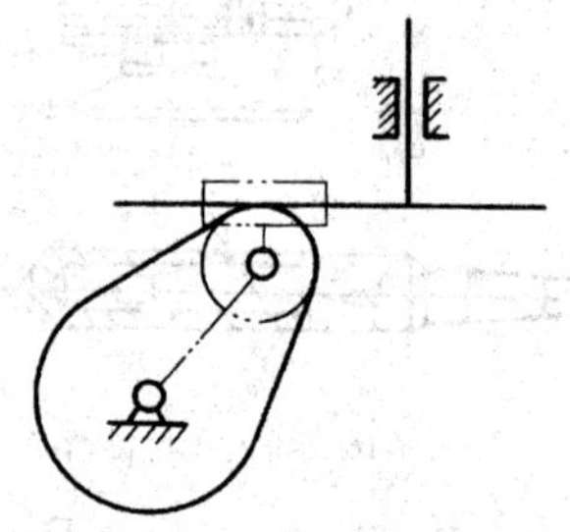

图 33.3-24　高副低代

图 33.3-25 所示为低副高代。进行低副高代有利于实现复杂的输出运动规律。

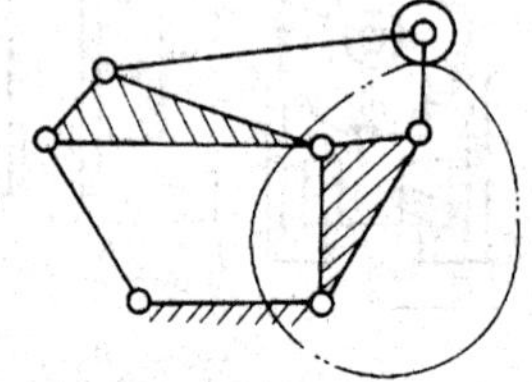

图 33.3-25　低副高代

（3）其他现有原理的创新

包起帆发明的异步抓斗成功地解决大小不一的生铁块的抓住问题。由于其结构新颖、安全可靠，获奖颇多。

从异步抓斗的机构学原理来看，发明者创造性地应用了两项已有的成熟技术。但是这种抓斗的关键，第一是多自由度差动滑轮组；第二是复式滑块连杆机构。

多自由度差动滑轮组主要目的就是为了获得各个爪的差动运动，达到异步目的。

同理，可以将具有 3 个、4 个或更多个自由度的差动滑轮，组合相应数目的复式滑块连杆机构，可组成 3 个、4 个或更多个自由度和颚瓣数的异步抓斗机构。颚瓣异步抓斗，采用沿圆周方向均布，这里不再赘述。这种花瓣式的异步抓斗可以抓取大小不一的铁块，通过颚瓣的逐一闭合以及最后所有颚瓣的完全闭合来做到安全、高效地抓取物块。从实际效果来看，这种抓斗比原来同步抓斗要好得多。包起帆的发明再次说明，应用已有的原理同样可以创造出性能优良、动作巧妙的新颖机构。

5.2 利用连杆机构或连架杆机构的运动特点构思新的机构

利用简单机构的某些连架杆或连杆的运动特点完成某一动作过程是机构创新的一种有效方法。

图 33.3-26 所示的车门开闭机构为一反平行四边形机构，它利用反平行四边形机构运动时两曲柄转向相反的运动特点，使两扇车门同时打开或关闭。

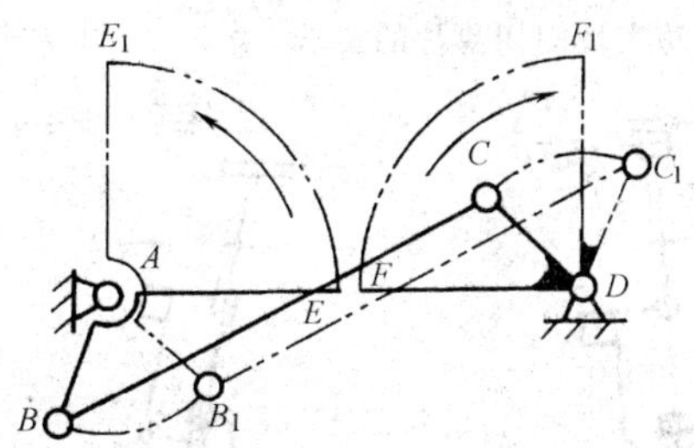

图 33.3-26 车门开闭机构

图 33.3-27 所示为铸造用大型造型机的翻箱机构。该机构应用双摇杆机构 $ABCD$，将固定在连杆 BC 上的沙箱位置进行造型震实后，转到 $B'C'$ 位置，翻转 180°，以便进行起模。

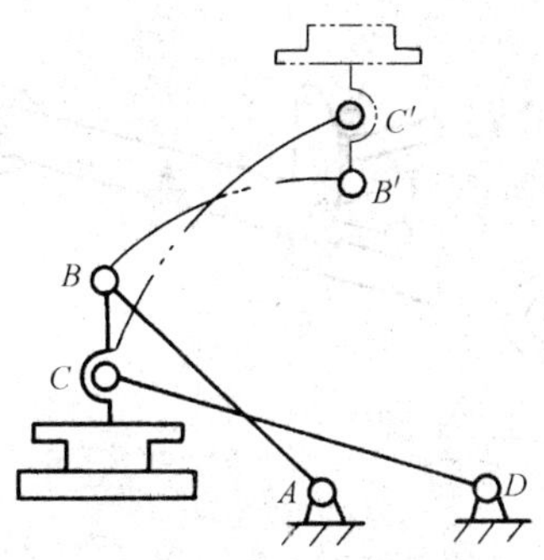

图 33.3-27 翻箱机构

图 33.3-28 所示的摄影平台升降机构为一平行四边形机构，它利用了连杆做平移运动的特性。图 33.3-29 所示为电影摄影机和放映机的拉片机构，为了使胶片获得间歇移动，采用了图示的曲柄摇杆机构。曲柄 1 转动时，摇杆 3 摆动，使做平面运动的连杆 2 上的点 E 走出近似 D 形的运动轨迹，拉片爪就能按图示箭头方向沿 D 形轨迹运动。使用时，拉片爪首先插入电影胶片 4 两侧的孔中，然后向下拉动胶片一段距离，接着爪退出齿轮，此时胶片静止不动，以待摄取或放映胶片上的画面，拉片爪再上行，重复上述运动循环，使胶片做间歇式的移动。图 33.3-30 所示为双缸压气机运动简图。单缸压气机为一曲柄滑块机构，当滑块（活塞）往复运动时，由加速度所产生的惯性力作用于机座 2 上，当曲柄 1 的转速很高时，惯性力产生的动载荷和振动都很大。为此，可把两组相同的曲柄滑块机构左右对称配置，使它们组成具有公共曲柄 1 的六杆机构，由于两滑块的加速度大小相同、方向相反，因而它们的惯性力对机座 2 的作用力可相互平衡。

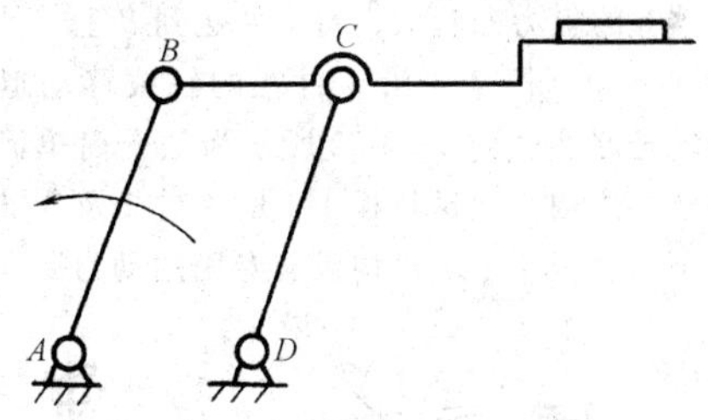

图 33.3-28 升降机构

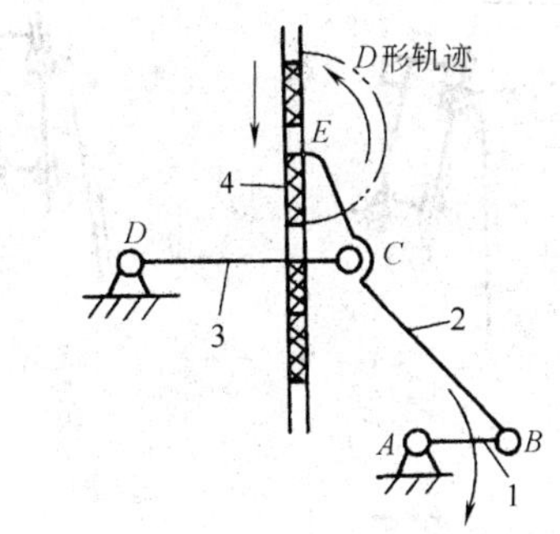

图 33.3-29 摄影机拉片机构

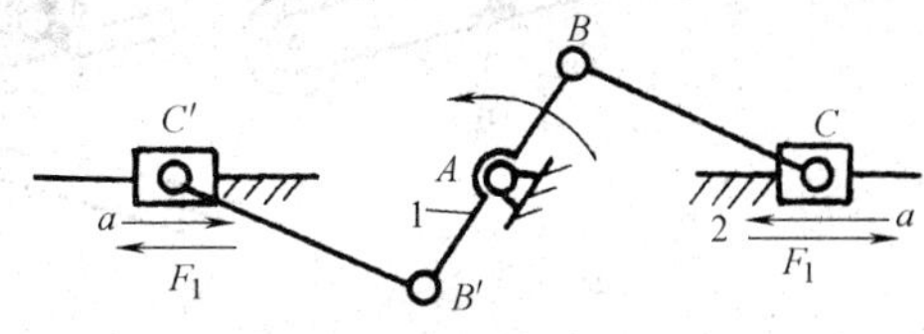

图 33.3-30 双缸压气机构

总之，利用连架杆或连杆的运动特点来创新一些机构，对于一个设计人员来说还是十分重要的创新方法。

利用两构件相对运动关系来完成独特的动作过程，使机构创新有一种全新的思路。

图 33.3-31 所示为一搬运物件机构。欲将一工件从输送道 A 上搬运到另一输送道 B 上，不但要使工件移位，其姿态还略有变化。按要求可以设想出很多搬运的方法，例如，夹紧—平移—转位—松开。可利用工件上的孔将一根杆 3 沿孔轴线移动，将工件穿在杆 3 上（见图 33.3-31a），然后将杆转动，使工件搬

到 B 上（见图 33.3-31b），最后将杆 3 退出（见图 33.3-31c）并转回原位（见图 33.3-31d）。这个搬运方法就只有先移动、再转动两个运动。图 33.3-31 所示机构是一种巧妙的结合，它在构件 5 上加一个摩擦块或滚珠定位器 6，主动杆为 1，推动挡块 2 沿取件杆 3 移动，杆 3 在顶起工件前杆 5 不动；杆 3 沿导轨移动，穿过工件孔并将其顶起，当杆 3 的挡块 2 碰到杆 5 的导轨端面继续前行时，就推动杆 5 克服摩擦块或定位器 6 的阻力而转动，将工件送到 B 上，然后主动杆往回运动，杆 3 先沿工件孔的轴线移动退出工件，再转至原位。图 33.3-32 所示为一个简单而有效的工件转移机构。上送料板 1 上的工件 2 及 3 被逐个移置于下送料板 7 上。机构没有专用的动力源，仅靠工件的重力位能进行工作。图 33.3-32a～图 33.3-32c 表示工件转移过程，工件的重力使杆 4 摆动。工件离开杆 4 后，配重 5 使杆 4 复位。杆 4 摆动一次只送出一个工件。杆的摆动周期主要取决于工件重力 P 对支点 6 的矩，杆 4（包括配重 5）的重力 G 对支点 6 的矩和工件及杆对支点的惯性矩。

图 33.3-33 所示为羊肉切片机。目的是要将冻肉块切成均匀且极薄的肉片。如果仿照手工切法，则要有刀片往复切片的动作和刀片横向往复拉动的动作以及肉块间歇推进的动作。若采用图 33.3-33 的刨切形式，刨台面做往复移动，羊肉块靠重力压在台面上，兼起送进作用，则此机构的结构就可做得极其简单，而且容易实现刨切薄片的要求。

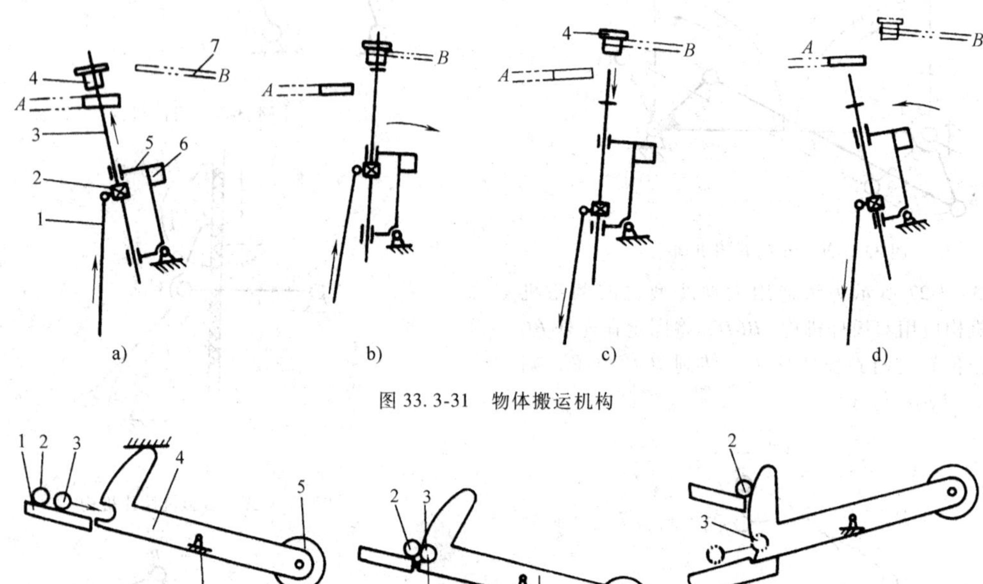

图 33.3-31 物体搬运机构

图 33.3-32 工件逐件转移机构

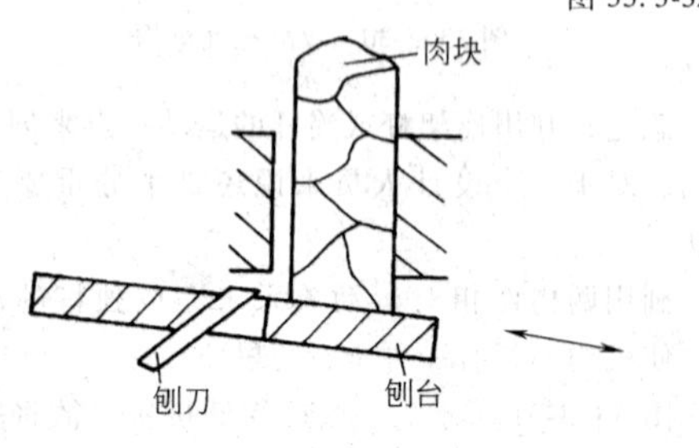

图 33.3-33 羊肉切片机

5.3 用成形固定构件和相对运动实现复杂运动过程

在轻工业生产过程中，如糖果、饼干、香烟、香皂等的裹包和颗粒状、液体状食品的制袋充填等，其工艺动作都比较复杂。为实现包装机械、食品机械等比较复杂的工艺过程，如果按通常的工艺动作过程分解方法，对每个动作采用一个执行机构来完成，那么机械中的机构型式就很多，结构便很复杂。所以要求机构型式简单、合理、新颖，采用一些特殊形状固定模板来完成某些工艺动作，是方法之一。

图 33.3-34 所示为成卷塑料包装材料的供给机构。图中所示的装置中除成卷包装材料（支承在轴上）1、导辊组 5、牵引输送辊 4 和裁切装置（图中未示出）外，还有检测装置 2、成形器 3（为一固定模板）和输送长度调节控制装置（图中未示出）。这

种装置的特点是：由输送辊 4 牵引，由检测装置 2 通过识别包装材料上的标记，发出信号来控制进给输送辊及裁切装置。这样就可以保证每一次包装都可使包装材料上的图文处于相同的位置。

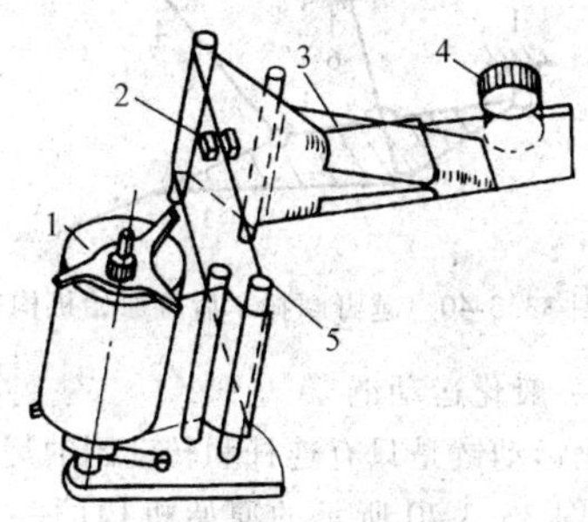

图 33.3-34　成卷塑料包装材料的供给机构

用成形固定构件来完成较为复杂的动作过程是一种有效的机构创新的方法。

5.4　利用多种驱动原理创新机构

在不少场合为了使机构新颖、独特、高效，往往要脱开纯机械模式而采用光、电、液等工作原理来创新机构。

图 33.3-35 所示为被检产品的电磁回转机构。当电磁铁 1 绕定轴 D 转动时，在被检测的金属零件 2 中感应出涡流，它和电磁场相互作用，电磁铁 1 产生转动力矩，在电磁铁 1 转动的反方向转动被测工件。被测工件支承在静止的钳牙 a 上，并且用可动的钳牙 d 压住，d 和测量器的心轴 3 固连。所以，这一回转机构可用于进行工件圆柱度检查的测量仪中。图 33.3-20所示的光化学回转活塞式星形马达是一种根据光化学原理将 O_2 分子数的变化转变为机械能的特殊机构，用丙烯树脂制成的圆筒形容器内被分隔成 3 部分作为反应室，室内装 O_2。反应室的内侧壁上装有一曲柄滑块机构。介质受光照射后，由于光化学作用，O_2 的浓度发生变化而引起反应室压力变化，使活塞运动并带动曲柄。相对于来自一个方向的太阳光，转动的各反应室自动地经过照射和背阴的反复循环，使曲柄做连续转动。如图 33.3-13 所示为电动锤机构。直流电的电动锤有一快速电流换向器，且每分钟冲击次数用电压进行调节。交流电的电动锤每分钟有恒定的冲击数，它由所供电流的频率来决定。图 33.3-36 所示为液体的轴的角速度均衡器。当与轴 A 固结的局部装有水银的筒管转动时，轴 A 的角速度越大，水银的质心离开轴线 x-x 越远，此时，轴-筒系统的惯性矩增加。因此，依靠固有惯性矩的变化，使遭受周期性激振的轴的角速度均衡化。图 33.3-37 所示为液体用杠杆。盛液体的容器 1（可绕轴 A 自由回转）上设置挡块 a，使其保持在作业位置上。当液体填满时，容器 1 下降，柱销 2 抵到挡板 3，容器翻转并倾泄出液体，倾泄出的液体质量由配重 4 决定。由图33.3-38可见，若只要求实现简单的工作位置变换，利用气缸作原动件就很方便。以图 33.3-38a 为例，要求摇杆实现Ⅰ、Ⅱ两个工作位置的变换，如利用曲柄摇杆机构，往往要用电动机带动一套减速装置驱动曲柄，为了使曲柄能停在要求的位置，还要有制动装置。如果改用气缸驱动，则结构将大为简化（见图 33.3-38b）。

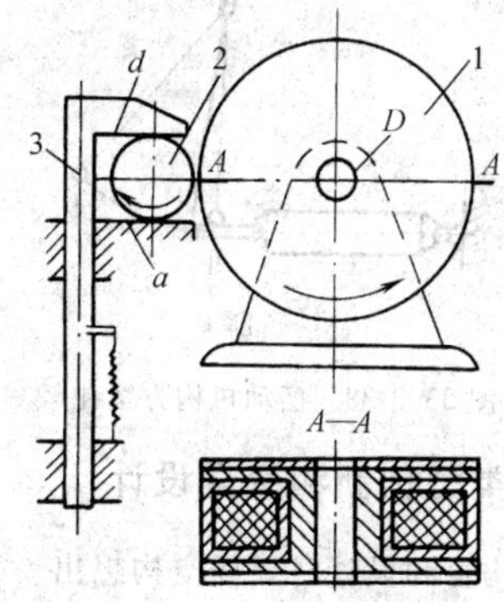

图 33.3-35　电磁回转机构

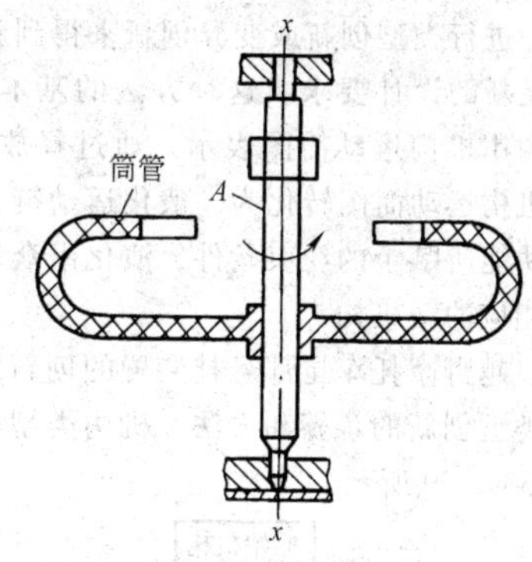

图 33.3-36　轴的角速度均衡器

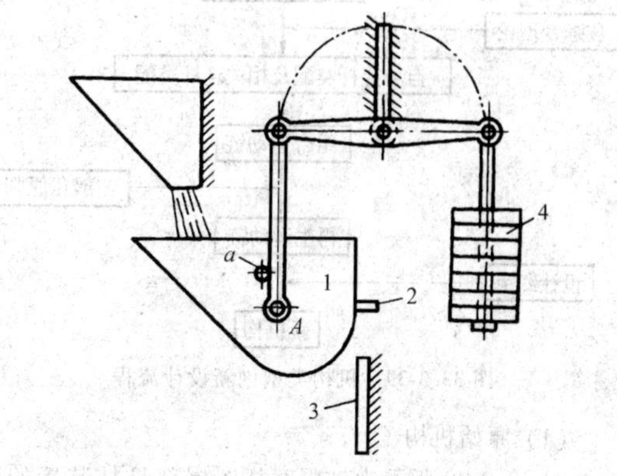

图 33.3-37　液体用杠杆

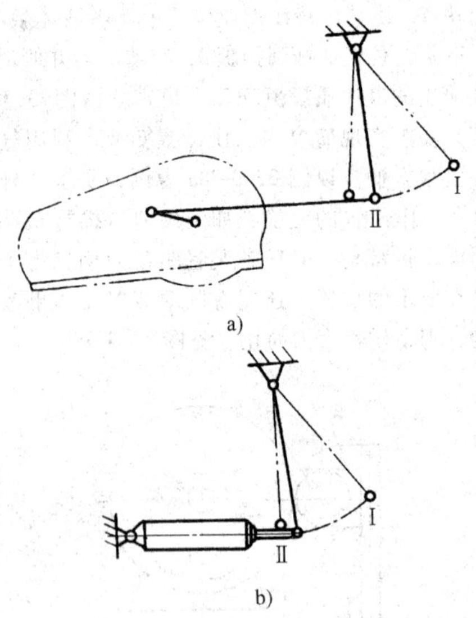

图 33. 3-38　摆动机构方案比较

5.5　机构类型创新和变异设计

在机构构思和设计时要凭空构想出一个能达到预期动作要求的新机构，往往非常困难。采用机构类型创新和变异的创新设计方法，则是借鉴现有机构的运动链类型，进行类型创新或变异创新来得到新的机构类型，满足新的设计要求。这种方法的基本思想是：将原始机构用机构运动简图表示，通过释放原动件、机架，将机构运动简图转化为一般化运动链，然后按该机构的功能所赋予的约束条件，演化出众多的再生运动链与相应的新机构。

下面以越野摩托车尾部悬挂装置的创新设计为例说明机构类型创新的步骤和方法。机构类型创新设计流程如图 33. 3-39 所示。

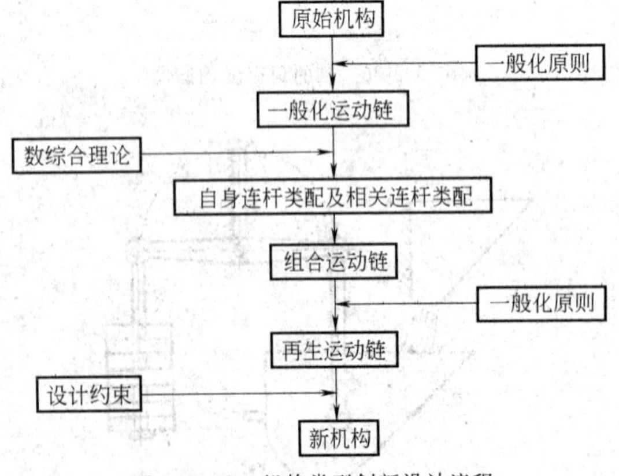

图 33. 3-39　机构类型创新设计流程

（1）原始机构

图 33. 3-40 所示为越野摩托车尾部悬挂装置的原始机构。图中，1 为机架，2 为支承臂，3 为摆动杆，4 为浮动杆，5、6 分别为减振器的活塞和气缸。

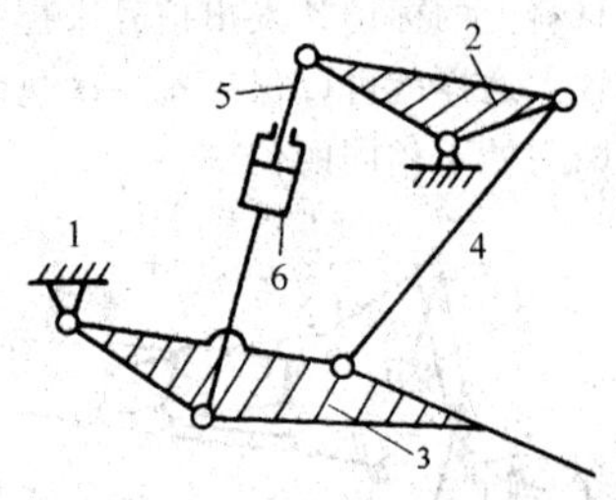

图 33. 3-40　越野摩托车后置原始机构

（2）一般化运动链

一般化运动链是只有连杆和转动副的运动链。图 33. 3-41 为图 33. 3-40 所示的原始机构的一个一般化运动链。将原始机构简图抽象为一般化运动链的一般化原则为：

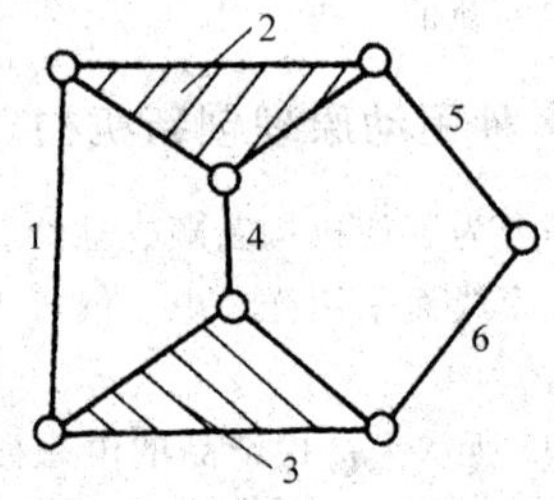

图 33. 3-41　一般化运动链

1）将非连杆形状的构件转化为连杆。

2）将非转动副转化为转动副。

3）机构的自由度应保持不变。

4）各构件与运动副的邻接应保持不变。

5）固定杆的约束予以解除，使机构成为一般化运动链。

图 33. 3-42 所示为两种具有六杆、7 个运动副的一般化运动链。

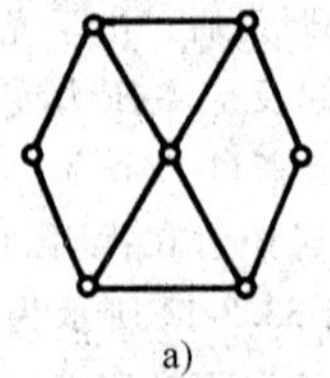

a)

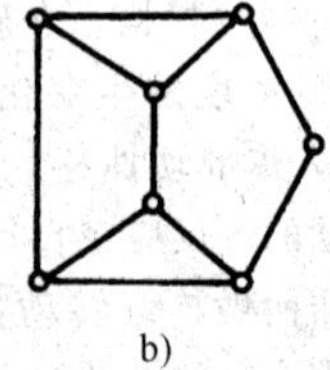

b)

图 33. 3-42　六杆、7 个运动副的一般化运动链

（3）设计约束

对越野摩托车尾部悬挂装置先订出几个设计约束，作为新机构类型创新的依据。这些设计约束为

1）必须有一个固定杆作为机架。

2）必须有吸振器。

3）必须有一个摆杆安装摩托车后轮。

4）固定杆、摆杆和吸振器必须是不同的构件。

（4）具有固定杆的特殊运动链

若以 G_r 表示固定杆、S_ω 表示摆杆、S_sS_s 表示吸振器。

根据设计约束，对图 33.3-42 所示的两套运动链，参照有关理论算法，可得出图 33.3-43 的具有固定杆的特殊运动链的 10 种类型。

（5）新机构

对于实际设计问题，其约束是多变的。对于本例的悬挂装置，如果没有实际约束，则图 33.3-43 的所有类型是可行的。

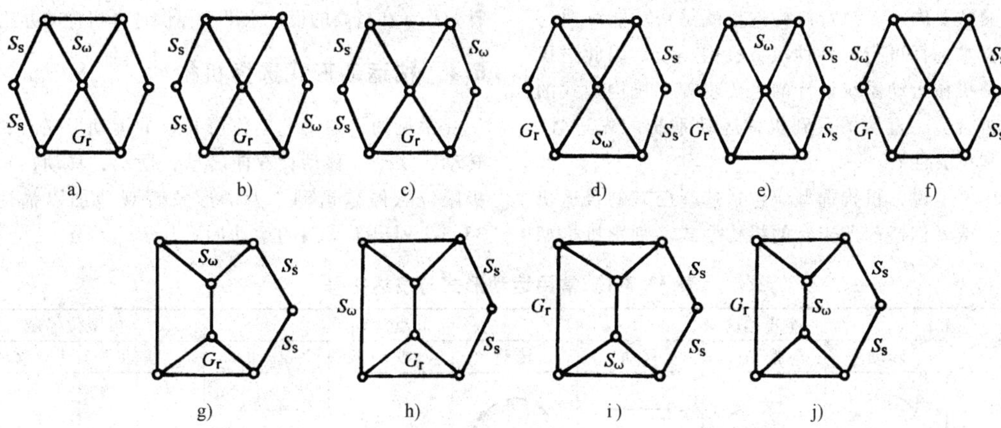
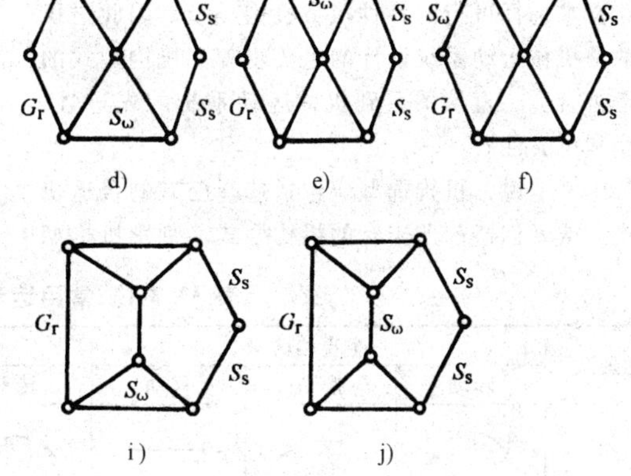

图 33.3-43　特殊运动链类型

若我们再定义该机构创新设计的约束条件为：摆杆与固定杆相连。按此约束条件，图 33.3-43 中能够满足设计要求的可行设计方案只有 6 个，即图 33.3-43a、b、d、f、h、i 这 6 种合适的新机构，如图 33.3-44 所示。

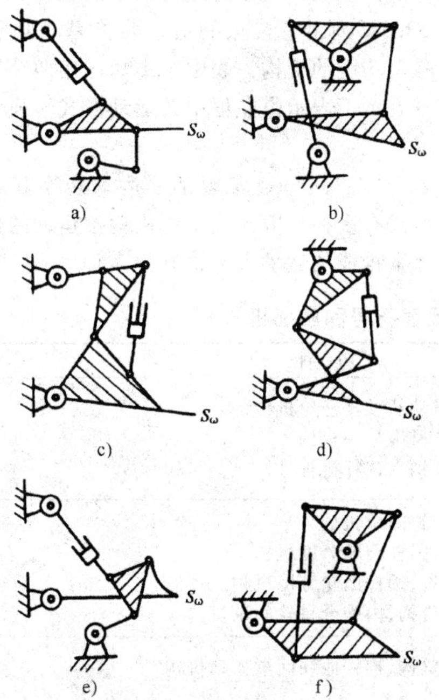

图 33.3-44　运动链合适的新机构

很明显，机构类型创新只解决机构的型、数综合问题，要实现某一动作还应进行机构的尺度综合。只有这样，才能算是完成机构的创新设计。

5.6　机构类型变换法

机构类型变换法是采用结构不同的机构替代原有机构而使两者的输入、输出的运动特性相同或等效的创新设计方法。

类型变换法可以较好地解决专利替代、改善性能、简化加工工艺等问题。

图 33.3-45a 所示为某缝纫机的挑线机构，它的挑线轨迹主要由摆动从动件凸轮机构来决定，通过设计合适的凸轮轮廓曲线来实现供线和收线的要求。图 33.3-45b 是类型变换后的挑线机构，它的挑线轨迹主要由四连杆机构的某点的连杆曲线来决定，通过选择合适的铰链四杆机构的参数来实现供线和收线的要求。试验证明图 33.3-45b 的机构既避开了专利，又使噪声下降、制造工艺简化。

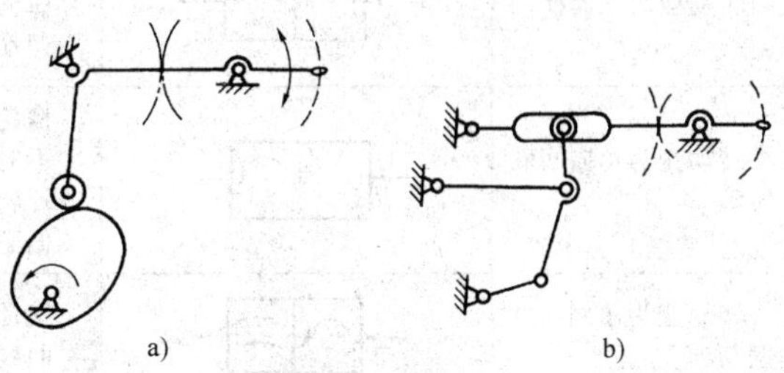

图 33.3-45　挑线机构的类型变换

a）原挑线机构　b）变换后的挑线机构

以上机构创新设计方法，有利于设计人员对执行机构的创新，寻求新颖的执行机构，提高机械运动系统设计的创造性程度。

6　机构选型

机械运动系统方案的构思、设计、拟定是机械创新设计的主要内容。执行机构选型就是按功能和执行动作的要求选择可行的各种执行机构类型。因此，机构选型是机械运动系统设计的重要步骤。机构型式的选择是否合适，直接关系到机械运动系统的先进性、适用性和可靠性。

从广义上说，机构选型应包括选择已有的合适机构型式，或者创造前所未有的机构型式。判别机构型式的好坏主要看是否实现执行动作的形式和规律。机构选型时要充分依靠设计者的经验和直觉知识，但是还应借助机构选型的基本方法和主要规律。

虽然这些方法、规律永远不可能代替设计者的创造力，但可以扩大设计者的知识面，运用创造技法提高设计效率，在较高的设计水平上提供选择机构的办法。

6.1　按运动形式选择机构

常见的机器工艺动作所要求的运动形式有：单向转动、摆动、移动；双向转动、摆动、移动；摆动至极限位做停歇运动。为了形象直观地加以描述，表 33.3-1 列出了常用的运动形式与表达符号。

表 33.3-1　常用运动形式与表达符号

运动形式	连续运动			间歇运动			极限位停歇	
	转动	摆动	移动	转动	摆动	移动	摆动	移动
单向								
双向								

设计者要解决的问题，是把原动机的运动形式和运动参数转换为各种各样的执行构件的运动形式和运动参数。一个原动机往往要驱动多个执行构件动作，因此在原动机与执行构件之间必须采用具有不同功能的机构来进行运动参数和运动形式的转换，以实现执行构件的预期动作。由此看来，对机器运动变换必须进行功能分析，即对原动机和执行构件所形成的传动链两端的运动形式和运动参数进行分析研究。只有考虑到在运动传递过程中轴线位置的配置等功能要求，才能确定各中间机构的基本功能。如由转动转换成移动、摆动、间歇转动等。将基本功能用符号来表示，并配上符合该功能的机构型式，这样设计者可以较方便地进行选择或在此基础上进行机构的变异和创造。

表 33.3-2 列出了常见的运动转换基本功能及实现这些基本功能的机构。表中基本功能用两个矩形框中的符号表示，表示由左框中的运动形式转换为右框中的运动形式。

由表 33.3-2 可知，实现某一运动转换基本功能的机构型式有多种。因此把这些机构按运动的传递顺序组合起来构成的运动方案也有很多种。

表 33.3-2　常见运动转换基本功能、代表符号和匹配机构

名　称	符　号	功能载体
转动变为双向摆动		曲柄摇杆机构，摆动从动件凸轮机构 曲柄摇块机构，电风扇摇头机构 摆动导杆机构，曲柄六连杆机构
转动变为单向间歇转动		槽轮机构，平面凸轮间歇机构 不完全齿轮机构，圆柱凸轮分度机构 针轮间歇转动机构，蜗杆凸轮分度机构 偏心轮分度定位机构，内啮合星轮间歇机构
转动变为单侧间歇摆动		摆动从动件凸轮机构，连杆曲线间歇摆动机构 曲线槽导杆机构
转动变为双向间歇摆动		六连杆机构两极限位置停歇摆动机构 四连杆扇形齿轮双侧停歇摆动机构

（续）

名　称	符　号	功　能　载　体
转动变为实现预定轨迹	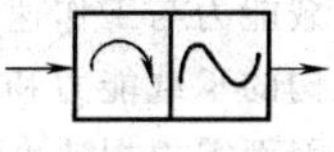	行星轮直线机构，联动凸轮机构 铰链五杆机构，铰链六杆椭圆轨迹机构 连杆凸轮组合机构，行星轮摆线正多边形轨迹机构
摆动变为单向间歇转动	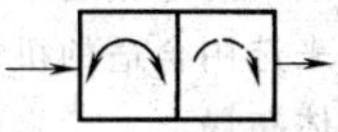	棘轮机构，摩擦钢球超越单向机构
转动变为单向直线移动	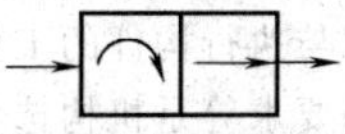	齿轮齿条机构，螺旋机构，带传动机构，链传动机构
转动变为双向直线移动	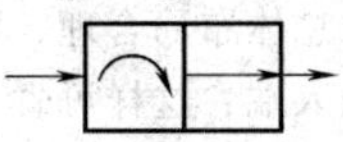	曲柄滑块机构，六连杆滑块机构 移动从动件凸轮机构，不完全齿轮齿条机构 连杆凸轮组合机构，正弦机构
转动变为单侧间歇移动	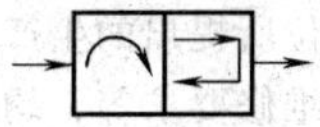	连杆单侧停歇曲线槽导杆机构 移动凸轮间歇移动机构 行星内摆线间歇移动机构
转动变为双侧间歇移动	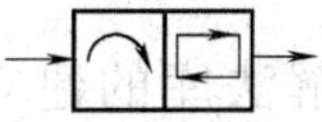	不完全齿轮齿条往复移动间歇机构（用于印刷机） 不完全齿轮移动导杆间歇机构，移动从动件凸轮机构 八连杆滑块上下端停歇机构（用于喷气织机开口机构）
运动缩小 运动放大	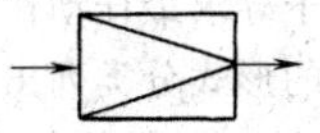 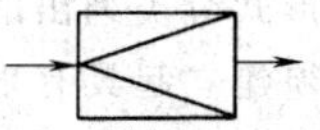	齿轮传动机构，谐波传动机构，链传动机构 行星传动机构，摆线针轮传动机构，摩擦轮传动机构 蜗轮蜗杆机构，带传动机构，螺旋传动机构 流体传动机构，连杆机构
运动合成	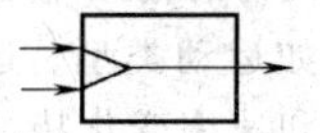	差动螺旋机构（用于测微机、分度机构、调节机构和夹具等） 差动轮系，差动连杆机构，二自由度机构
运动分解	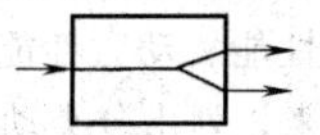	差动轮系，二自由度机构
运动换向		惰轮换向机构，棘轮机构 滑移齿轮换向机构，摩擦差动换向机构 行星齿轮换向机构，离合器锥齿轮换向机构
运动轴线变向	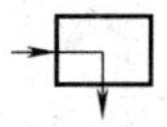	锥齿轮传动，交叉带传动 螺旋齿轮传动，蜗杆传动，单万向联轴器，圆柱摩擦轮传动
运动轴线平移	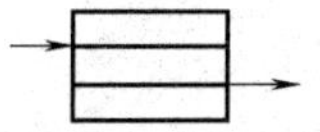	圆柱齿轮传动，带传动，链传动 平行四边形机构，双万向联轴器，圆柱摩擦轮机构
运动分支	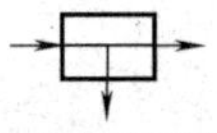	齿轮系，带轮系，链轮系

注：参考资料：徐灏主编，《机械设计手册》第 2 卷：8. 机构及机械系统设计。辛一行等主编，《现代机械设备设计手册》第 1 卷，第 8 篇：机构及其系统设计。

6.2　按执行机构的功用选择机构

有时，机器执行动作的功用很明确，如夹（锁）紧、分度、定位、制动和导向等功用。设计者可以遵照这些功用，先查阅有关机构手册，熟悉相应的夹（锁）紧机构、分度机构、定位机构、制动机构和导向机构等内容，然后进行分析对比，选择确定一种适用于所设计机器的机构。即使选择不到合适的机构型式，也能达到开阔思路、借鉴启发的作用，可采取在已有机构型式的基础上增加辅助机构或组合成新机构等方法，实现执行动作的功能要求。

6.3　按不同的动力源形式选择机构

常用的动力源有电动机、气液动力源、直流电动机等。机构选型时应充分考虑动力源情况和生产情况，当有气液源时常用气动、液压机构，这样可以简化机械结构，省去传动机构与运动转换的机构。特别对具有多个执行构件的工程机械、自动生产线和自动机等，更应优先考虑。

6.4 按先易后难选择机构

表33.3-2列出了多种运动转换基本功能。每种基本功能可由多种机构型式来实现，其中大部分属于较简单的基本机构。实际上，每种运动转换基本功能还可匹配多种机构组合和组合机构。设计者如何从众多的机构型式中合理选择呢？通常的选择顺序是：先选基本机构，再选机构组合，最后选组合机构。

例如，实现转动转换为摆动的功能。基本机构：曲柄摇杆机构；机构组合；曲柄摇杆机构串联导杆机构，或串联铰链四杆机构等，都能满足这样的转换功能。设计者可先选基本机构，只有当曲柄摇杆机构不能满足摆幅要求，或不能满足动力特性要求时，再考虑选择曲柄摇杆机构串联导杆机构的组合型式，以获得从动件更大的摆角幅度。所以机构选型，必须对各类机构的运动特性有深入的理解，才能选得准、选得好。

6.5 选择机构及其组合安排时应考虑的主要要求和条件

（1）运动规律

执行构件的运动规律及其调节范围是机构选型及机构组合安排的基本依据。

（2）运动精度

运动精度的高低对机构选型影响很大。例如，对运动速度和运动时间要求很高时，就不宜采用液压和气压传动；如果对运动精度要求不高，可采用近似直线运动代替直线运动，用近似停歇来代替停歇。这样，可使所选机构结构简单，易于设计、制造。

（3）承载能力与工作速度

各种机构的承载能力和所能达到的最大工作速度是不同的，因而需根据速度的高低、载荷的大小及其不同的特性来选用合适的机构。

（4）总体布局

原动机与执行构件的工作位置、传动机构与执行机构的布局要求等是机构选型和组合安排必须考虑的因素。要求总体布局合理、紧凑，使机械的输出端尽可能靠近输入端，这样可省去不必要的传动机构。

（5）使用要求与工作条件

使用单位所提出的生产工艺要求，生产车间的条件、使用和维修要求等，均对机构选型和组合安排有很大影响。

7 动作解法库的建立

为了易于寻求最佳动作载体，已有不少手册按机构实现动作的形式分类列出相应的执行机构。但是这种按动作的形式分类列出的执行机构还是比较粗糙的。我们必须建立起具有更多信息要求的动作解法库。可以把机构的输入-输出类型、机构输出运动的基本特性（如运动类型、运动轴线、速度方向、运动的连续性和速率变化特性等）以及机构的变化特性（如工作性能、动力性能、经济性和结构尺寸等）充分反映出来，列出分类动作解法库，便于设计者选择最佳动作载体。

第 4 章　机械运动系统的协调设计

1　机械运动系统的基本构成

机械产品从整体需要出发，通常有下列一些子系统：动力系统、传动系统、执行系统、操作及控制系统等。我们常常把传动系统和执行系统统称为机械运动系统。图 33.4-1 所示为机械产品的基本组成。对于机械产品来说，机械运动系统的构成是比较复杂的，它的设计富有创造性，因此，往往作为机械产品设计的重点。

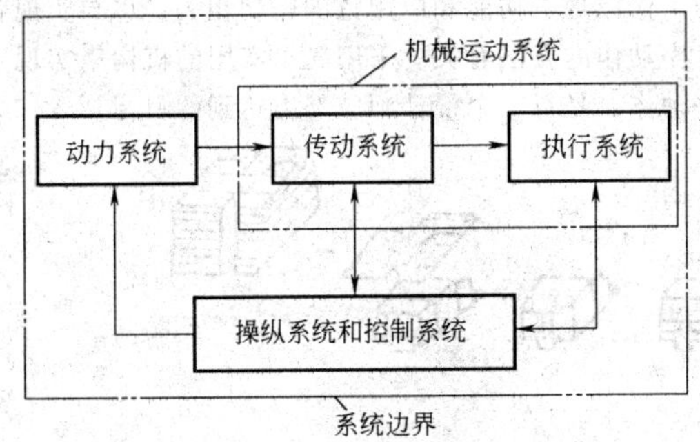

图 33.4-1　机械产品的组成

1.1　传动系统

在一般的机械产品中是把动力机的动力和运动传递给执行系统的中间机械装置。

传动系统主要起变速、换向、传递运动等作用。具体来说，传动系统有如下一些功能：

1）减速或增速。将动力机的速度降低或增高，以适应执行系统的工作需要。

2）变速。进行有级或无级变速，以满足执行系统工作速度变化的要求。

3）改变运动规律或运动形式。把动力机的等速转动转变为按某种规律变化的转动、摆动或移动，其中包括间歇转动和间歇移动等。也可以通过传动系统将动力机输出的转动方向改变成相反转动方向。

4）传递动力。把动力机输出的动力传递给执行系统，供执行系统完成预定工艺动作过程所需的驱动力矩或驱动力。

机械产品的传动系统按传动比或输出速度是否变化可分为固定传动比和可调传动比系统；按动力机驱动执行机构或执行构件的数目可分为独立驱动、集中驱动和联合驱动的传动系统。

1.2　执行系统

执行系统是机械产品中用以直接完成预期工艺动作过程的子系统。它利用机械能改变工作对象的形态或搬移工作对象。

（1）执行系统的基本组成

执行系统基本上是以一系列执行机构所组成。执行构件的动作是由执行机构来产生的。一系列执行构件所产生的工艺动作过程实现了机械产品的总功能。例如，完成夹持、搬运、转位、间歇动作等的运动动作。又如完成喷涂、冲压、切削等的改变工作对象的形态的工作。

执行构件一般是执行机构中的一个构件，它的运动形式和运动精度取决于整个机械系统的工作要求。在选择执行机构时必须考虑这些工作要求。

（2）执行系统的功能

执行机构的功用是把传动系统传递过来的运动与动力进行必要的转换，以满足执行构件完成功能的需要。

执行机构变换运动的类型主要是将转动变换为移动或摆动，或者相反，将移动或摆动变换为转动。从执行构件的具体运动方式来看，其可分为将连续运动变换为不同形式的连续运动或间歇运动。

执行系统是在几个执行机构所带动的执行构件协调工作下完成机械系统的任务。虽然工作任务多种多样，但执行系统的功能主要有以下几种：夹持、搬运、输送、分度与转位、检测、施力等。机械系统的任务只是由执行系统有限的功能来完成。

执行系统工作性能的好坏，直接影响整个系统的性能，从机械系统概念设计要求来看，主要是考虑运动精度和动力学特性等要求。

2　机械运动系统设计

2.1　机械运动系统的基本内容

机械运动系统又可称为机构系统，它由一系列传动机构和执行机构组成。

机械运动系统是机械系统的重要内容。机械系统设计的好坏，将直接影响到整个机械系统技术性能的优劣、机械系统结构的繁简、机械系统制造成本的高低，以及操作的难易。机械系统系统设计的好坏，关键在于机械运动系统方案设计的优劣。如果在机械运动系统方案设计时考虑欠缺，就会造成先天不足，即使在后续设计阶段采取一些补救措施，也是治标难治本，难以使整个运动系统的总功能得到根本性改善。所以说，在进行机械运动原理方案设计时，必须进行以下几个方面的研究和探讨：

1）根据机械的功能要求，注意市场的调查和预测，通过需求分析，确定出一种能满足新的需求、具有竞争力的新型机械型式。

2）要尽量采用先进技术，推陈出新，既不脱离实际、盲目追求先进，也不能因循守旧墨守成规，要在继承的基础上大胆创新。

3）对尚无确切把握的新方案，应进行必要的试验、研究和验证。对于试验中所出现的问题和不足，必须在采取一些完善和修改的措施后，方可着手进行正式设计。

4）在处理机械的使用要求与制造要求的关系时，应该在满足机械的使用要求（亦即保证实现机械的功能）下考虑机械的制造问题。优良的制造和装配质量是提高机械使用性能、工作可靠性和使用寿命所必不可少的条件。

机械运动方案的设计应考虑以下一些基本内容。

（1）功能与应用范围的确定

一台机器的功能是要完成某一工艺动作过程，一个工艺动作过程又可以分解为若干个工序。

例如，制盒工艺为纸盒成形—物料充填—封口，它的工艺动作可以分解为图33.4-2所示的9个工序：①纸盒料坯从贮存器中送出，②纸盒成型，③纸盒一端盒口闭合，④纸盒一端盒口封口，⑤纸盒翻转90°，⑥盒子送进，⑦物料充填纸盒，⑧另一端盒口闭合，⑨另一端盒口最后封口。工艺动作过程的分解与工作原理、功能和应用范围密切相关，也与实现各工序动作的方法有关。采用简单实用的机构来实现工序动作，是每一个设计师应努力达到的目标。

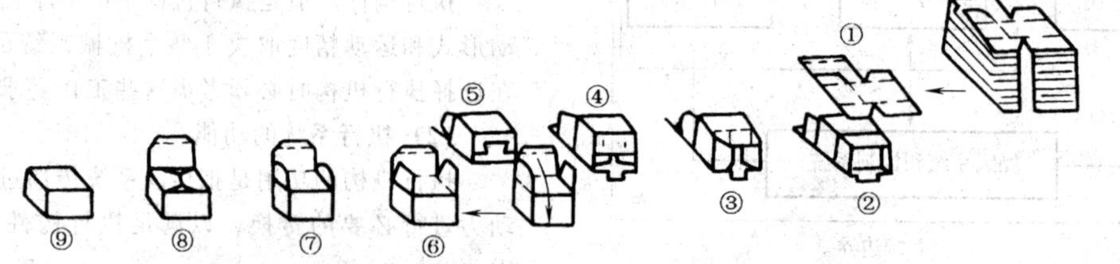

图33.4-2 纸盒成型的工艺动作过程分解的工序

图33.4-3所示为平版印刷机所需完成的5个工序：①取出已印刷好的纸张，②墨辊向印版上滚刷油墨，③墨盘间歇转动一个位置，使油墨匀布于墨盘，以便墨辊滚过墨盘时得以均匀上墨，④将油墨容器内的油墨源源不断供应给油盘，⑤空白纸张合在印版上完成印刷。如果是取出机上已加工印件，那么平版印刷机只需完成后面的②、③、④、⑤工序，可以用4个机构分别完成。

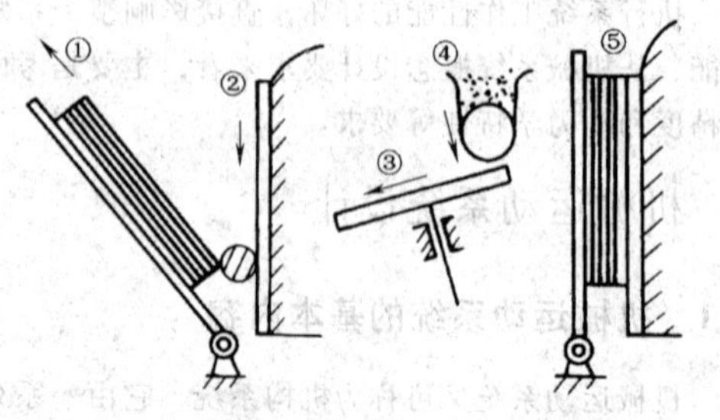

图33.4-3 平版印刷机工艺动作过程

工业平缝机的功用与普通家用缝纫机没有多大的差别，对于工业平缝机，它所要完成的工艺动作过程一般可以分解为4个工序，如图33.4-4所示。

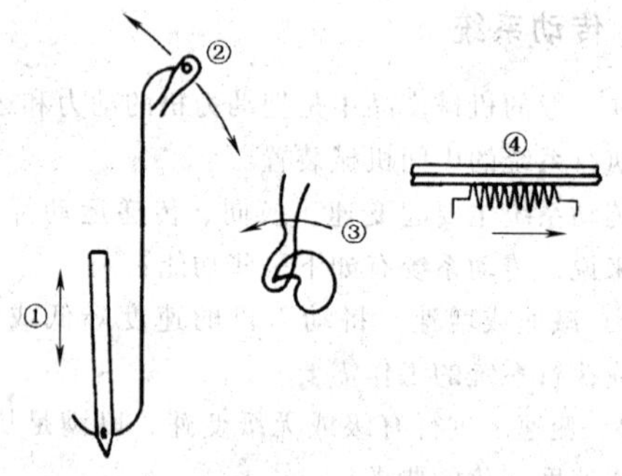

图33.4-4 工业缝纫机工艺动作过程

① 刺料：缝纫机针刺进和退出缝料。机针刺入缝料后形成线圈，为钩线创造条件；机针退出缝料以便收线和送料。

② 挑线：完成缝纫过程中的供线和收线的要求，使缝料上线迹良好，不产生断线和松线。

③ 钩线：完成钩住面线线圈，使面线与底线交织起来。

④ 送料：在缝料完成一个线迹后，使缝料向前进送一个针距，以便进行下一个线迹的缝纫。送料机构的运动轨迹，要求在送料部分平直。

以上所列举的 3 种机器，由于所完成的功能比较单一，因此工艺动作过程的分解一般比较简单。实际上，在创新设计一台机器之前，对工艺动作分解进行种种构思，就可得到不同的机械运动方案设计，而且用上述方法所得到的机器是多功能类型的。

在设计一台完成特定工艺动作过程的新机器时，还可以按分解后的工序，用若干台机器分别完成一系列工序的单功能机器组合。这种做法在有些情况下是合理的，但是对不少场合采用单功能机器组合是不现实的。在不少实用机器设计时，往往设计成多功能类型，也就是用一台机器完成一系列工艺动作（即多道工序）。

多功能类型的机器有如下的一些优点：

1）可以省去单机之间的连接和输送装置，减少动力机和传动变速器，有助于简化机械结构，降低成本，提高劳动生产率。

2）可以缩小机器占地面积。

3）减少操作人员，改善劳动条件。

4）有利于机器工作性能的提高。

确定机器的功能与应用范围，必须考虑机器的可靠性和适应性。

可靠性

在一般情况下，机器功能增多，必然使工艺动作过程的工序增多，发生故障的可能性一般也相应增大。为了提高一台机器的可靠性，一般可以将工艺动作过程所分解出的几个工序分成若干组，每组工序用一台单机来完成，整个工艺动作过程用几台单机来完成。但是这种做法，使各单机之间连接比较复杂，增加机器组合的故障。有不少机器，如前面所述的平版印刷机和工业平缝机，它们工艺动作全过程的各个工序在一台机器上实现更为合理、可靠，因此就没有必要用几台单机来完成。从提高机器的可靠性考虑，实现同一机器功能时，应尽可能采用动作简单、工序数少的工艺动作过程。

适应性

任何机器的应用范围都是有限的，不可能是万能的。例如，盒式包装机对于盒子的大小、充填物的体积和状态都有一定的规定，并不是一概适应的。又如工业平缝机对于缝料厚度、缝料质地等的适应性也有一定范围，使用者不可以随心所欲。机器的功能愈多，机器的结构也就愈复杂。因此，对于将机器功能分解后用几台单机来完成的机器组合，为了增强其适应性，比较合理的办法是根据用户要求，灵活地增减或改装某些组合部件，以扩大应用范围，满足用户的不同需要。

机器的功能和应用范围，还与产品（加工对象）批量及品种规格有关。对于产品批量大、品种规格稳定的产品，在设计机器时应致力于提高机器的生产率和机器自动化程度，一般宜采用专机类型。对于批量中等、品种规格需要调换的产品，一般可通过调整或更换有关部件来适应各批生产的需要，此时宜采用多用机类型。对于批量小、品种规格经常变化的产品，应尽量扩大机器的应用范围，以利增加机器制造的批量和减少设备投资。此时宜采用通用机类型。

（2）工作原理和工艺动作分析

根据机械功能要求，首先应选择机械的工作原理。机械完成同一种任务，可以应用不同的工作原理来实现。例如，印刷机可以采用平版印刷工作原理，也可采用轮转式印刷工作原理。平版印刷机工作原理是在平放的铜锌字版上涂油墨，待印件覆在铜锌字版上完成印刷工艺，其工作原理与盖图章动作相类似。轮转式印刷机工作原理是将铜锌字版装在圆筒表面，随圆筒连续转动，待印纸张相应连续移动，与圆筒贴合，完成印刷工艺。轮转式印刷的工作原理与盖图章动作大相径庭，它的生产率大大提高。平版印刷机和轮转式印刷机相比较，它们之间的结构、造价、生产率有很大差别。再如，螺栓的螺纹加工，有车削、套螺纹、滚压和搓螺纹。车削是采用螺纹车刀在车床上切削加工；套螺纹是采用螺纹板牙在机床上（或手工）加工；滚压是采用一副滚螺纹轮在滚螺纹机上加工；搓螺纹是采用一副搓螺纹板在搓螺纹机上加工。后三种特殊的工艺动作过程所采用的机器与车床也有明显不同。

工作原理的选择与产品加工的批量、生产率、工艺要求、产品质量等有密切关系。在选定机器的工作原理时，不应墨守成规，而是要进行创新构思。构思一个优良的工作原理可使机器的结构既简单又可靠，动作既巧妙又高效。

工作原理与工艺动作过程的设计与构思，还应充分考虑被加工对象的材料特性、所需达到的工艺要求和生产率等。

工作原理与工艺动作过程的设计与构思，还要考虑机器的工位数和工位转移过程中采用间歇运动还是连续运动。工位多时执行机构要分散布置。工位转移过程中采用间歇步进运动，可使执行机构的运动形式构造比较简单，而连续运动会使执行机构复杂化。

工艺动作过程的确定，还应考虑工艺程序和工艺路线。工艺程序是指完成各个工艺动作的先后顺序。例如，图 33.4-5 所示的折叠裹包程序为：物品到位→包装纸到位→折叠包装纸的上、下、前三面→后面包装纸折叠→两侧包装纸折叠→两侧下面裹包→两侧上面裹包→包装后的物品输出。

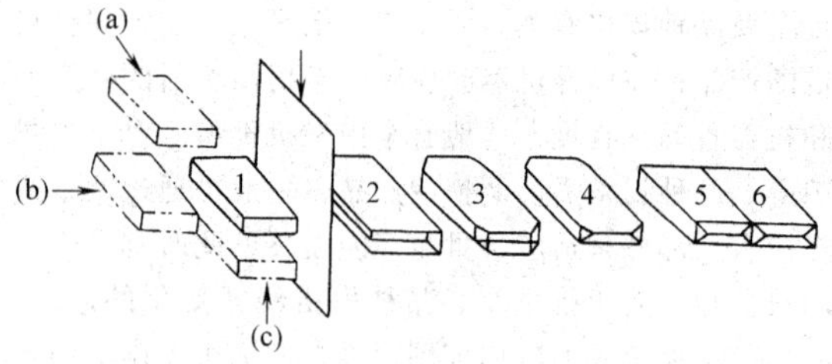

图 33.4-5　折叠式包装工艺动作过程分解

工艺程序的编排对于机器结构简化、工作可靠性能起较大的作用。在上述例子中对包装纸的上、下、前三面的折叠只采用了将物品向右推进的机构，利用物品上下的挡块形成上、下、前三面包装纸的折叠，如图 33.4-6 所示，这种方式结构简单、工作可靠。

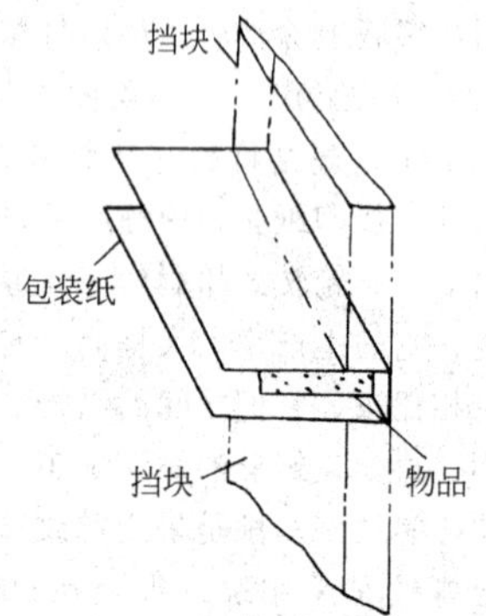

图 33.4-6　折叠式包装机构

工艺路线是指参与加工的物料的供送路线、加工物料的传送路线以及成品的输出路线。完成同一工艺程序的工艺路线可以多种多样，常见的有：

1）直线型。物料的运动路线为一直线，根据运动方向又可分为立式和卧式两种，如图 33.4-5 所示。

2）阶梯型。物料的运动路线兼有垂直和水平两方向，如图 33.4-7 所示。

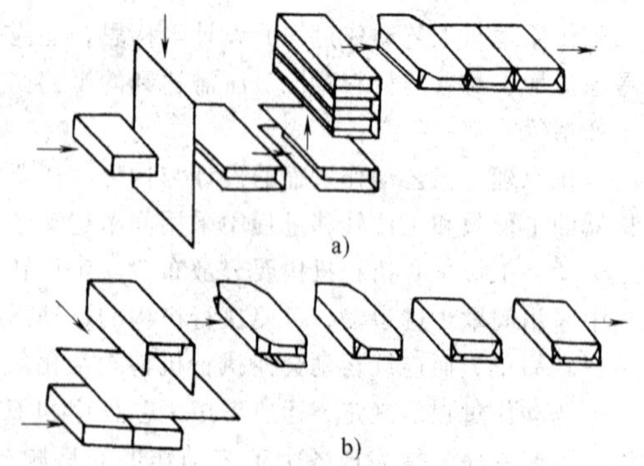

图 33.4-7　阶梯型工艺路线

3）圆弧型。物料的运动轨迹呈圆弧形，如图 33.4-8 所示。

4）组合型。物料的运动既做圆弧运动，又做直线运动，如图 33.4-9 所示。

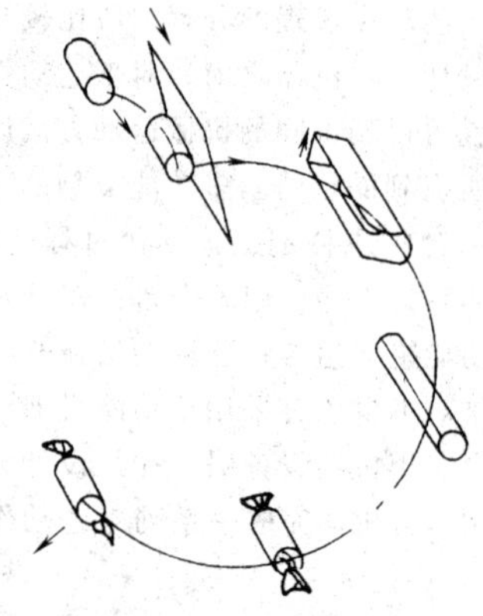

图 33.4-8　旋转型工艺路线

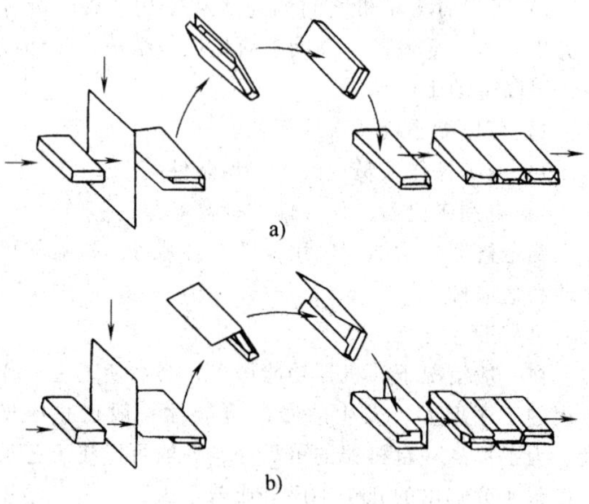

图 33.4-9　组合型工艺路线

选择工艺路线时，必须分析比较各种工艺路线的特点，既要考虑它对机器生产率、执行机构数目和运动要求的影响，又要考虑它对机器外形、操作条件以及组成加工生产线等方面的影响。只有对各种不同工艺路线的方案加以认真详细的分析，才有可能找到最优方案。很显然，机器的工艺路线对设计机械运动方案影响很大。

（3）执行构件的运动要求和执行机构的布局

根据机器的工作原理和工艺动作要求，可以进行分析、构思确定执行构件的数目和运动要求。执行构件分为固定式和运动式。例如，在不少包装机械中，成型器和固定折纸板等均属固定式，它们的形状依据工艺要求来确定。大多数执行构件是按一定的工艺运动要求来确定它的运动规律，包括运动的形式、行程大小、动停时间和运动速度等。执行构件的运动规律一旦确定后，就可着手于选定执行机构。

执行机构布置的步骤主要分为两步，即根据工艺路线图将各个执行构件布置在预定的工作位置上；布置执行机构的原动件，对于气、液压传动主要安排气缸和液压缸的位置，对于机械传动则是安排机构输入构件凸轮、齿轮和曲柄等原动件的位置。

执行机构的原动件布置要遵守两条原则：一是使原动件应尽可能接近执行构件，这样可使执行机构简单紧凑并尽可能减小其几何尺寸；二是使原动件尽可能集中布置在一根轴上或少数几根轴上，这样可以使整个传动系统大为简化，同时便于对机器进行调试和维修。为了使执行机构能同步运动，各原动件所在的几根原动轴转速应保持等速或定速比。

（4）机器工艺过程的设计原则

机器工艺过程设计的总要求是保证产品加工的质量，具有较高的生产率，机器的结构力求简单、操作和维修方便，制造成本低和维护费用小等。为了达到上述总要求，机器的工艺过程一般应遵循以下几个设计原则：

1）工序集中原则。工序集中原则是指工件在一个工位上一次定位装夹，采用多刀、多面、多个执行构件动作同时完成加工工序，以完成工件的工艺要求。工序集中原则可以使加工质量容易保证，机器的生产率也较高。

2）工序分散原则。工序分散原则是将工件的加工工艺过程分解为若干工序，并分别在各个工位上用不同的执行机构进行加工，以完成工件的工艺要求。由于工序分散，执行机构完成每一工序的动作较为简单，这样可以使机器生产率有较大的提高。

工序集中原则和工序分散原则从表面上看是矛盾的，其实又是统一的，因为依据实际情况，工序能集中就尽量集中，工序集中有困难就采取分散原则。集中是为了提高机器生产率，分散也是为了提高机器生产率，两个原则为了同一目的，只是在不同场合采用不同方法而已。

3）各工序的工艺时间相等原则。对于多工位自动机工作循环的时间节拍有严格的要求，一般将各工位中加工时间最长的一道工序的工作循环作为自动机的时间节拍。为了提高机器的生产率，可以对工艺时间较长的工序采取适当的措施，如提高这一工序的工艺速度或将这一工序实行再分解等。

4）多件同时加工原则。多件同时加工原则是指在同一自动机上同时加工几个工件，也就是同时采用相同的几套执行机构（或执行构件）来加工多个工件。这样可以使机器的生产率成倍提高。

5）减少机器工作行程和空程时间。设计工艺过程时，为了提高机器的生产率，在不妨碍各执行构件正常动作和相互协调配合的前提下，尽量使各执行机构的工作行程时间互相重叠、工作行程时间与空行程时间互相重叠、空行程时间与空行程时间互相重叠，从而缩短工件加工循环的时间。

（5）机器生产率的分析与计算

在进行机械运动原理方案设计时，设计人员应在保证工件加工质量的前提下，力求使机器具有较高的生产能力。

1）机器的生产率。机器的生产率是指机器在单位时间内生产的产品数量。一个工件所需的加工时间 T 为

$$T=t_{工作}+t_{空程}$$

式中　$t_{工作}$——工作行程所需的时间；

$t_{空程}$——空行程所需的时间。

因此，机器的生产率 Q 为

$$Q=\frac{1}{T}=\frac{1}{t_{工作}+t_{空程}} \tag{33.4-1}$$

式（33.4-1）所表示的机器生产率是机器调整到正常工作状态下的单位时间内加工的产品数量，称之为机器的理论生产率。

如果机器没有空行程，即空程时间=0，那么它的生产率称之为机器的连续生产率，以 K 表示：

$$K=\frac{1}{t_{工作}} \tag{33.4-2}$$

式（33.4-2）表示机器连续工作，没有空行程或空行程时间，同时各执行机构的工作行程时间完全重合。

机构的理论生产率 Q 又可表示为

$$Q=\frac{K}{K\cdot t_{空程}+1} \tag{33.4-3}$$

令

$$\eta=\frac{1}{K\cdot t_{空程}+1} \tag{33.4-4}$$

η 称为生产率系数。由此可见，生产率系数表示机器的理论生产率与连续生产率之比，即

$$\eta=\frac{Q}{K}\text{或}\ \eta=\frac{t_{工作}}{T}$$

因此，生产率系数 η 表示机器在时间上的利用程度，亦即反映工艺过程的连续化程度。

2）机器生产率的分析。为了便于分析，将式（33.4-3）和式（33.4-4）用图形来表示。图33.4-10所示为具有不同的 $t_{空程}$ 值的生产率系数曲线。图33.4-11所示为具有不同的 $t_{空程}$ 值的机器生产率曲线。图中曲线Ⅰ、Ⅱ、Ⅲ分别为不同的 $t_{空程}$ 值时机器的 η 与 K 及 Q 与 K 的相互关系。其中 $t_{空程}^{Ⅰ}<t_{空程}^{Ⅱ}<t_{空程}^{Ⅲ}$。由此得出如下的分析结果：

① 机器的生产率系数值的变化范围为 $0<\eta<1$。理论生产率随连续生产率的提高而增大，生产率系数将随连续生产率的提高而减小。

② 当 K 为定值时，理论生产率 Q 将随空行程时

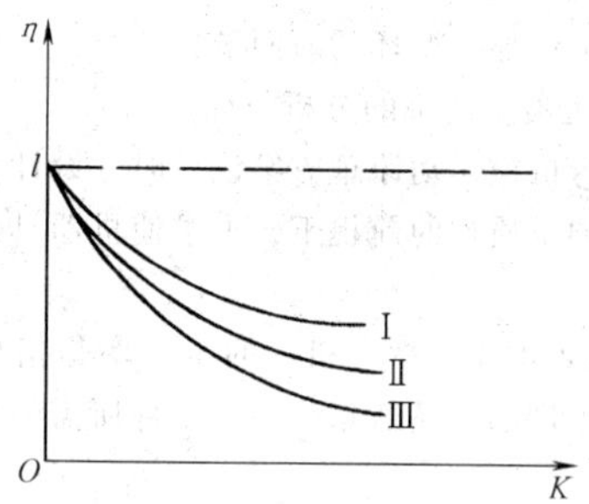

图 33.4-10　不同 $t_{空程}$ 值的生产率系数

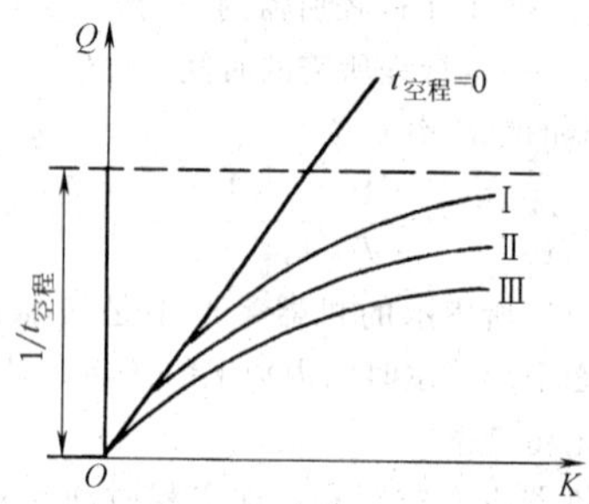

图 33.4-11　不同 $t_{空程}$ 值的生产率

间 $t_{空程}$ 的减少而增加，其极限值为

$$Q=\lim_{t_{空程}\to 0}\frac{K}{K\cdot t_{空程}+1}=K$$

③ 在 $t_{空程}$ 为定值时，理论生产率将随连续生产率的 K 的提高而增加，当 $K\to\infty$ 时，Q 的极限值为

$$Q=\lim_{K\to\infty}\frac{K}{K\cdot t_{空程}+1}=\frac{1}{t_{空程}}$$

④ 在连续生产率 K 较低时，$t_{空程}$ 对 Q 的影响较小；在连续生产率 K 较高时，$t_{空程}$ 对 Q 的影响显著。

由以上分析可以得出结论：在对 K 值较小的机器进行设计时，重点设法提高连续生产率 K；在对 K 值较大的机器进行设计时，应重点设法减小 $t_{空程}$，才能有效地提高机器的生产率。

⑤ 没有空行程时间（即 $t_{空程}=0$）的机器，就是连续作用式的机器，这时理论生产率等于连续生产率。一般自动机械很少有这种情况。

3）机器的实际生产率。机器的实际生产率往往低于机器的理论生产率，这是因为存在由于种种原因所造成的停车时间。所以机器的实际生产率为

$$Q_{实}=\frac{1}{t_{工作}+t_{空程}+t_{损}}$$

式中　$t_{损}$——机器工作循环以外的损失时间。

图 33.4-12 所示为机器的理论生产率 Q 和实际生产率 $Q_{实}$ 与连续生产率 K 之间的关系曲线。图中曲线Ⅰ表示连续式机器（即 $t_{空程}=0$）的生产率变化曲线，曲线Ⅱ表示机器的理论生产率曲线，曲线Ⅲ代表机器的实际生产率变化曲线。

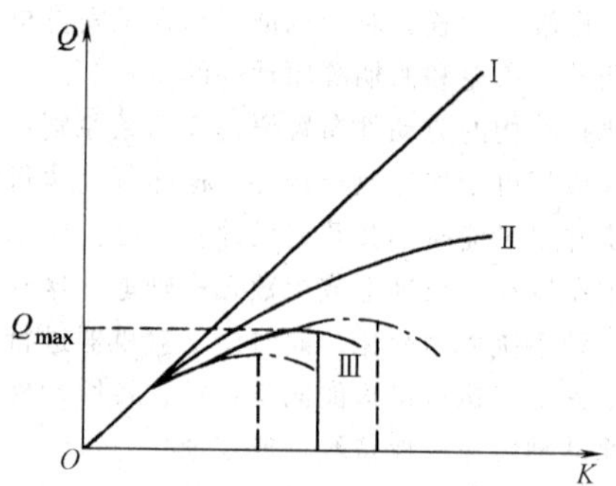

图 33.4-12　机器理论生产率与实际生产率关系

2.2　机械运动系统的集成设计

机械运动系统的设计目标是实现所要求的功能，满足市场需求。机械运动系统的设计应包括：确定功能要求、选择工作原理、构思工艺动作过程、分解工艺动作过程为若干执行动作、创新或选定执行机构、执行机构系统的集成等。

机械运动系统的集成设计是指如何将确定的执行机构按工艺动作过程要求进行系统集成，使机械运动系统中各执行机构之间达到运动协调，使系统整体功能达到综合最优。

机械运动系统集成设计的基本原则如下：

（1）合理地分解工艺动作过程

在机械总功能和工作原理确定之后，工艺动作过程的类型一般是比较有限的。例如，图 33.4-5 所示的折叠式包装工艺动作过程，只是存在被包物件开始输入的 3 种路线。而将工艺动作过程分解成若干执行动作时应充分考虑这些执行动作能否用比较简单的执行机构来完成，同时也应考虑前后两执行动作衔接的协调和有效的配合。

分解工艺动作过程要符合下列原则：

1）动作的可实现性。即分解后的动作能被机构实现，因此设计人员应全面掌握各种机构的运动特性。

2）动作实现机构的简单化。即所需实现的动作尽量采用简单机构，以便机械运动系统易于设计制造。

3）动作的协调性。前后两执行机构产生的动作要相互协调和有效配合，尽量避免两执行机构产生的运动发生干涉和运动不匹配。

（2）选择合适的执行机构

对于分解工艺动作过程后所得的若干执行动作（亦可称工艺动作）要进行详细分析，包括它们的运动规律要求、运动参数、动力性能和正反行程所需曲柄转角等。

选择执行机构应符合下列要求：

1）执行构件的运动规律与工艺动作的一致性。

2）执行构件的位移、速度、加速度（包括角位移、角速度、角加速度）变化要有利于完成工艺动作。

3）前后执行构件的工作节拍要基本一致，否则无法协调工作。

4）执行机构的动力特性和负载能力要能胜任工艺动作要求。

5）机械运动系统内各执行机构应满足相容性，即输入输出轴相容、运动相容、动力相容及精度相容等。

6）机械运动系统尺寸紧凑性，即要求各执行机构尺寸尽量紧凑，有利于机械整体尺寸缩小。

（3）网络计划技术法进行执行机构系统的集成

1）网络图的四要素。网络图是网络计划技术的基础。利用网络图可以对执行机构系统工作进行集成，表达各执行机构工作在时间轴上的先后顺序和相互关系。网络图由箭线和结点组成，它是有向、有序的网络图。网络图可简称为网络。网络图中有 4 个基本要素：工作、结点、箭线和线路。

① 工作：系统中消耗时间和能量的活动称为工作或工序。工作从开始到完成的时间称为延续时间。相对于某一工作，在其前的工作称紧前工作，在其后的工作称紧后工作。

② 结点：在网络图中用结点代表工作，用圆圈表示，并且编上数码，填入圆圈中。网络图中的第一个结点表示工作的开始，称为起始结点；最后一个结点标志着这项工作的完成，成为终止结点；其他结点称为中间结点。

③ 箭线：在网络图中用箭线表示工作之间的工艺关系和时序关系。

④ 线路：网络图中从起始结点出发，沿着箭线方向到达终止结点的通道上连续通过的一系列箭线与结点，最后到达终止结点所经过的通路称为线路。线路上所有工作持续时间之和称为线路长度。网络图中最长的线路称为关键线路。关键线路的长度称为网络的计算工期，对于机械运动系统就是机械工作周期。

2）网络图的绘制。网络图的绘制步骤如下：

① 确定工作项目。对于机械运动系统就是确定有一定程序的执行动作，把各执行机构可以看作机械运动系统的子系统。

② 确定工作之间的关系。对于机械运动系统就是确定执行动作的工艺关系和时序关系，即确定该执行动作的紧前工作（动作）和紧后工作（动作）是哪些。

③ 确定工作的延续时间。在机械运动系统中的时间单位是分、秒，也可以是主轴的角度。

④ 列出工作明细表。包括工作代号、工作名称、紧前工作、紧后工作、延续时间。

⑤ 绘制网络图。此时应遵守以下规则：

（Ⅰ）结点之间的关系必须按工作之间关系绘制。

（Ⅱ）网络图中不能出现回路，即不能有从某一结点出发，顺箭线方向回到该结点的线路。

（Ⅲ）在两个相邻结点之间只有一条箭线。

（Ⅳ）网络图中有而且仅有一个起始结点和终止结点。

（Ⅴ）避免使用反向箭线。

3）网络图的时间参数计算

① 工作的最早时间。最早完成时间是指工作在可能条件下最早开始和结束的时刻。若工作 i 其紧前工作为 h，紧后工作为 j，工作 i 延续时间为 D_i，而其最早开始时间为 T_i^{ES}，则最早完成时间 T_i^{EF} 为

$$T_i^{EF} = T_i^{ES} + D_i$$

② 工作的最迟时间。若最迟开始时间为 T_i^{LS}，则其最迟结束时间 T_i^{LF} 为

$$T_i^{LF} = T_i^{LS} + D_i$$

③ 工作的时差、关键工作和关键路线。工作 i 的自由时差记为 F_i^F，其计算式为

$$F_i^F = T_j^{ES} - T_i^{ES} - D_i$$

或
$$F_i^F = T_j^{ES} - T_i^{EF}$$

工作的总时差是指在不影响工期的前提下，该工作所拥有的机动时间的极限值。工作总时差 F_i^T 为

$$F_i^T = T_i^{LS} - T_i^{ES}$$

或
$$F_i^T = T_i^{LF} - T_i^{EF}$$

若 $F_i^T = 0$ 或 F_i^T 为最小值，则该工作 i 为关键工作。

要调整机械运动系统的工作周期，须调整关键路线上的工作时间。

4）搭接网络计划技术。为了缩短机械运动系统的工作周期，可以采用紧后工作与紧前工作平行施工的方式，工作间的这种关系称为搭接关系。

5）举例。如图 33.4-2 所示的纸盒成型及充填包装的工艺动作过程可以分解为 9 个工艺动作，它的执行工作的网络图如图 33.4-13 所示。

图 33.4-13 所示为 9 个工艺动作之间关系的网络图，两相邻结点之间的箭线表示两个相邻动作的工艺关系和时序关系。

分析图 33.4-2 所示的工艺动作过程分解后的动作情况，可以选定机构 M_1' 完成纸盒料坯从储存器中

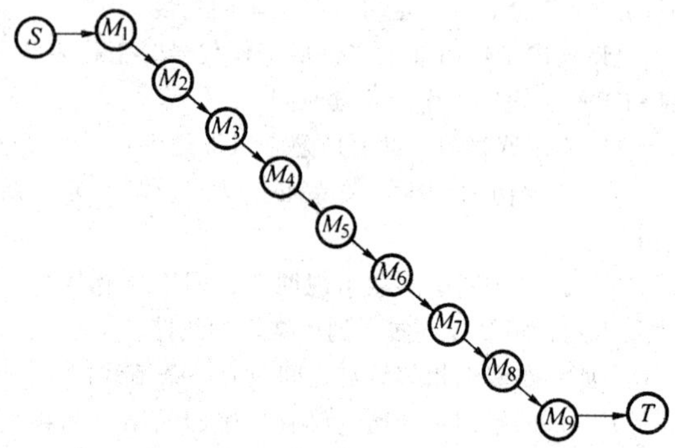

图 33.4-13 纸盒成型及填充包装工艺动作过程网络图
M_1—纸盒料坯送出 M_2—纸盒初次成型
M_3—纸盒一端盒口闭合 M_4—纸盒一端盒口封口
M_5—纸盒翻转 90° M_6—纸盒送进
M_7—物料充填纸盒 M_8—另一端盒口闭合
M_9—另一端盒口最后封口

送出和纸盒成型两个动作，可选择实现直线运动的机构；选择机构 M_3'完成盒口闭合动作，可选择左右先后摆动机构；选择机构 M_4'完成盒口封口的动作，一般可选择直线移动的机构；选择机构 M_5'完成纸盒翻转 90°的动作，可选择刚体导引机构；选择机构 M_7'完成纸盒送进及物料充填纸盒的动作，用直线运动来完成；选择机构 M_8'完成盒口闭合动作；选择机构 M_9'完成盒口最后封口的动作。

由此可见，纸盒成型的工艺动作过程的 9 个工艺动作可用 7 个机构——M_1'、M_3'、M_4'、M_5'、M_7'、M_8'、M_9'来完成。

根据图 33.4-14 所示的执行动作网络图，可以定出每个机构的最大回程和工作行程的时间：机构 M_1'为 T_1、T_2，机构 M_3'为 T_2、T_3，机构 M_4'为 T_3、T_4，机构 M_5'为 T_4、T_5，机构 M_7'为 T_5、T_6，机构 M_8'为 T_6、T_7，机构M_9'为 T_7、T_8 等。

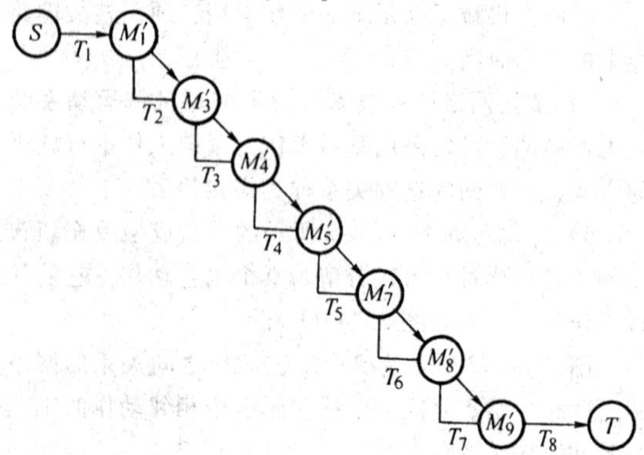

图 33.4-14 纸盒成型及填充包装机执行机构执行动作网络图

3 执行机构的协调设计

根据机械的工作原理和工艺动作分析所设计、构思的机械工艺路线方案是机械运动原理方案设计的重要依据。由机械工艺路线，可以进行执行机构的选定和布局。此时必须考虑机械中的各执行机构的协调设计。为此，必须深入了解机械运动方案所采用各执行机构和传动系统的类型、工作原理和运动特点，同时要了解执行机构协调设计的目的和要求，掌握有关协调设计的基本方法。也就是说，要采用集成的设计方法。

3.1 机器的机构传动系统类型和工作原理

机器的机构传动系统是机器的重要组成部分，它决定了机器的执行构件实现工作行程和空行程的方式，影响各执行构件的协调运动和机器的生产率。在机器的机构传动系统的设计中，要求解决机械程序控制和实现空程的方式这两个比较关键的问题，使各执行构件能够按一定顺序动作并在保证较高生产率的前提下实现空行程。

（1）机械程序控制的基本形式

为了使机器的整个工作循环中各个工序动作严格地按一定顺序进行，每台机器都有专门的程序控制系统。机器的程序控制系统主要有两种类型：一是机械控制方式，二是电子控制方式。目前机器中常用的控制方式有以下几种形式：

1）分配凸轮轴方式。即在分配轴上安装多个凸轮，每个凸轮是一个执行构件的驱动构件。因此，分配轴每转一周所需要的时间就是产品加工工作循环所需时间，也就是说，分配轴每转一周就可完成一个产品加工的工艺动作过程。

2）辅助凸轮轴方式。辅助凸轮轴是机器中用来实现机器部分空行程动作的机械控制方式。辅助凸轮轴是做周期性的间歇旋转的，即在需要实现这部分空行程时才旋转。它的间歇旋转是由分配凸轮轴来控制的。例如，机器中的送料、夹料等机构的空行程就是采用辅助凸轮轴来实现的。

3）曲柄轴方式。即利用曲柄的错位使各执行机构按一定顺序来动作。对于不能将曲柄布置在一根轴上的机器，还应采用机械传动方式，将各曲柄的转动予以同步。

4）机电结合的程序控制方式。在自动机械中还可采用分配凸轮轴上的信号凸轮来控制电路的接通与关闭，以及通停电时间的长短，以此来控制各执行机构的动作。

5）电子控制方式。目前应用最广泛的是用可编程控制器（PLC）来进行控制，它是一种在工业环境中使用的数字操作的电子系统。它在可编程存储器内部储存用户设计的指令，这些指令用来实现特殊的功能，如逻辑运算、顺序操作、定时、计数，以及算术运算和通过数字或模拟输入、输出来控制各种类型的机械或过程，以实现生产自动化。其特点是：①控制程序可变，具有很好的柔性；②具有高度可靠性；③功能完善；④易于掌握，便于维修；⑤体积小、省电；⑥价格低廉。

总之，机械程序控制的具体实施还应根据具体情况来确定。

（2）机器实现空程的方式

根据机器中实现空程的方式，机器可分为以下 3 种类型：

1）空程转角固定的机器。空程转角固定的机器的分配轴转 1 圈完成 1 个工件的加工，即一个工艺动作过程，参见图 33.4-15。图 33.4-15b 所示为安装在分配轴上的凸轮廓线的工作行程和空行程的转角组成情况。凸轮廓线由工作行程部分和空行程部分组成。其中，α 表示分配轴完成工作行程所转的角度，β 表示分配轴完成空行程所转的角度。

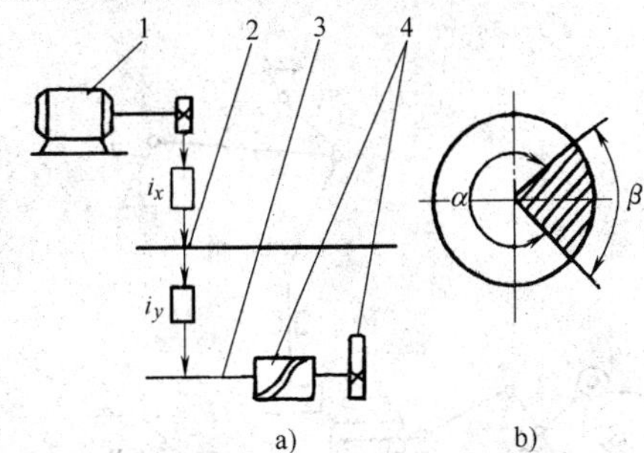

图 33.4-15　空行程转角固定的机器

1—电动机　2—主传动轴　3—分配轴　4—凸轮

i_x—主传动轴转速调整环节　i_y—分配轴转速调整环节

这类机器的生产率 Q 为

$$Q=\frac{n_{主}}{N_0} \tag{33.4-5}$$

式中　$n_{主}$——主轴转速（r/min）；

N_0——加工一个产品所需的主轴转数。

若 N_1 表示完成工作行程所需主轴的转数，即

$$N_0=\frac{2\pi N_1}{\alpha}$$

式（33.4-5）可写成

$$Q=\frac{n_{主}}{N_1}\cdot\frac{\alpha}{2\pi}$$

由于连续生产率 $K=\dfrac{n_{主}}{N_1}$，$\alpha=2\pi-\beta$，所以

$$Q=K\frac{\alpha}{2\pi}=K\left(1-\frac{\beta}{2\pi}\right) \tag{33.4-6}$$

由此得出机器的生产率系数 η 为

$$\eta=1-\frac{\beta}{2\pi} \tag{33.4-7}$$

根据式（33.4-6）可以得出：

① 由于 β=常数，所以机器生产率 Q 将随连续生产率 K 正比例地增加。

② 当机器连续生产率 K 很小时，即完成工作行程的时间很长，亦即机器的工作循环时间 T 很大，由于 β 一定，必定使完成空行程的时间很长，造成不必要的时间损失。这就需要限制工作循环时间 T 的数值。T 的极限值表示为 T_{max}。

③ 当机器连续生产率 K 很大时，即完成工作循环的时间 T 极短，也就是分配轴转速极快，由于 β 一定，使完成空程的时间很短，易造成不能可靠地工作。这就需要延长工作循环时间 T，它的极限值为 T_{min}。

综上所述，这类机器的生产率只适用于一定范围，即 $T_{min}<T_{max}$。这类机器的机构传动系统由于空行程转角固定而比较简单。

2）空行程时间固定的机器。图 33.4-16 所示为空程时间固定的机器，它的分配轴具有两条传动路线：一是通过变速机构，使分配轴做慢速转动，以完成工作行程；二是通过快速接合器、超越离合器，直接使分配轴做快速转动，以完成空行程。接合器的接合与否由分配轴上的凸轮机构来控制。这种机器的主要特点是不管工件加工时间的长短如何，它的空行程时间保持不变。因此，这类机器的传动系统比较复杂，要增加接合器、超越离合器和控制凸轮等。它适合加工工作循环时间 T 较大的产品。在传动系统中加超越离合器的作用是为了防止分配轴发生运动干扰。

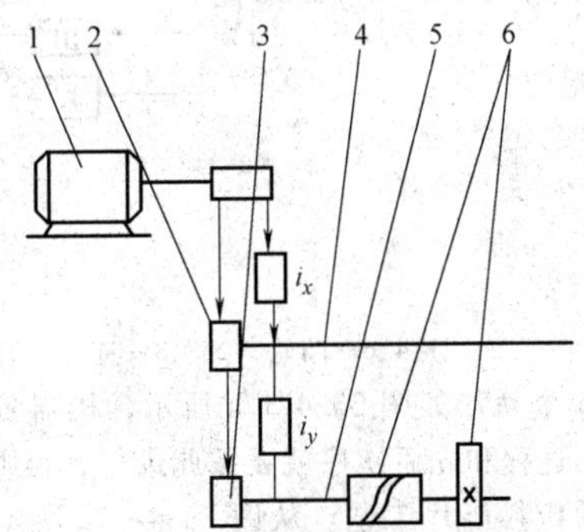

图 33.4-16　空程时间固定的机器

1—电动机　2—快速接合器　3—超越离合器

4—主传动轴　5—分配轴　6—凸轮

i_x、i_y—转速调整环节

3.2　机器执行机构的协调设计

设计机器时，在选定了它的各个执行机构之后，下一步就是根据生产工艺路线方案，使这些执行机构进行合理布局和相互协调动作，以确保进行正常的产品加工。否则，会使机器不能进行正常工作，严重的还会损坏机件和被加工的工件（产品），造成事故。

机器执行机构的协调设计应满足以下要求：

1）机器各执行机构的动作过程和先后次序要符合机器的生产工艺路线方案所提出的要求，否则就无法满足机器的生产工艺，也就不能发挥机器的功能。

2）机器各执行机构的运动循环的时间同步化，亦即各执行机构的运动循环时间间隔相同或按生产工艺过程要求成一定的倍数，使各执行机构的动作不但保证在时间上有顺序关系，而且能够实现周而复始的循环协调动作。

3）机器各执行机构在运动过程中，不仅要在时间上保证一定的顺序关系，而且在一个运动循环的时间间隔内运动轨迹不相互干涉。同时，为了保证机器的工作质量，既不能使动作先后顺序的间隔时间太长，又不能使动作先后顺序间隔时间太短。这称为机器各执行机构运动循环空间同步化。动作先后顺序的间隔时间太长，会使机器生产率下降；动作先后顺序间隔太短，有可能使执行构件产生相互干扰。

为了说明协调设计的目的和要求以及协调设计的方法，我们以粉料压片机（见图 33.4-17）为例来加以介绍。粉料压片机的机械运动简图如图 33.4-17c 所示，它由上冲头（六杆肘杆机构）、下冲头（双凸轮机构）、料筛传送机构（凸轮连杆机构）所组成。料筛由传送机构送至上、下冲头之间，通过上、下冲头加压把粉料压成有一定紧密度的药片。根据生产工艺路线方案，此粉料压片机必须实现以下 5 个动作（见图 33.4-17a）：①移动料斗至模具的型腔上方，准备将粉料装入型腔，同时将已经成型的药片推出；②料斗振动，将料斗内粉料筛入型腔；③下冲头下沉至一定深度，以防止上冲头向下压制时将型腔内粉料扑出；④上冲头向下，下冲头向上，给粉料加压并保压一定时间，使药片成型；⑤上冲头快速退出，下冲头附着将成型工件（药片）推出型腔，完成压片工艺过程。

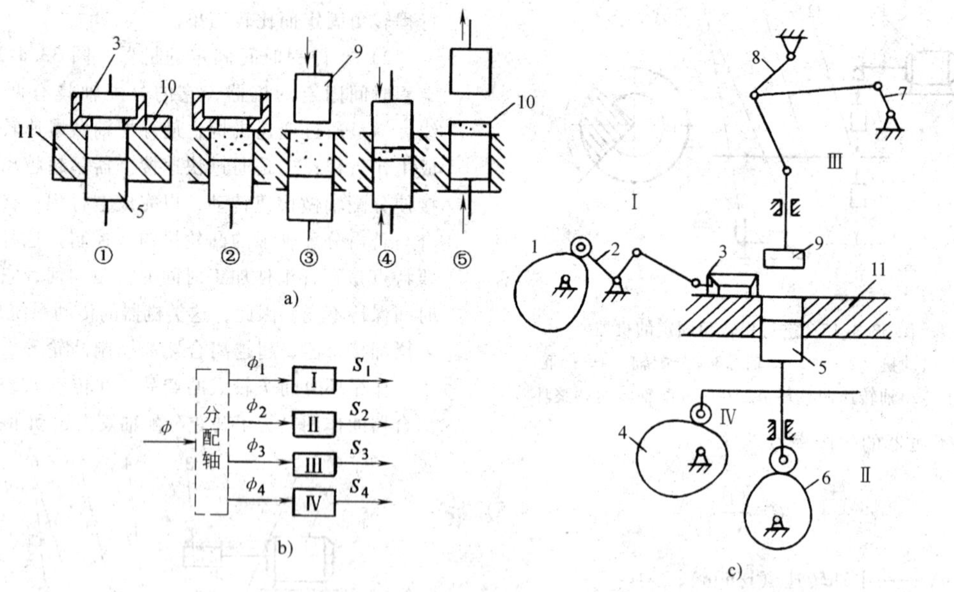

图 33.4-17　粉料压片机

1、4、6—凸轮　2、7、8—连杆　3—料斗　5—下冲头　9—上冲头　10—药片　11—模具

这 5 个动作如图 33.4-17a 所示，机器各执行机构的动作过程和先后次序就要按此进行，否则无法实现机械的粉料压片工艺。从图 33.4-17c 所示机器的机械运动简图可见，它由 4 个执行机构来完成上述 5 个动作：凸轮连杆机构Ⅰ完成工艺动作①、②；凸轮机构Ⅱ完成动作③；平面多杆机构Ⅲ及凸轮机构Ⅳ协调配合完成动作④、⑤。

粉料压片机执行机构的运动协调设计可从以下两方面来阐述。

（1）各执行机构的动作在时间上协调配合

在此粉料压片机中，执行构件为 3、9、5，4 个执行机构的原动件为 1、4、6、7。为了使各执行机构的运动循环的时间同步化，可以将原动件 1、4、6、7 安装在同一根分配轴上，或用一些传动机构把它们连接起来，以实现原动件转速相同和相互间有一定的相位差。在同一根分配轴上的构件 1、4、6、7 只要按动作顺序安排，就可实现周而复始的循环协调动作。如果采用一些传动机构把构件 1、4、6、7 连接起来，应使它们在同一转速下运转并保持动作顺序。在某些其他类型机器中也可使它们不在同一转速下运转，此时各原动件转速比值为某一整数比，以实现周而复始的协调动作。一般以原动件最低转速所对应的运动循环为整机的运动循环，较高转速的构件一般应做间歇运动，以实现各执行构件动作的协调配合。

（2）各执行机构的动作在空间上协调配合

在粉料压片机中，执行构件 3、9 的两个运动轨迹是相交的，故在安排两执行构件的运动时，不仅要注意到时间上的协调，还要注意到空间位置上的协调——空间同步化，亦即使两执行构件在运动空间内不相互干扰。时间协调与空间同步化有密切关系。

3.3　执行机构协调设计的分析计算

（1）各执行机构运动循环时间同步化的计算

1）机器最大工作循环周期 T_{max} 的确定。机器最大工作循环周期 T_{max} 是机器各执行机构工作必须的工作循环时间之和。例如，图 33.4-17c 所示的粉料压片机，它由 4 个执行机构所组成，各个执行机构的动作过程一般可以分解为工作行程—最远停歇—回程（空行程）—最近停歇这 4 个阶段，它们各自的工作循环时间为 T_{p1}、T_{p2}、T_{p3}、T_{p4}，则机器最大工作循环周期 $T_{max}=T_{p1}+T_{p2}+T_{p3}+T_{p4}$。这样的计算结果虽然能确保各执行机构的动作次序和时间要求，但是很显然这并不合理。

2）机器最小工作循环周期的确定。机器最小工作循环周期 T_{min} 是机器各执行机构工作循环时间的最大值 T_{pmax}。

例如，粉料压片机的 4 个执行机构中机器 Ⅰ 的工作循环时间 T_{p1} 为最大，则 $T_{min}=T_{p1}$。如果以 T_{min} 作为机器的工作循环周期，这样也不一定合理，要在 T_{min} 时间内同时完成 4 个执行构件的动作，又不能在空间内产生干涉，有时往往是比较困难的，因此必须增大工作循环周期。只有当机器的执行机构较少而且相互间时间协调较好时，才可以在 T_{min} 时间内完成工艺动作次序并满足要求。

3）确定合理的机器的工作循环周期 T。在确保各执行构件工作行程、回程的要求下，采用各执行机构的工作循环部分重合的方法来合理确定机器的工作循环周期 T，以实现工艺过程所需的动作次序和相应的时间要求。为了尽量缩短机械工作循环周期 T，提高机器的生产率，一般可以采取两个措施：一是将各执行机构的工作行程和回程时间在可能的条件下尽量缩短；二是在前一个执行机构的回程结束之前，后一执行机构就开始工作行程。这就是利用两执行构件空间裕量，在不产生相互干涉的条件下，采用“偷时间”的办法。对于具有较多执行机构的机器，采用上述两个措施之后，其效果是十分明显的。

4）确定各执行机构分配轴的转速和对应起始角。大多数机器各执行机构的原动件都安装在同一分配轴上，可以根据机器工作循环的周期 T 算出分配轴的转速 $n_{分}$：

$$n_{分}=\frac{60}{T} \tag{33.4-8}$$

其中，T 的单位为 s。

一般在机器中，将某一执行机构工作行程起始点作为零位，根据机器各执行机构的生产工艺动作次序的安排不难求出各执行机构工作行程的起始角。

（2）各执行机构运动循环空间同步化的计算

图 33.4-18 所示为饼干包装机的两个折侧边的执行机构。M 点是两折边器运动轨迹的交点，说明空间同步化设计不好将会产生空间上的相互干涉。如果两折边先后顺序动作的间隔时间太长，虽然空间上相互不干涉，但会使折过边的包装纸重新弹回虚线位置，无法保证包装质量。反之，两折边机构先后顺序动作的时间间隔太短，会使两折边器在空间上相碰，使机件损坏。

空间同步化计算前需已知执行机构的动作顺序、各执行机构执行构件的实际位移曲线图以及各执行机构的机构简图，从而合理确定各执行机构的运动错位量 Δt。图 33.4-19 所示为图 33.4-18 所示的饼干包装机左右折边机构的位移曲线图 ϕ-t。交点 M 所对应的角位移 ϕ_{d1}^{M} 和 ϕ_{k4}^{M}，它们在 ϕ-t 曲线上的点 M_1、M_4 由于存在错位量 Δt，使左右两折边机构不会产生相碰。如果 M_1、M_4 重合于一点，则肯定会产生执行构件相碰的现象。解决办法是将左右两折边机构的执行构件的位移曲线加以改变，如用时间上的错位等。

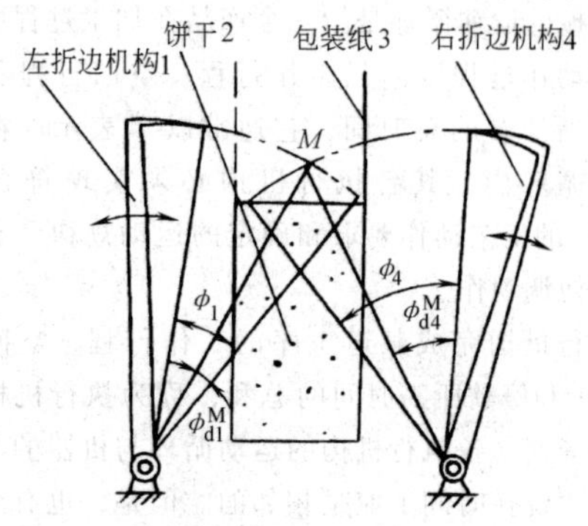

图 33.4-18　饼干包装机的两个折侧边机构

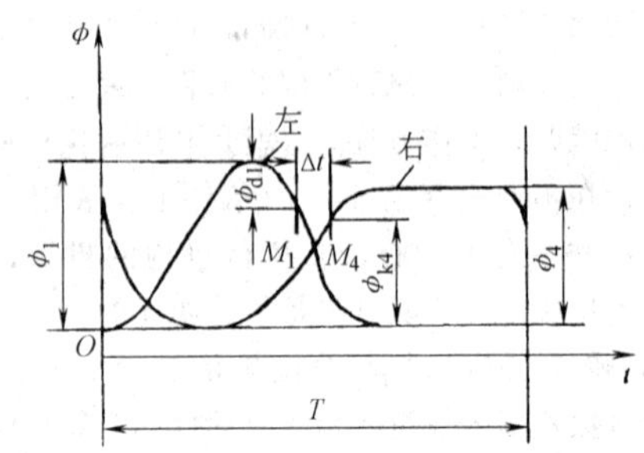

图 33.4-19　饼干包装机折边机构的位移曲线

4　机械运动循环图设计

4.1　机器的运动分类

根据机器所完成任务及其生产工艺的不同，它们的运动可分为两大类：一类为无周期性运动循环的机器，如起重运输机械、建筑机械、工程机械等，这类机器的工作往往没有固定的周期性运动循环，随着机器工作地点、条件的不同而随时改变；另一类为有周期性运动循环的机器，如包装机械、轻工自动机、自动机床等，这类机器中的各执行构件每经过一定的时间间隔，它的位移、速度和加速度便重复一次，完成一个运动循环。在生产中大部分机器都属这类具有固定运动循环的机器。它们是我们这节中要讨论的对象。

为了保证具有固定运动循环周期的机械完成工艺动作过程时，各执行构件间动作的配合关系协调，在设计机械时，应编制出用以表明在机械的一个运动循环中，各执行构件运动配合关系的机械运动循环图（也叫机器工作循环图）。在编制机械运动循环图时，必须从机械的许多执行构件（或输入构件）中选择一个构件作为运动循环图的定标件，用它的运动位置（转角或位移）作为确定各个执行构件的运动先后次序的基准，表达机械整个工艺动作过程的时序关系。

4.2　机械的运动循环周期

机械的运动循环是指一个产品在加工过程中的整个工艺动作过程（包括工作行程、空回行程和停歇阶段）所需要的总时间，它通常以 T 表示。在机械的工作循环内，其各执行机构必须实现符合工件（产品）的工艺动作要求和确定的运动规律、有一定顺序的协调动作。

执行机构完成某道工序的工作行程、空回行程（回程）和停歇所需时间的总和，称为执行机构的运动循环周期。各执行机构的运动循环与机器的工作循环一般来说在时间上应是相邻的。但是，也有不少机器从实现某一工艺动作过程要求出发，某些执行机构的运动循环周期与机器的工作循环周期并不相等。此时，机器的一个工作循环内有些执行机构可完成若干个运动循环。

执行机构的运动循环周期 T_p 通常由 3 部分组成：

$$T_p = t_{工作} + t_{空程} + t_{停歇}$$

式中　$t_{工作}$——执行构件的工作行程时间；

$t_{空程}$——执行构件的空回行程时间；

$t_{停歇}$——执行构件的停歇时间。

4.3　机器的工作循环图

机器的工作循环图是表示机器各执行机构的运动循环在机器工作循环内相互关系的示意图，它也可称为机器的运动循环图。机器的生产工艺动作顺序是通过拟定机器工作循环图选用各执行机构来实现的。因此，工作循环图是设计机器的控制系统和进行机器调试的依据。

（1）执行机构的运动循环图

表示执行构件的一个动作过程（包括工作行程、空回行程和间歇阶段），称为执行机构的运动循环图。

如图 33.4-20 所示的自动压痕机，其压痕冲头的上下运动是通过凸轮来实现的。冲头的运动循环由三部分组成：冲压行程所需时间 t_k、压痕冲头的保压停留时间 t_0 以及回程所需时间 t_d。因此，压痕冲头一个循环所需时间 T_p 为

$$T_p = t_k + t_0 + t_d \tag{33.4-9}$$

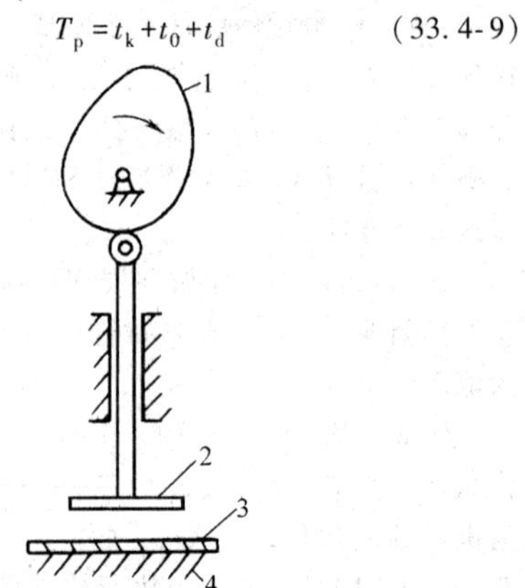

图 33.4-20　自动压痕机最简单的结构型式

1—凸轮　2—压痕冲头

3—压印件　4—下压痕模

用图形表示执行构件运动循环的方式通常有 3 种：

1）直线式运动循环图。以一定比例的直线段表示运动循环各运动区段的时间（见图 33.4-21a）。

这种表示方法最简单，但直观性很差（如压痕冲头在每一瞬时的位置无法从图上看出），且不能清楚地表示与其他机构动作间的相互关系。

2）圆形运动循环图。将运动循环的各运动区段的

时间及顺序按比例绘于圆形坐标上（见图 33.4-21b）。

此法直观性强，尤其对于分配轴每转一周为一个机械工作循环者有很多方便之处。但是，当执行机构太多时，需将所有执行机构的运动循环图分别用不同直径的同心圆环来表示，则看起来不很方便。

3）直角坐标运动循环图。以直角坐标表示各执行构件的各个运动区段的运动顺序及时间比例，同时还表示出执行构件的运动状态（见图 33.4-21c）。

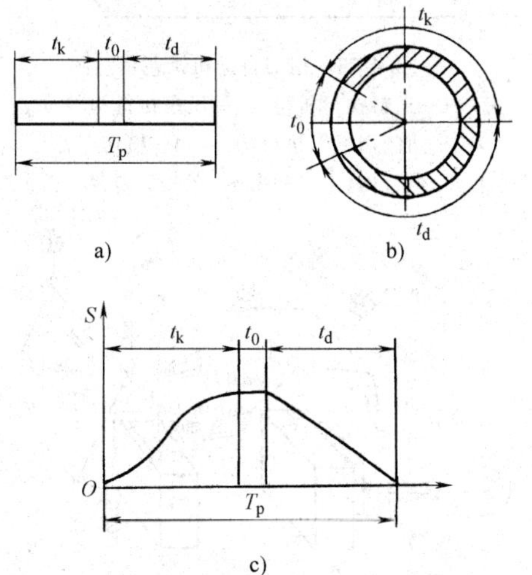

图 33.4-21　执行构件的运动循环图

此法直观性最强，比上述两种运动循环图更能反映执行机构运动循环的运动特征，所以在设计机器的工作循环图时，最好采用直角坐标运动循环图。

（2）机器的工作循环图

机器的工作循环图是机器中各执行机构的运动循环图按同一时间（即按某一转轴的转角）比例绘制并组合起来的总图。该图应以某一主要执行机构的起点为基准来表示其余各执行机构的运动循环相对于该主要执行机构的动作顺序。

如图 33.4-20 所示的自动压痕机，其最简单的结构型式是由压痕机构和送料机构所组成。如果要考虑成品自动落料，还应有一个落料机构。在图中送料机构没有表示出来，送料机构的运动循环周期 T'_p 为

$$T'_p = t'_k + t'_0 + t'_d$$

式中　t'_k——送料机构的上料所需时间；

t'_0——送料到位后执行机构的停歇时间；

t'_d——送料机构的回程所需时间。

很显然，送料机构的运动循环周期 T'_p 应与压痕机构的运动循环周期 T_p 相等。

绘制压痕机的工作循环图，可以将压痕冲头的最高点作为起点，并以它作为基准画出此两执行机构的运动循环图，它们组合在一起就成为压痕机的工作循环图，如图 33.4-22 所示。它是按直角坐标法画出的运动循环图，工作行程由起点开始向上表示，空回行程由最远点回至起点表示，这与实际执行构件的上下、左右运动无直接关系。用直角坐标表示的运动循环图还可以表示出工作行程和空回行程中执行构件的运动规律。

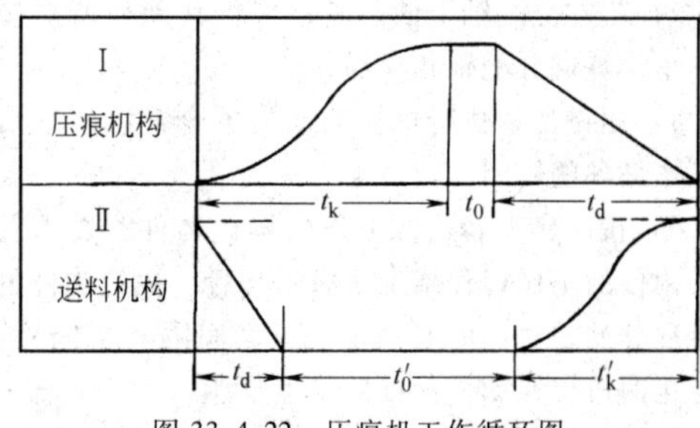

图 33.4-22　压痕机工作循环图

送料机构的运动循环的动作必须与压痕冲头的运动循环的动作相协调，即在压痕冲头做向下冲压运动时，送料机构应停歇不动，当压痕冲头做回退运动和停歇时，送料机构可做上料动作。在具体制定它们的运动循环图时，只要动作协调、互不干涉，便可以进行小范围的调整。

4.4　拟定机器工作循环图的步骤和方法

（1）拟定机器工作循环图的步骤

1）分析加工工艺对执行构件的运动要求（如行程或转角的大小，对运动过程的速度、加速度变化的要求等）以及执行构件相互之间的动作配合要求。

2）确定执行构件的运动规律，这主要是指执行构件的工作行程、回程、停歇等与时间或主轴转角的对应关系，同时还应根据加工工艺要求确定各执行构件工作行程和空回行程的运动规律。

3）按上述条件绘制机器工作循环草图。

4）在完成执行机构选型和机构尺度综合后，再修改机器的工作循环图。具体来说，就是修改各执行机构的工作行程、空回行程和停歇时间等的大小、起始位置以及相对应的运动规律。

根据初步拟定的执行构件运动规律设计出的执行机构，常常由于布局和结构等方面的原因，使执行机构所实现的运动规律与原方案不完全相同，此时就应根据执行构件的实际运动规律修改机器工作循环草图。如果执行机构所能实现的运动规律与工艺要求相差很大，这就表明此执行机构的选型和尺寸参数设计不合理，必须考虑重新进行机构选型或执行机构尺寸参数设计。

5）拟定自动控制系统、控制元件的信号发出时间及其工作状态，并将它们在机器工作循环图上表示

出来，得到完整的机器工作循环图。

（2）机器工作循环图的设计要点

1）以工艺过程开始点作为机器工作循环的起始点，并确定开始工作的那个执行机构在工作循环图上的机构运动循环图，其他执行机构则按工艺动作顺序先后列出。

2）不在分配轴上的凸轮，应将其动作所对应的中心角换算成分配轴相应的转角。

3）尽量使各执行机构的动作重合，以便缩短机器工作循环的周期，提高生产率。

4）按顺序先后进行工作的执行构件，要求前一执行构件的工作行程结束之时，与后一执行构件的工作行程开始之时，应有一定的时间间隔和空间裕量，以防止两机构在动作衔接处发生干涉。

5）在不影响工艺动作要求和生产率的条件下，应尽可能使各执行机构工作行程所对应的中心角增大，以便减小凸轮的压力角。

4.5　机器工作循环图的作用

1）保证执行构件的动作能够紧密配合，互相协调，使机器的工艺动作过程顺利实现。

2）为计算和研究、提高机器生产率提供了依据。

3）为下一步具体设计各执行机构提供了初始数据。

4）为装配、调试机器提供依据。

综上所述，拟定机器工作循环图是机器设计过程中一个重要的设计内容，它是提高机器设计的合理性、可靠性和生产率必不可少的工作。

4.6　机械运动循环图设计举例

下面以三面切书自动机的运动循环图设计为例来说明机械运动循环图的使用。

（1）三面切书自动机的工艺示意图

如图33.4-23所示，它由送料执行构件、压书执行构件、两侧切书刀执行构件、横切书刀执行构件、和工作台等组成。其工艺路线为：将书本用送料机构Ⅰ送至切书工位；然后用压书机构Ⅱ将书本压紧；接着用两侧切书刀机构Ⅲ切去前面余边（见图33.4-24）。

（2）三面切书自动机运动简图

由图33.4-24可知，三面切书自动机的机械运动是由4个执行机构来完成上述工艺动作的。具体说明如下：

1）送料机构Ⅰ，它将输送带上输送过来的有一定高度的书本送至切书工位。图中采用了凸轮机构。

2）压书机构Ⅱ，它将放置在切书工位的书本压紧。图中也采用了凸轮机构。

3）两侧切书刀机构Ⅲ，它将已压好的书的两侧切去余边。这里采用平面连杆机构。

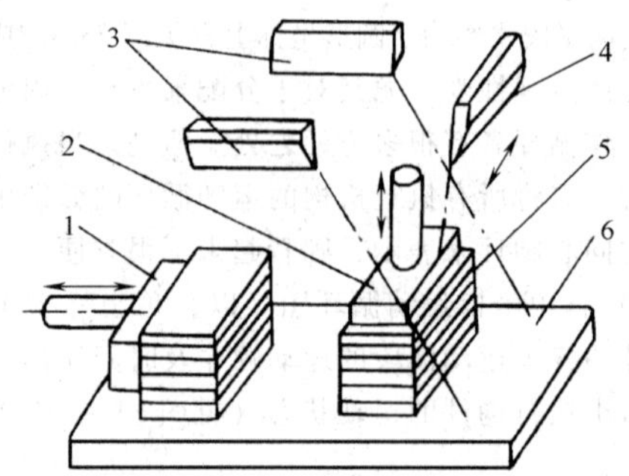

图33.4-23　切书自动机工艺示意图
1—送料执行机构　2—压书执行构件　3—两侧切书刀执行构件　4—横切书刀执行构件　5—书本　6—工作台

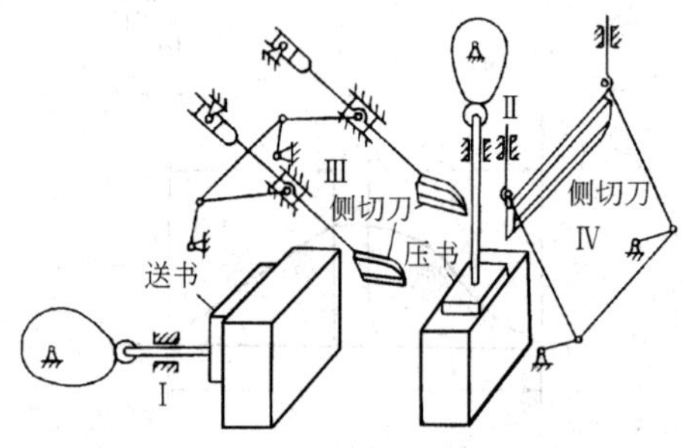

图33.4-24　切书自动机运动简图

4）横切书刀机构Ⅳ，它将已切去书的两侧余边的书本再切去前面余边。这里也采用了平面连杆机构。

（3）三面切书自动机的运动循环图的设计

1）各执行机构运动循环图的设计。三面切书自动机的送料、压书、两侧切书刀以及横切书刀4个执行机构动作的先后顺序均可由分配轴上的凸轮或偏心轮机构来控制。为了方便起见，用分配轴转角来表示各执行机构的运动循环图，如图33.4-25所示。其中，送料机构的动作由工作行程—回程—初始停歇3个阶段组成，压书机构的动作由工作行程—停歇—回程—初始停歇4个阶段组成，侧刀机构的动作由初始停歇—工作行程—回程3个阶段组成，横刀机构的动作由工作行程—回程两个阶段组成。图33.4-25只是初步表示这4个执行机构的运动循环图，在进行执行机构同步化设计之后，可进一步进行修改设计。

2）执行机构运动循环同步化设计。

① 送料机构与压书机构的同步化设计。由于该自动机裁切书本的高度有一定变化范围（H_{min}～H_{max}），因此压书板的行程终点也得相应变化。

图33.4-26a所示为压书机构，图33.4-26b所示为它的位移曲线。根据被切书本的最大高度H_{max}，找出与此对应的曲线上的A点，以及A点所处的分配轴转角ϕ_{Hmax}值。因此，送料机构必须在ϕ_{Hmax}之前将书本

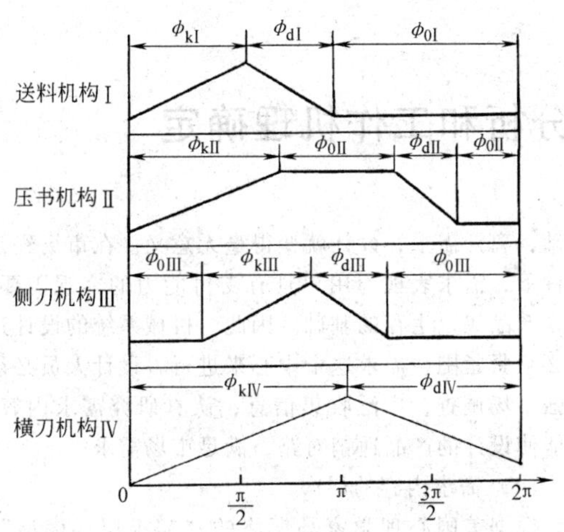

图 33.4-25　切书自动机执行机构运动循环图

送到切书工位，即在分配轴转角为 $\phi_{Hmax}-\Delta\phi$ 时完成送书行程。这就是送料机构与压书机的同步化条件。

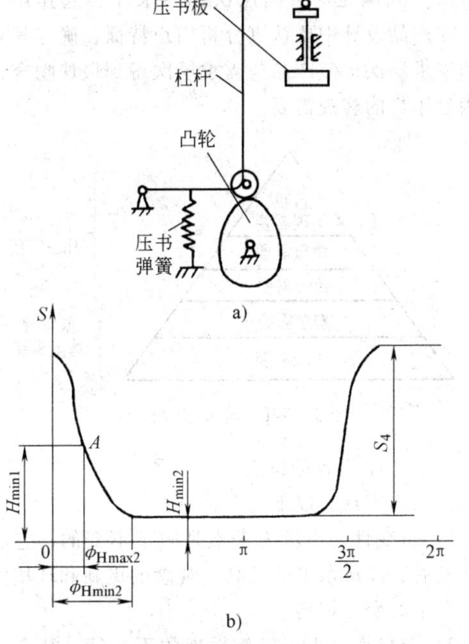

图 33.4-26　切书自动机的压书机构及其位移曲线

② 侧刀机构与横刀机构的同步化设计。图 33.4-27所示为侧刀机构与横刀机构的工作简图。两侧刀的运动轨迹与横刀的运动轨迹在空间相交于 M 点，因此必须进行空间同步化设计，以免两者产生干涉。

图 33.4-28 所示为侧刀机构与横刀机构的同步图。交点 M 在侧刀和横刀的位移曲线上对应的为 M_3、M_4，由于有错位量 $\Delta\phi$，因此使两机构实现空间同步化。

③ 压书机构与侧刀和横刀机构的同步化设计。按切书工艺要求，当压书板压紧书本后侧刀才开始裁切书本两侧余边。当横刀裁切完毕后，压书板才能放

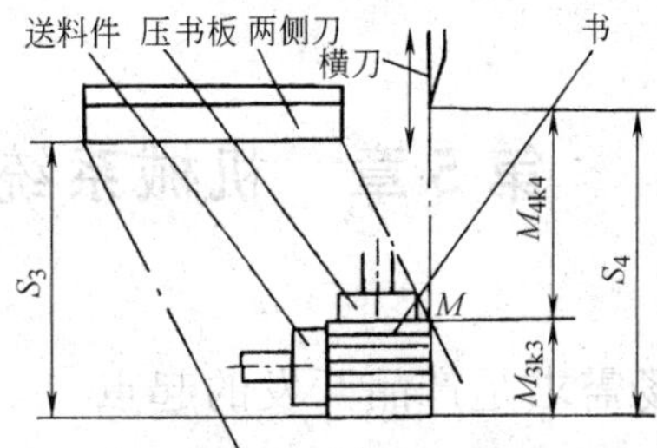

图 33.4-27　切书自动机侧刀与横刀机构工作简图

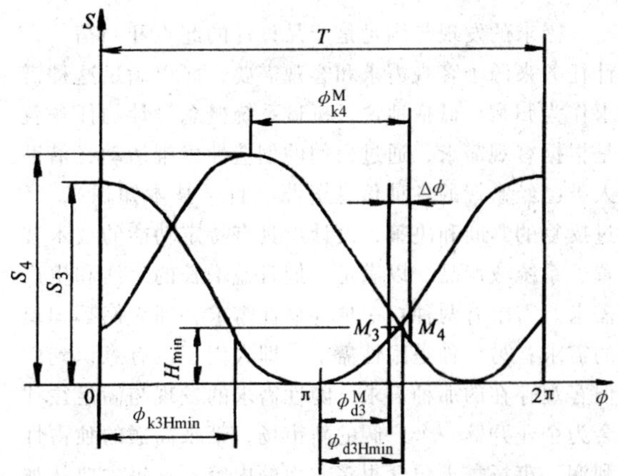

图 33.4-28　切书自动机侧刀与横刀机构同步图

松被压书本，并退回原位，准备下一叠未切余边的书本的压紧。考虑被切书本的高度变化，应以最小书本高度 H_{min} 作为同步化依据，这样能保证在书本最小高度时将书本压紧，在书本最大高度时也一定能压紧书本。另外，当横刀裁切至最低位置并返回至 H_{min} 时，压书板才可以松开。

3）绘制三面切书自动机的运动循环图。根据上述各执行机构的同步化分析结果，修正图 33.4-25 所示的三面切书自动机的运动循环图，最后绘制出如图 33.4-29 所示的三面切书自动机的机械运动循环图。

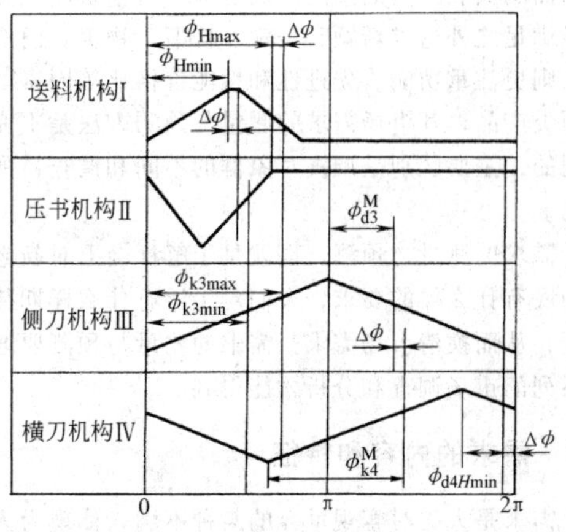

图 33.4-29　修正后的切书自动机机械运动循环图

第5章 机械系统的需求分析和工作机理确定

1 市场需求是产品开发的起点

1.1 需求与产品设计的关系

需求的发现与满足是产品设计的起点和归宿。设计任务来源于客观需求和客观需要，而以满足这种需求作为归宿。概括地说，机械系统概念设计的任务就是根据客观需求，通过人们的创造性思维活动，借助人类已经掌握的各种信息资源（科学技术知识），经过反复的判断和决策，设计出具有特定功能的技术装置、系统或产品，以满足人们日益增长的生活和生产需求。需求有两种：一种为显性需求，即人们都知道的需求；另一种是隐性需求，即人们还没有意识到的但客观存在的那种需求。隐性需求的发现与满足往往会为企业开辟一个广阔的新市场，带来高额的独占性利润。市场需求包含很多方面的内容，这里主要从如何提出生产设计任务的角度出发，分析市场对新产品或新功能的需求的测量与预测。在现代社会中，需求的测量与预测是市场调查与市场预测的核心内容。不同类型的需求将引发不同类型的产品开发活动，即开发设计、变异设计和反求设计。

产品的种类很多。按购买目的，可分为消费品、产业用品两大类。凡是为家庭和个人的消费需要而进行购买和使用的产品或服务都是消费品，消费品是最终产品，它是社会生产的目的所在。凡是为了生产和销售其他的产品或服务而购买的产品或服务，都是产业用品，又称生产资料品。产业用品是为了得到最终产品而购买和消费的中间产品。客户对消费品往往在功能满足之外追求新颖、美观、价廉、物美。而产业用品则更注重功能、先进性和性能价格比等因素。对这两类产品，其市场需求的测量与预测方法是不完全相同的，主要区别是调查对象群的不同和调查目的的不同。

需求的测量与预测，也就是了解社会上对新老产品到底有什么样的要求，人们对生活有什么样期待的过程，从而摸清市场需求。需求的测量与预测要通过一系列的市场调查和分析才能得到。

1.2 需求的内容和特征

需求是人类对客观世界的某种不满，体现为人类生产或生活中的物质和精神需要。需求是产品设计的基础，离开需求，设计就变得毫无意义。在市场经济条件下，需求表现为用户具有支付能力的客观需要，它是产品赖以生存的基础。因此。机械系统的设计过程必须紧紧围绕需求这个中心来进行，设计人员必须加强市场调查，广泛收集信息，认真研究需求内容，才能使设计的产品适销对路，满足市场需求。

（1）需求内容的层次

根据美国心理学家马斯洛的“需求层次模型”，人类的需求内容分为五个层次，构成一个金字塔结构，如图33.5-1所示。在这五个层次中，人类的需求要求是从低层次开始的，依次向上。只有当低层次的需求得到满足时，高层次的需求才会起作用。因此，在产品设计中要认真分析用户特征，确定其对产品的需求层次，使产品与需求层次得到最佳吻合，从而满足用户的客观需要。

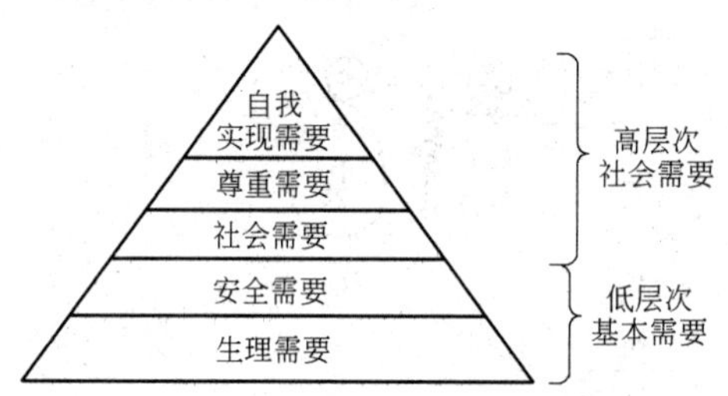

图33.5-1 需求层次模型

（2）需求内容的特点

需求内容具有以下三个特点：

1）可变性。市场需求不是固定不变的，它随着社会发展、经济水平的提高、观念的更新和环境的变化而发生改变和拓展。

2）差异性。由于经济发展的不平衡、社会环境的不同以及使用条件的差别，市场需求表现为多样性和差异性。

3）周期性。市场需求经历了一个周期之后，又重复返回。但这种重复不是简单的回归，其内容已发生质和量的变化。

以人体降温为例。随着科学技术的发展，人类经济水平的提高，市场需求内容经历了扇子—电扇—空调三个阶段。但由于各种主、客观条件的限制，扇子、电扇和空调三种降温方式在目前市场上均有一定的用户群，而空调又包括窗式、分体、柜式和中央等。电扇的自然风、空调的自然环境模拟又体现了用户对大自然的回归。

因此，针对需求内容的特点，在产品设计中设计人员应注意以下几点：

1）以发展的、动态的观点进行设计，使产品的功能不断深入和拓展。设计时，不仅考虑市场当前需要，而且要预测未来需要，从而延长产品的生命周期。

2）以系统的观点进行设计，使产品的规格、品种不断完善，以满足各类用户的需要。

（3）需求的现代特征

满足用户、服务用户是市场经济的根本。在市场经济日益发达的条件下，用户对新产品的需求是多种多样、不断变化的。企业要寻找产品发展的计划，就必须对用户的特征、类型及消费者的心理有所了解。

用户特征表现在以下几个方面：

1）市场特征。市场特征是指在市场规律作用下用户需求过程中表现出来的特征，包括群体性和认知性。群体性是指与用户相关的家庭环境、工作环境及社会团体等各种因素对用户需求行为的影响，这种影响常常表现为需求的从众行为；认知性则是指在市场诱发下用户产生的需求欲望，如广告宣传、感官刺激等。

2）经济特征。经济特征表现为用户的经济能力以及价值观念。经济能力构成了用户的购买力，它是影响用户行为最主要的因素，是确定产品目标成本的依据，是决定产品能否商品化的外部条件；价值观念则反映了用户对产品价值的认识，不同的用户，认识也不同。有的重视物质价值，有的追求精神价值，涉及的产品只有符合用户的价值观念，才能被用户接受。

3）心理特征。心理特征包括个性、感觉和信念三个方面。个性是指用户所特有的不同于他人的明显特征，如开拓性、保守性等，以此为标准，将用户划分成习惯型、冲动型、经济型和感情型等。感觉是指用户对刺激所产生的反映，这种感觉又分为产生误解、引起注意和选择记忆等三种，不同的感觉，会产生不同的结果。信念是指用户对产品的认识，用户的认识是建立在不同的基础上的。因此，在产品设计中，产品必须要有自己的特色，针对不同的用户，突出产品某一方面的特点，如色彩的运用、结构的变化、环保的需求和科技含量的提高等，以符合用户最强烈的需要和动机，顺从其个性特定特征，从而激发用户的购买欲望。

4）社会特征。社会特征是指用户所处的社会地位和生活环境，它体现为不同的用户具有不同的价值观念和市场行为，对产品功能与品牌有不同的偏好。社会特征不同，不仅购买能力不同，而且购买心理也不同。

5）文化特征。文化特征是指用户在一定文化环境成长过程中自然形成的观念和习惯，包括教育程度、思维方式、道德情操和生活习惯等。它对用户的需求有很大的影响，在某些方面甚至决定用户需求。在产品设计中，产品的使用和维护要符合用户的教育程度，产品的功能指标等要体现用户的思维方式，使用目的要与用户的道德情操、生活方式相一致。

1.3　需求的发现过程

满足需求是产品设计的起点和归宿，需求的发现过程即市场需求分析过程作为产品设计的首要环节，是设计目标决策的重要依据，具有非常重要的地位。在产品设计过程中，市场需求分析就是通过市场调查对当前市场需求、用户状态、竞争对象及环境进行分析研究，为设计目标决策提供依据。市场需求的发展需要一个过程（见图 33.5-2），首先是市场信息的搜集、整理与归纳阶段，其手段主要是市场需求调查方法。其次，是市场需求信息的提取与发现阶段，其手段主要是市场需求预测方法。最后，对提炼出来的需求信息进行分类整理，提供给企业的相关部门，以作为企业决策的重要依据。当然，直觉、敏锐的观察力和预知能力有时也会成为市场需求发现的有力武器，尤其是企业领导层的直觉和对市场的把握能力有时甚至会对企业的发展起决定性作用。

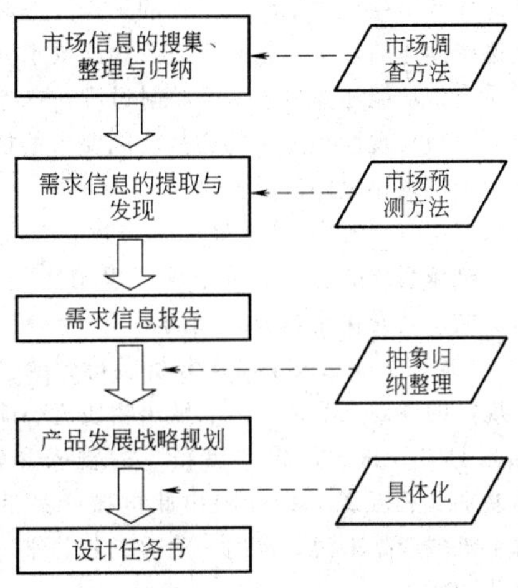

图 33.5-2　需求的发现过程

需求分析包括对销售市场和原料市场的分析，如消费者对产品功能、性能、质量、数量等的具体要求，竞争对手在技术、经济方面的优缺点，现有产品的销售情况等。在产品设计中，通过需求分析，可以确定不同类型用户的需求状况，是产品开发市场定位的重要依据。

需求发现过程的最终成果是为企业发展提出一个新产品开发的规划建议书。在此基础上，提出新产品的研制规划。进行可行性论证后，就可以拟定设计任务书。

2　基于需求的功能分析和功能求解

2.1　基于需求的功能求解

市场需求的满足或适应是以产品的功能来体现的。而产品功能来源于对设计任务的创造性分析。

（1）机械产品的功能

对于机械产品而言，产品的功能可以理解为产品的功效，这虽然与产品的用途、能力和性能等概念关联，但又不尽相同。功能是对产品的特定工作能力进行的抽象化描述，该描述有利于对产品工作原理方案的创新。产品对输入的物质、能量和信息（单独的或组合的）进行预定的交换（含加工、处理）、传递（含移动、输送）和储存（含保持、存储、记录）。因此，可以将功能理解为机械产品所具有的传递和变换能量、物质和信息的特性。一台机器所能完成的功能，常称作机器的总功能。例如，一台激光打印机，其总功能就是将计算机中的电子信息打印在纸上供人阅读。对机械总功能要进行准确、简洁、合理的描述，抓住本质，这样有利于使设计目的明确，设计思路开阔。

（2）采用黑箱法进行基于需求的功能分析

设计任务书往往规定较为具体的工作任务和约束条件。这些具体的任务也就是效益的功能要求，从产品的本质上，功能还需要有一个映射过程，或者说从任务中提取与实现原理无关的产品功能要求的抽象过程，以助于实现原理的广泛搜寻。

在系统工程学中用“黑箱”来描述系统的总功能，分析机械系统的总功能可采用“黑箱法”，把待设计的机械产品看作是内容未知的一个“黑箱”，而“黑箱”的输入、输出就是需求分析后得到的设计任务书中规定的规划产品的输入、输出物质流、能量流和信息流等。分析、比较“黑箱”的输入和输出，其具体差别和相互关系即反映出此机械产品的总功能。对于机械产品来说，常用一定的工艺动作过程来实现此总功能。

图 33.5-3 所示的“黑箱”代表一个洗衣技术系统，其总功能是将污物从衣物中分离出来。对该洗衣技术系统，可以采用不同的功能原理方案实现。例如，可以干洗（用溶剂吸取污物），也可以湿洗；在湿洗中，可以用冷水，也可以用热水；产生水流的工作头，可以采用波轮式、滚筒式或搅拌式。通过分析研究，确定为实现功能目标的技术原理，当实现总功能的原理方案确定后，“黑箱”也就变为“玻璃箱”了。

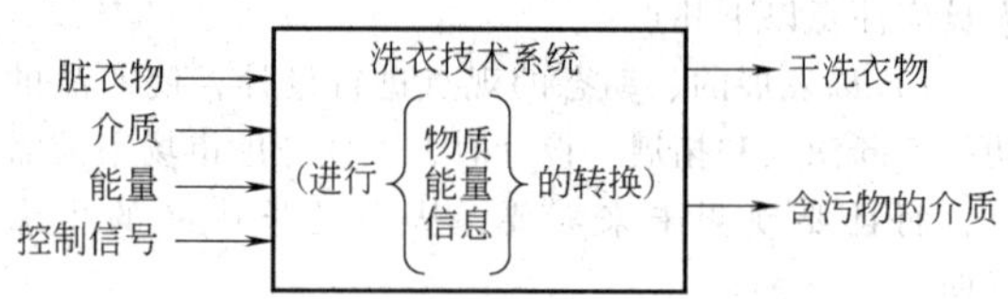

图 33.5-3　洗衣技术系统“黑箱”描述

（3）按机械功能需求表进行基于需求的功能分析

用“黑箱”法提取机械产品的总功能的同时，还需要较为详细地列出对所设计系统提出的各种要求和约束条件。为此，可根据设计任务书、有关技术资料以及市场需求报告等，按表格形式分门别类地详细列出机械功能分析需求表。这既是对总功能的具体细化和量化，也是对总功能的约束和限制，是设计要实现的目标和满足的约束。表 33.5-1 给出了机械功能分析需求表的大概内容，以供参考。

表 33.5-1　机械功能分析需求表

机械规格	1)动力特征：能源种类(电源、气液源等)、功率、效率 2)生产率 3)机械效率(整机的) 4)结构尺寸的限制及布置
执行功能	1)运动参数：运动形式、方向、转速、变速要求 2)执行构件的运动精度 3)执行动作的顺序与步骤 4)在步骤之间是否加入检验 5)可容许人工干预的程度
使用功能	1)使用对象，环境 2)使用年限，可靠度要求 3)安全、过载保护装置 4)环境要求：噪声标准、振动控制、废弃物的处置 5)工艺美学：外观、色彩、造型等 6)人机工效学要求：操纵、控制、照明等
制造功能	1)加工：公差、特殊加工条件、专用加工设备等 2)检验：测量和检验的仪器、检验的方法等要求 3)装配：装配要求、地基及现场安装要求等 4)禁用物质

2.2　功能细化和功能原理方案设计过程

确定机械系统的总功能和约束之后，就要寻求实现该总功能的功能原理解。对机械运动系统而言，功能求解包括两方面含义：一个是指功能结构图即工艺动作过程的分解方式，其方法就是功能分解和动作过程的构思；另一个是指功能分解后各功能元的求解，即功能载体的确定。

功能分析法是系统设计中拟定功能结构即功能原理方案的主要方法。一台机器所能完成的功能，常被称为机器的总功能。在实际工作中，要设计的机械产品往往比较复杂，难以直接求得满足总功能的原理方案，因此必须采用系统的原则进行功能分解，将总功能分解为多个功能元，再分别对这些较简单的功能元求解，最后综合成一个对总功能求解的功能原理方案。例如，激光打印机通过多个功能系统的协调工作来完成打印的总功能。所以，功能分析法就是将机械产品的总功能分解成若干功能元，通过功能元求解及产品组合，可以得到多种机械产品方案。

对产品的特定工作能力的抽象化描述，可以确定它们的核心功能。核心功能是产品的关键功能，它在构思功能原理方案时起关键性作用。例如，核桃取仁机的关键功能是“核桃壳与核桃仁的分离”，即壳、仁分离成为设计的关键。产品关键功能不是产品唯一的功能。对核桃取仁机而言，在壳、仁分离前还应有核桃的储存与输送，在其他环节还应有仁的输送和壳的收集，凡此种种构成产品的总功能。

采用功能分析法，不仅简化了实现机械产品总功能的功能原理方案的构思方法，同时有利于设计人员摆脱经验设计和类比设计的束缚，开阔创造性思维。采用现代设计方法来构思和创新，容易得到最优化的功能原理方案。

功能细化和功能原理方案设计过程如图 33.5-4 所示。

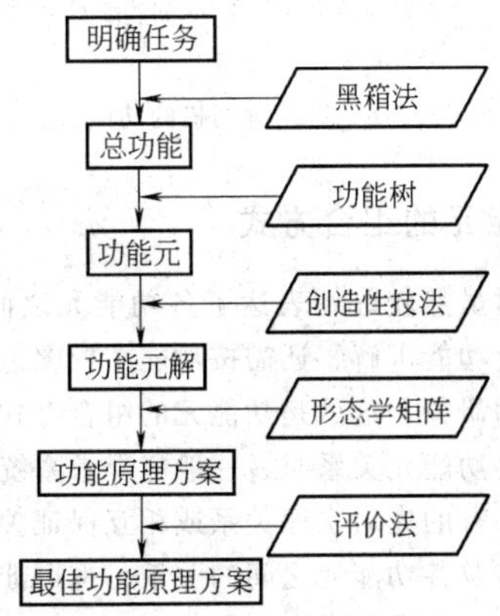

图 33.5-4　功能细化和功能原理方案设计过程

2.3　确定待研制产品的总功能（功能抽象表述）

根据待解决任务复杂程度的不同，其抽象出的总功能也有不同的复杂性。所谓复杂程度，指的是这种关系中输入和输出间的关系相互错综关联程度和物理过程有多少层次以及预期的部件和零件的数目有多大。就像一个技术系统可以分解成分系统和系统元件那样，复杂功能关系也可以分解成几个复杂程度比较低的、可以一目了然的分功能，分功能也可以分成功能元。将各种功能结合起来，就得到功能结构（见图 33.5-5），它表达了总功能。因此要根据设计对象的用途和要求，合理地表述产品的功能目标或原理。

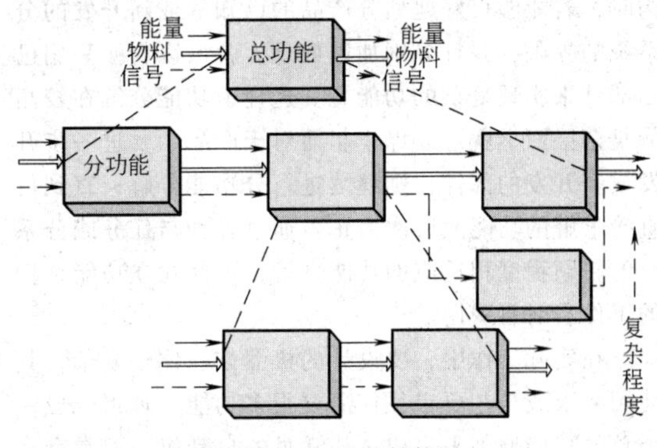

图 33.5-5　功能结构图

例如，要设计一个密封盖的“夹紧装置”。若将功能表述为“螺旋夹紧”，则设计者直觉地会联想丝杠螺母夹紧；如果表述为“机械夹紧”，则还可以想到其他的机械手段；如果表述得更为抽象，用“压力夹紧”，则思路就会更为广阔，就会想到气动、液压、电动等更多的技术原理。因此，产品总功能的抽象表述及其结构，将会大大激发设计人员的创新思维。

2.4　功能的细分和设计

为了求解总功能，必须进行功能的细分。功能细分和设计的目标是：

1）将所需要的总功能分解为功能元，以使最终求解较为容易。

2）将这些功能元结合成简单、明确的功能结构。

总功能应当分解到什么程度，也就是功能分解的层数以及每一层中分功能数的多少，取决于任务的新颖程度，也取决于分功能求解的过程。

在开发设计中，通常既不知道单个功能元，也不知道它们是如何结合的，这时寻求并且建立最优功能结构便是方案设计阶段最重要的步骤之一。在变异设计时则相反，结构组成及其部件和零件在很大程度上是已知的，因此可以通过对待改进产品的方法进行分析，按照要求表的特殊要求，通过变异、导入或取消某些功能元以及改变其相互连接关系来加以修改，从而建立新的功能结构。在开发组合式系统时，建立功能结构有很重要的意义。为了实现变异设计，在功能结构中必须反映物质构造，即反映所需的部件和零件及其接合方式。

功能分解何时停止，即如何确定功能元“粒度”，是一个重要问题。功能元是直接能求解的功能单元。只要能直接求解，就可称作功能元。因此，功能元自身结构的复杂与否是没有限制的。建立功能结构时，若能够很好地划分产品的已知的或新开发的分系统的界限，并且分别加以处理，就可以直接采用已知部件来实现复杂的功能元。这样，功能分解在较高的复杂层面上就可以停止。而对于产品中要进一步开发或新开发的部件，则继续进行分功能分解，直到可直接求解的功能元层次为止。通过各种与任务或分系统的新颖程度相适应的功能分解，可使建立功能结构的工作省时省费用。

在实际工作中，要设计的机器往往比较复杂，其使用要求或工艺要求往往需要很多功能原理组合成一个总的功能原理来完成。如常见的自动机，通常有自动上料、加工、检测、下料等工艺要求，而每种工艺均要求由一组功能原理来实现。因此，要进行功能的细分和设计，从而得出等效于目的功能的功能结构。

这样，总功能可以分解为分功能—二级分功能—功能元。可以用功能树来表达其功能关系和功能元组成，如图33.5-6所示。

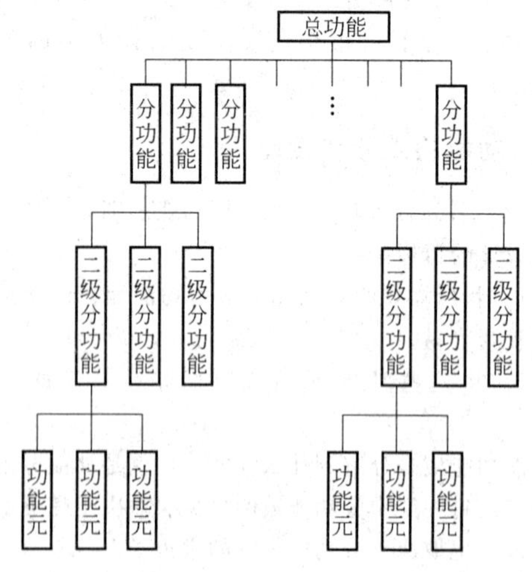

图33.5-6 功能树

功能树中，前级功能是后级功能的目的功能，而后级功能是前级功能的手段功能。这是功能树中前、后级功能之间的关系。

功能树反映了某种产品的功能结构、层次和相互关联情况。复杂机械产品的功能树也是错综复杂的，不同的机械产品有不同的功能。由于设计者构思不同，同一种类的机械产品可以有不同的功能树。

例如，机械加工中心的功能分解如图33.5-7所示，其总功能是实现加工过程自动化，提高劳动生产率。家用缝纫机的功能分解如图33.5-8所示，其总功能为缝制衣服。

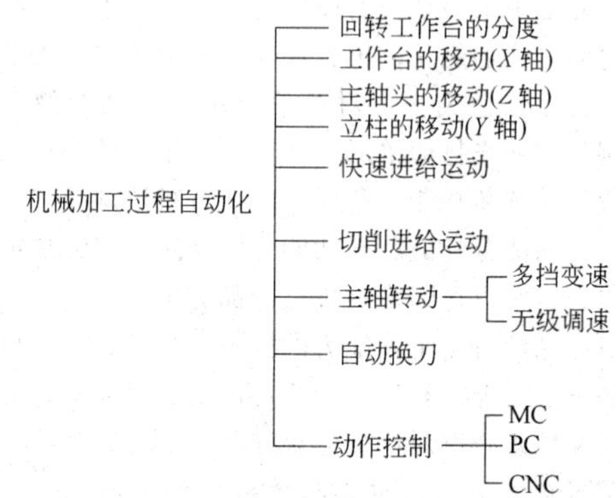

图33.5-7 机械加工中心的功能分解

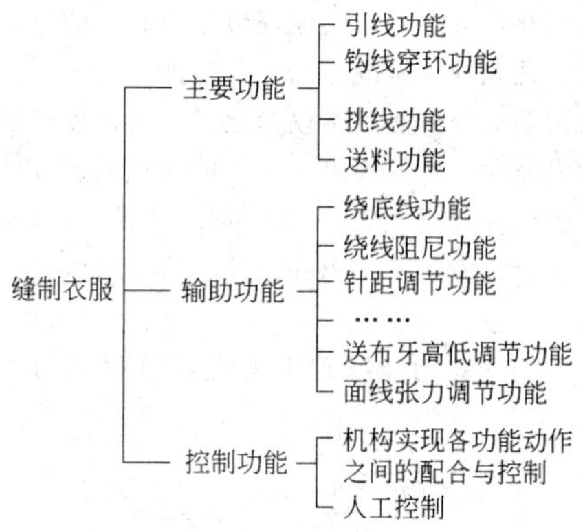

图33.5-8 家用缝纫机的功能分解

2.5 功能元的组合方式

功能树虽然较好地表达了各功能元之间的关系，但为了进行功能求解，还需按功能结构图进行功能元之间关系的研究。这就是功能元的组合方式。

在考察功能元关系时，一般应寻求系统中为实现总功能而必有的先后次序关系或相互保证关系。这种关系既可涉及各功能元之间的关系，也可涉及一个功能元自身输入和输出量之间的关系。

先分析各功能元之间的关系。在功能结构图中，往往出现某些功能元必须先得到满足，然后才能出现另一功能元的情形。这种关系用“如果—那么”关系来表示，即只有当功能元A存在时，功能元B才能起作用或几个功能元同时实现。因此，功能元的这种排列关系决定了该能量流、物料流和信息流的结构。例如，在拉伸试验中必须先实现功能元“对试件加载”，然后才能规定其他功能元，即“测量力”和“测量变形”。因此，为正确实现总功能，必须保证功能元之间有正确的先后次序。

各分功能（或功能元）之间的关系在功能元组合连接时得到体现。功能元组合方式有三种，如图 33.5-9 所示。图 33.5-9a 所示为串联（链式）结构，用于以先后顺序进行的过程；图 33.5-9b 所示的主体为并联（平行）结构，用于同时进行的过程；图 33.5-9c 所示为环形结构，用于反馈过程。

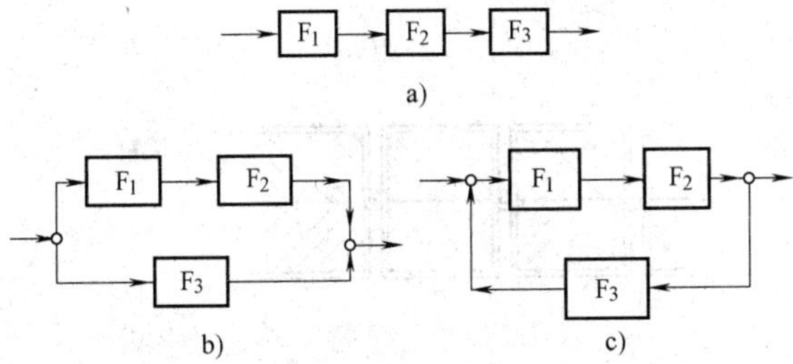

图 33.5-9　功能元的组合方式

串联结构相对比较简单，各功能元按先后顺序来完成某一产品功能，不少机械产品采用这种结构。并联结构是将几种功能元同时进行，合成后完成某一产品功能，它们的相互关联就比较复杂。环形结构实现了功能元之间的某种反馈过程，说明最终的输出不仅取决于输入，而且还取决于反馈量的大小。

2.6　确定合适的技术原理

功能分解的途径和分解的结果，很大程度上取决于功能原理的选择。所谓功能原理，对于产品来说就是它的工作原理（亦可称工作机理），为实现功能目标而选择合适的工作原理，决定了机械产品总体性能指标、工作能力和工作方法。在满足机械产品的用途、性能和工作要求的前提下，选择合适的工作原理，则可以谋求结构简单、技术经济指标优良的产品技术方案。选择新颖的工作原理，还可以使产品技术方案具有较大的创新性。在满足同一功能目标的前提下，可以选择不同的工作原理，得到不同的产品技术方案，适应不同的市场需求。

功能分解虽然可以独立于功能原理来进行，但是功能原理的确定将会有利于功能分解的细化和具体化，两者往往是相互影响、相互补充的。

功能原理如何确定，需要熟悉和掌握科学原理和技术原理，需要开阔思路，勇于创新。例如，要确定洗衣机的功能原理，由于洗衣机的功能是“污物和衣物的分离”，实现此功能的工作原理可以有搓、捣、搅、振、溶等，依次可以确定相应的技术原理，从而得到各种形式的洗衣机，适应不同的市场需求。

2.7　功能元求解

功能元的求解是功能原理方案设计中最重要的步骤，它使功能得到具体技术体现。功能元的求解是根据所选用功能原理寻求合适的功能元载体。在设计方法学中，可以根据功能解法目录来找到功能元的解。例如，功能元为纸牌输送，即将一叠纸片每次输送一张，它的解法有两种：一为削纸，将最下面一张纸片用滑块削出，由于输出口仅比一张纸片厚度略大，因此能够保证每次只是输出一张；二为吸纸，用真空吸头吸附一张纸片输出，如图 33.5-10 所示。又如，功能元为坚果壳、仁分离，即轧碎坚果壳，将壳、仁分离，它有两个解法：一为两对大小轧辊轧碎坚果壳，采用大、小两对轧辊对大、小坚果均能奏效；二为左右微动挤压，挤碎坚果壳，采用上大下小换形也是适应不同大小坚果的需要，详见图 33.5-11。

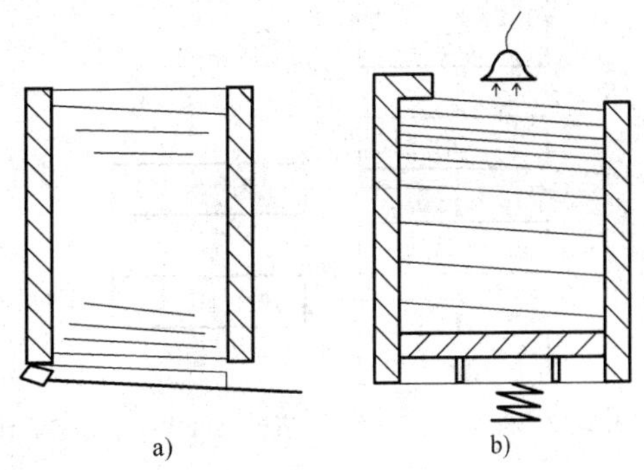

图 33.5-10　输送纸片的解法
a）削纸　b）吸纸

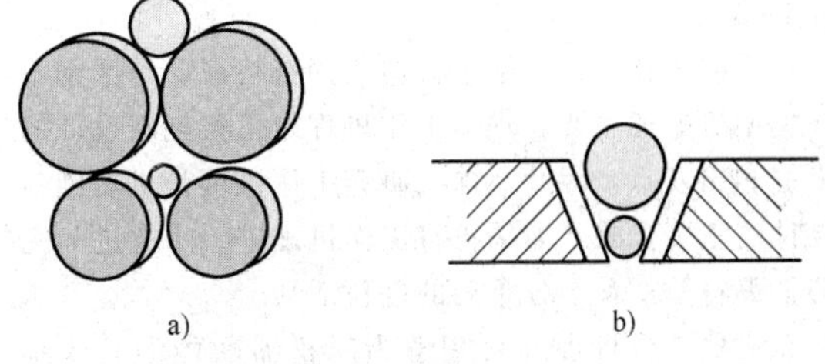

图 33.5-11　坚果壳仁分离的解法
a）轧辊式　b）挤压式

3　机械产品的工作机理

产品的创新设计可以从市场需求分析出发，确定产品的功能，再由功能分解来寻求功能原理方案。这一产品功能原理方案的求解过程虽然有一定的普遍适用性，但对于机械产品来说还不能说是十分贴切和有效的。对机械产品来说，它的功能原理实际上是此机械产品的工作机理。采用机器工作机理的行为表述方法可以更加贴合机械特征，能够更加有效地求解产品的功能。

机器的工作机理是各不相同的。设计人员应深入研究机器的工作机理，探索将其转化为某种工艺动作过程，进而分解为一系列按工序的工艺动作，最后用合适的执行机构加以实现。这些一系列的执行机构组成的机构系统就可完成市场所需的机器功能。图 33. 5-12 所示为机器工作机理的行为表述和机构系统方案设计。

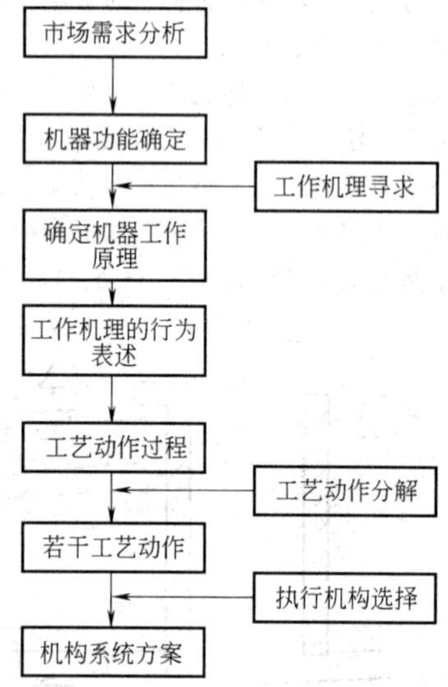

图 33. 5-12　机器工作机理行为表述及机构系统方案设计

3.1　机器工作机理的内涵和表达

机器工作机理是体现机器工作原理的一种行为特征的表现。

机器工作机理表达了机器的固有特征，是区别不同类型机器的主要表现。工作机理是机器创新设计的依据和出发点。因此，深入研究工作机理是机器创新设计的重要步骤，如果再将工作机理进一步改进和完善，那将是一种十分重要的创新活动。

机器工作机理又可理解为对机器功能的具体描述。下面用几个实例来加以说明。

图 33. 5-13 所示为轮转式印刷机的工作机理，通过圆压圆进行连续压印，还可以用平压式印刷机完成印刷。

图 33. 5-14 所示为工业平缝机形成的底、面线交叉的锁式线迹，它由线环形成—底面线交叉—收线—形成锁式线迹—送料完成一个线迹构成的工作机理。

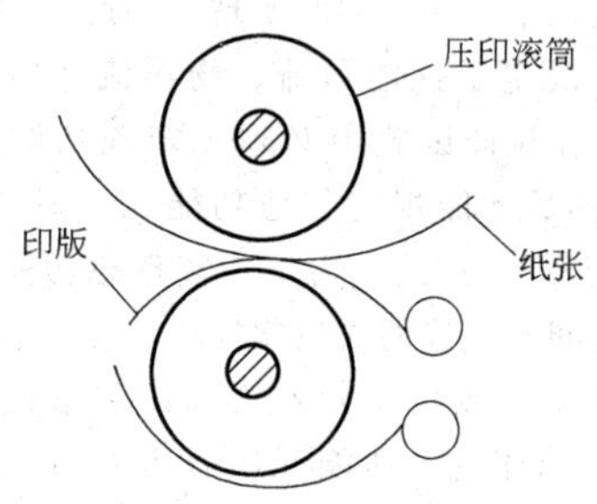

图 33. 5-13　圆压圆印刷机理

对于用线缝合缝料的工作机理还有形成链式线迹、绷缝线迹和撬缝线迹等，不同线迹的机构系统各不相同。

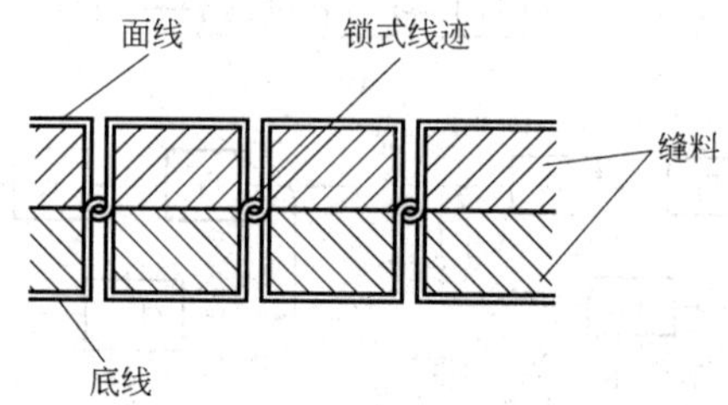

图 33. 5-14　锁式线迹构成

图 33. 5-15 所示为车削的工作机理。工件做旋转运动，车刀架的移动完成内、外圆车削。对于金属切削机床的工作机理，还有铣削、刨削、镗削和磨削等。

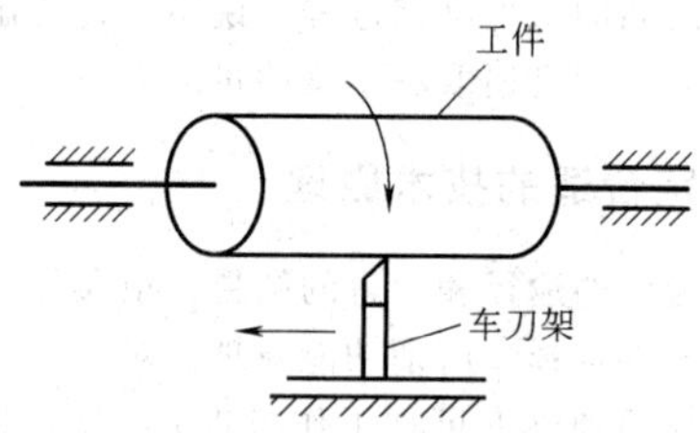

图 33. 5-15　车削工作机理

图 33. 5-16 所示为冲压的工作机理，它由下冲—增压—保压等几个运动构成。由于被冲工件的材料不同、成形不同，它的工作机理需做不同的描述。

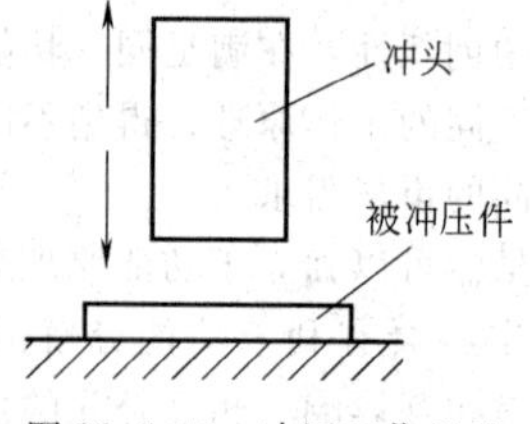

图 33. 5-16　冲压工作机理

上述几种机械由于工作机理不同，它们的机构系统的构成是不同的。

3.2　机器工作机理的重要特征

各种不同机器的工作机理是各不相同的，但它们均应具有如下的主要特征：

1）应充分体现机器的工作原理。例如，轮转式印刷机是采用圆压圆印刷原理，它的工作机理应体现此工作原理。

2）应有效地实现机器特定的功能。例如，工业平缝机采用底、面线交叉实现锁式线迹功能，工作机理就是要表达这种特定功能的具体实现过程。因此，就采用刺布挑线运动形成线圈，勾线运动进行底面线交叉，挑线运动进行收线而形成锁式线迹，送料运动完成一个线迹长度。

3）反映机械运动和动力的传递和变换的过程。例如，冲压机械的工作机理中要由旋转运动转变为上下直线运动，同时在冲压时速度减慢，按物质守恒原理使冲压力增大，将动力转变成冲力。各种不同机械均有机械运动的传递和变换，也应有机械能的产生或利用。

4）应充分表现机器工作行为的变化过程。例如，车床的工作机理中应该有工件旋转行为、车刀架的移动行为、车刀架的进刀移动行为，这一系列行为所反映出的工作行为变化过程实现了车削工作。

总之，机器工作机理的研究内容应包括上述四方面特征，其具体表现形式及其变化规律，使人们对某特定机器工作机理有更全面、深入的了解，为深入进行机器创新设计奠定基础。

3.3　机器工作机理的构成要素

构成机器工作机理的要素如图 33.5-17 所示。构成要素主要有四个：采用的科学技术原理、工作对象的性质、机器的技术经济性能要求以及外在环境条件。现分述如下。

机器采用什么样的科学技术原理（简称工作原理）是构成工作机理十分重要的要素。例如，机械式手表采用摆轮定时原理，它主要由一系列齿轮构成；电子式手表采用石英晶体定时振荡原理，使传动系统大大简化。不同的工作原理产生不同的工作机理。又如，冲压原理和切削原理是完全不同的，因此也就形成不同类别机器的工作机理。上述两例表示要创新设计首先应创造性地采用某种新的工作原理。

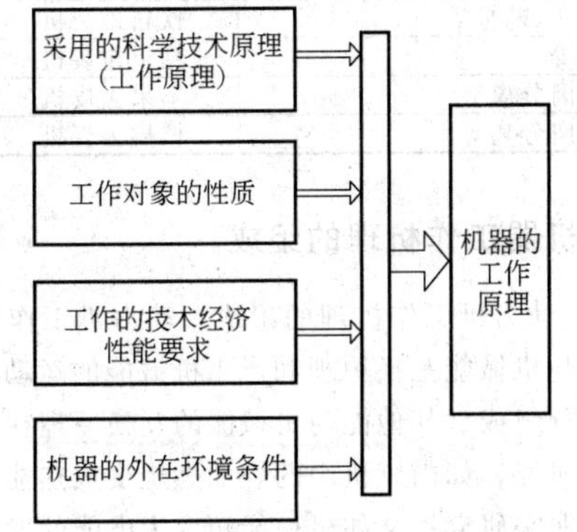

图 33.5-17　机器工作机理的构成要素

工作对象的性质和特性对于构成机器工作机理也具有较大的作用。例如，冲压机械的工作对象是金属还是纸板，其工作机理是不同的。又如，压缩机械的工作对象是气体或液体时，它们的压缩工作机理将会有较大区别。

机器的技术经济性能要求不同对工作机理会产生影响。例如，要求计时精度有很大提高，普通的机械式计时器就无能为力，此时就要借助于石英晶体定时振荡式的电子计时器。又如，缝制厚薄有很大差别的缝料时，缝纫设备的机针行程、刺布力大小、挑线行程和送料力大小均有较大变化。

工作环境对机器工作机理也会产生影响。例如，轮转式印刷机的输纸机构与环境温度有较大关系，会使纸张的张力有一定的变化，从而影响了工作机理中的一些参数变化。

以上四方面构成要素均会影响工作机理的变化规律，在研究机器的工作机理时必须加以充分考虑。

4　机器工作机理的基本特征和分类

4.1　机器工作机理的表现形式

机器工作机理的表现形式与机器中的能量流、物质流和信息流密切相关。工作机理的表现形式如下：

1）工作机理的能量流特征。工作机理中必须有机械能的利用或其他形式能量与机械能的转换。机器中必须具有某种机械能，这就使它的工作机理具有某种固有的机械能量特征。例如，压力机将机械能转变成工件的变形能，模切机将机械能转变成卡纸的变形、剪切能。

2）工作机理的物质流特征。工作机理中必须有使物料产生运动形态、物料构型以及两种以上物料的包容和混合等物料运动变化。换句话说，在工作机理中必然有物料的机械运动表现形式，而且这种机械运动表现形式可以成为工作机理一种主要的表现形式，这就体现了工作机理的机械运动特征。例如，工业平缝机的刺布、线圈形成、底面线交叉、线迹形式、送布成为工业平缝机的机械运动特征。

3）工作机理的信息流特征。工作机理中必须产生信息流，在机器中信息流的作用是对其能量流、物质流的变化进行操纵、控制以及对某些运动、能量变化的信息进行传输、变换和显示。除了信息机器外，信息流在动力机器、工作机器的工作机理中往往处于从属地位。

在研究机器工作机理时，充分了解它的能量流、物质流和信息流的表现形式后，就不难描述和表达它的工作机理的特点和表现形态。

4.2　机器工作机理的主要类别

人们将机器划分为动力机器、信息机器和工作机器。因此，工作机理从类别出发也应划分为动力机工作机理、信息机工作机理和工作机工作机理三种。

1）动力机工作机理。主要取决于动力产生的原理过程以及相应的机械运动配合情况。例如，内燃机的工作机理是取决于燃油燃烧理论以及化学能—热能—机械能的变化过程，机械能是由移动转换成转动来实现。动力机的工作原理应包括两部分：一是其他形式能变换成机械能，或机械能变换成其他形式能的原理；二是如何产生或利用机械能的原理。

2）信息机工作机理。主要取决于信息产生与变换过程以及相应的机械运动配合情况。例如，激光打印机的工作机理取决于静电感应及感光原理以及如何控制感光鼓动作及供纸、出纸等运动。信息机的工作原理应包括两部分：一是信息产生和变换原理，二是相应的机械运动原理。

3）工作机工作机理。主要取决于物料运动形态变化规律、物料构型变化原理以及两种或两种以上物料包容或混合的原理。工作机工作机理研究的重点就是采用什么样的工艺动作过程来实现工作原理，换句话说，工作机的工作原理可以主要表述为一种特殊形式的动作过程。构建出这一动作过程的执行机构系统，将是实现工作机工作机理的有效途径。

研究机器工作机理就是为了对机器进行创新设计或改进设计。通过对机器工作机理主要类别的分析研究，使我们对形形色色机器的工作机理有了更概括的认识，可以达到举一反三的效果。

4.3　按工作机的行业特点对工作机理分类

工作机种类可以说成千上万，它们遍及各种制造业领域。工作机的发明、创新、完善均离不开对它们工作机理的研究，掌握了它们的工作机理才能设计出新的工作机来。

这里仅对几种主要类别的工作机加以分类，并介绍其主要特点，见表33.5-2。

表33.5-2　按工作机的行业特点对工作机分类

序号	工作机类别	工作机机理的主要描述	主要动作过程的特点	事　例
1	金属切削机床	车削工作原理	工件转动，刀具移动实现供给	车床
		铣削工作原理	铣刀转动，工件台面进给	铣床
		刨削工作原理	工件台面间歇进给，刀具往复移动	刨床
2	冲压机床	冲裁工作原理	冲头上下运动，冲制时减速	压力机
		冲压成形原理	冲头上下运动，冲制时减速	膜切膜压机
3	纺织机械	纺纱工作原理	多股纱线的加捻合成及卷绕运动	纺机
		织布工作原理	按组织结构要求完成经、纬线的交织	织机
4	印刷机械	平压平印刷原理	压印子板上下移动，印版固定	平压平印刷机
		圆压圆印刷原理	压印滚筒和印版滚筒作相对滚动	圆压圆印刷机
5	缝纫机械	锁式线迹缝制原理	刺布供线、线圈形成、底面线交叉等	工业平缝机
		链式线迹缝制原理	双线构成链式线迹	包缝机
6	农业机械	水稻插秧工作原理	取秧、插秧等动作	水稻插秧机
		作物收割工作原理	作物收割、收集等动作	联合收割机
7	包装机械	制袋充填包装原理	薄膜制袋、纵封、横封、充填等	制袋充填包装机
		灌装原理	进瓶、罐装、出瓶、贴标等	饮料罐装机
		包裹工作原理	进纸、进糖、包等	糖果包装机
8	食品机械	水果去皮原理	进料、去皮、皮肉分离等	苹果去皮机
		坚果去壳原理	进料、滚轧、壳肉分离等	核桃去壳机

5　机器工作机理分析和求解方法

研究工作机理的目的是为了进行机器的创新设计，工作机理是机器功能的具体体现。但有了工作机理，如何进行机器创新设计还需进行工作机理的分析、工作机理的动作描述、工作机理的分解和工作机理的求解，之后才能进行具体的机械运动方案设计和机器总体方案设计。

5.1　机器工作机理的组成

1）动力机工作机理的组成。动力机工作机理由其他能与机械能互换原理和产生机械能的运动变换原理两部分组成。其他能与机械能的互换原理在专门的学科中研究，如内燃机中的燃油燃烧变成热能，由内燃机专业来研究；又如机械能转变为电能的发电机由电机学来研究。但是将热能变换成机械能则是属于机械学的范畴，是机械设计应解决的问题。

2）信息机工作机理的组成。信息机工作机理由信息产生和变换原理以及相应的辅助运动原理两部分组成。不同信息机的信息产生原理和变化原理由相关学科进行研究；但是与之相关的主运动和辅助运动应由机械设计学科加以解决。

3）工作机工作机理的组成。工作机工作机理是由实现机器工作的力学和运动学原理以及相应的辅助运动原理两部分组成，从根本上说均属于运动学原理。由于工作机种类繁多，创新要求迫切，往往是设计人员关注的热点。

从上述三大类型机器工作机理组成分析看，工作机理主要取决于能量产生转换机理，信息产生转换原理以及运动传递变换原理。它们最终还是要依靠机械动作来完成的。

5.2　机器工作机理的行为表述

机器工作机理实质上是完成工作机理，实现机器功用的行为组成结构和行为特征表现的工艺动作过程，它是特定机器功能的具体化描述。

从功能角度看，功能分为核心功能和辅助功能。核心功能取决于工作原理实现步骤，辅助功能取决于物质流的流程特征。图 33.5-18 所示为工作机理的表述及具体实施过程。

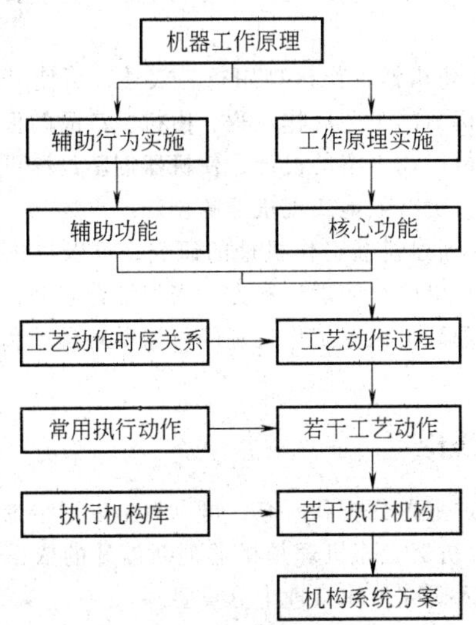

图 33.5-18　机器工作机理的表述及实施过程

工作机理的行为表述，就是将机器的工作原理实施过程和相应的辅助行动过程有机地结合起来，编制机器的工艺动作过程。

工艺动作过程应包括：①物料的具体工作过程；②工艺动作的顺序；③物料的加工状态及运动形式，等等，如图 33.5-19 所示。

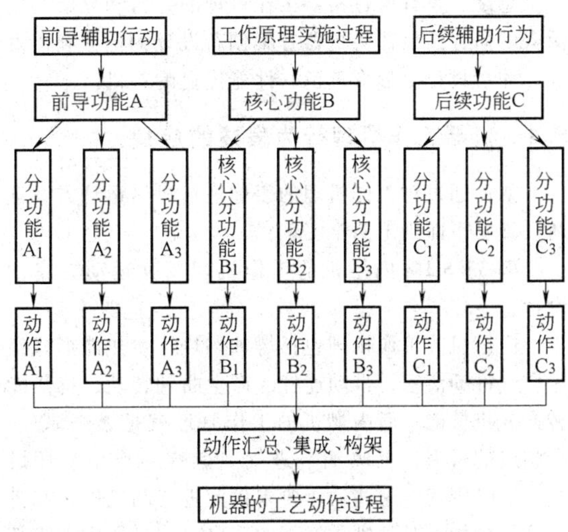

图 33.5-19　机器工作机理构思为工艺动作过程的方法

机器工作机理中虽然涉及信息产生和传递原理、能量变换传递原理、物料运动和形态变化原理，但它们均需在行为（动作）上有所表现。

5.3　机器工作机理的分解原理

工作机理的细化和分解是设计新机器的重要步骤。由前述可知，由工作机理深化和构思的工艺动作过程是工作机理的具体化。因此，工作机理的分解实际上就是对工艺动作过程的分解。

1）工艺动作过程分解准则。①动作最简化原则：采用简单动作组成工艺动作过程，易于采用简单的执行机构。②动作可实现性原则：动作能由常用机构实现，否则会使执行机构复杂化。③动作数最小原则：动作数目减少，可简化机械运动系统的方案。

2）工艺动作过程的分解方法。根据工作原理和工艺动作过程，依照上述分解原则，可以按图 33.5-20 所示步骤进行分解。

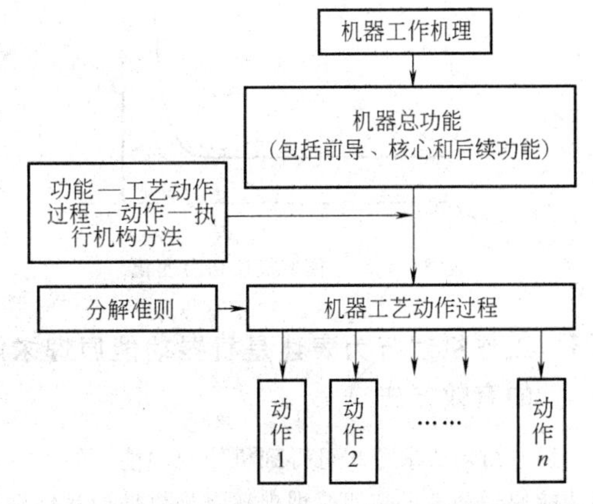

图 33.5-20　工艺动作过程分解

总之，只有通过机器工作机理的分析和分解，以深入的研究结果作为机器方案创新设计的依据和出发点，才能设计出形形色色、性能优良的新机器。

5.4　机器工作机理行为表述的应用

如何通过对工作机理的表述进行机器运动方案创新设计？下面给出两个实例。

例 33.5-1　内燃机的工作机理及其运动方案的设计。

内燃机的工作机理包括燃油燃烧产生热能形成高压燃气推动活塞，带动连杆，产生曲轴转动，将热能转换成机械能。而内燃机的工作原理就是燃烧原理，它相应的行为包括喷油→进气→燃烧→产生高压燃气→排除废气。这些动作要求设置进气凸轮机构和排气凸轮机构。对于进排气阀的开启时间、开启大小都有严格的要求。

根据内燃机的工作机理，其机械运动方案应包括两套凸轮机构、一个曲柄滑块机构以及曲轴与凸轮之间的齿轮机构。

例 33.5-2　模切机的工作机理及其运动方案设计。

模切机的功能是将卡纸或塑料薄片进行裁切和压印。它们工作原理是产生增压—保压过程，要求产生很大模切力，通常为300t。图33.5-21所示为完成模切工作时模切力的变化，要求产生较大的模切力和具有较长的保压时间。图33.5-22所示为采用Ⅲ级类型的双肘杆机构实现模切工作，它比普通的曲柄滑块机构在模切性能上有较大的提高。当然，模切机构还有其他型式。此例说明，工作机理对机构的类型（型综合）、机构的尺寸（尺度综合）均有相应的要求。

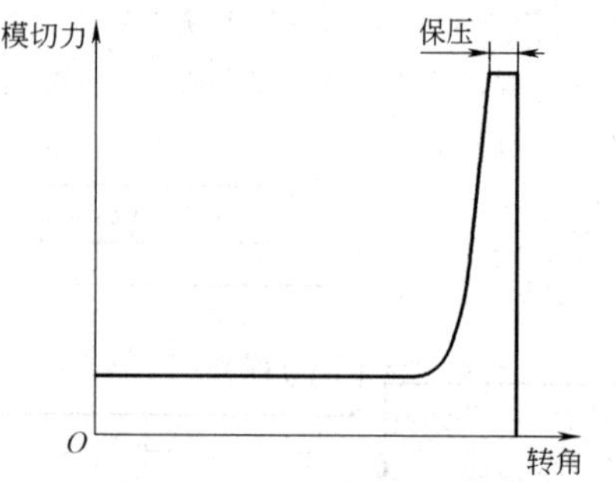

图 33.5-21　模切机模切力变化

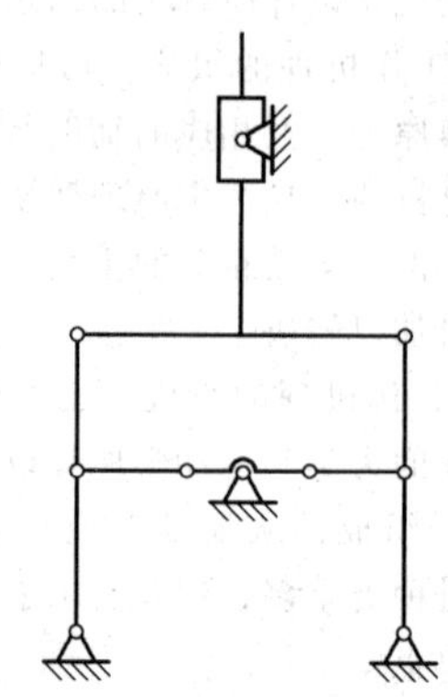

图 33.5-22　满足工作机理的模切机机构型式

5.5　工作机理行为表述是机器功能原理求解的有效方法

通过市场需求分析可得到机器的功能，但如何确定功能原理和进行功能原理求解将是机械产品创新设计的一个难题。应用工作机理行为表述，既可得到机器的工作原理，又能进一步利用机构学原理来实现机器功能原理，因此这是一种十分有效的方法。归纳起来，有如下几点可以说明它的贴合性和有效性：

1）机器的工作机理是机器功能的具体体现，既表达了机器功效，又表述了机器工作过程。因此，使设计者对设计目标有深刻的认识，可以具体地实施创造性设计。

2）深入研究机器工作原理，有利于认识改善机器工作性能的规律性，使机器创新设计有可靠的依据，摆脱照搬照抄的局面，有利于进行机器自主创新设计。

3）将机器工作机理用行为表述，可使工作机理转变为机器的工艺动作过程，由机械产品的根本特征进行机械运动方案的设计，使机器创新设计更贴合机械特征，更有效地实现机器的创新。

4）通过机器工作机理的研究，可以将机器的创新设计与机构学的理论和方法密切结合起来，有利于圆满实现满足机器工作机理的机器系统设计和机构创新设计。

5.6　结论

通过上述分析和研究，可以得出以下结论：

1）机器工作机理是机器创新设计的依据和出发点，深入研究工作机理十分重要。

2）工作机理的行为表述方法，将工作机理演变为工艺动作过程，通过机械运动方案可以实现此工艺动作过程。

3）采用机构学的理论和方法，特别是机械系统概念设计理论和方法，可以比较圆满地实现满足机器工作机理的创新设计，为开发具有自主知识产权的产品提供了有效的途径和手段。

第6章 具有机械产品特征的功能求解模型

1 现有功能求解模型的介绍

建立功能求解模型是任何产品创新设计中十分重要的步骤，其核心的作用是如何用适当的功能载体来实现产品的功能。从设计方法学的角度，人们提出了一些常用的功能求解模型。

1.1 设计目录求解模型

设计目录是将某种设计任务或分功能的已知解或经过考验的解加以汇编而成的设计求解目录，包括物理效应、作用原理、原理解和设计要求等。它通过对设计过程中所需要的大量信息有规律地加以分类、排序和存储，从而便于设计者查找和使用。

这种求解模型需要对设计对象做大量、细致的工作。这种方法对某一已有设计目录的设计对象比较有效和方便。

1.2 功能-结构求解模型（F-S）

功能（function）-结构（structure）求解模型认为方案求解是两种域之间的映射，即功能域与结构域之间的映射。某一子功能对应若干结构，反过来一个结构对应若干子功能。这种求解模型需要研究功能域和结构域之间的关系，深入研究某种类别的功能与结构之间的关联，给定一个功能就发现实现这个功能的结构。反之，给定一个结构也能发现它的预期功能。其实，上述解法目录的研制有利于建立功能-结构的映射关系。

1.3 功能-行为-结构求解模型（F-B-S）

功能（function）-行为（behaviour）-结构（structure）求解模型是建立功能域、行为域和结构域三者的映射过程。功能表达的是“做什么”，运动行为表达的是“如何做”，而结构表达的是“用什么”。一个功能可能对应多个行为，一个行为可以和多个结构相对应。功能-结构求解模型中加入行为是使功能求解模型得到细化。在功能-行为-结构求解模型中，先确定产品功能，再由功能转化为行为，最后将行为转化为物理结构。可用各映射空间之间关系的数字模型描述这种求解模型。

功能-行为-结构求解模型中，对机械产品来说行为就是一种动作或动作过程。

1.4 功能-效应-原理求解模型

功能-效应-原理求解模型，就是建立功能域、效应域和原理解域三者之间的映射过程。功能集中体现了设计任务和要求，效应描述了功能的基本机理，原理解则描述了效应的实现结构，是对效应的具体化，这种求解模型把效应作为功能转化为结构的桥梁，符合设计师的设计思维过程，有利于原理解的创新。产品的功能用产品工作机理（即效应）来表述，可以抓住产品设计的核心，有利于深化产品创新设计。

1.5 运动链发散创新求解模型

运动链发散创新求解模型是根据产品功能要求，将已经存在的结构或机构作为功能解的初始机构，研究它的拓扑特征。然后将初始机构转化为一般运动链，利用机构类型综合方法求得可能存在的运动链类型。从这些类型中采用能满足功能（设计要求）的特定化运动链的相应机构，得到所需的创新机构。这种方法在避开专利寻求替代机构时比较有效。

2 功能-工作机理-工艺动作过程-执行动作-机构的求解模型（F-W-P-A-M）

2.1 构建 F-W-P-A-M 功能求解模型

寻求适合机械产品的设计特点，具有机械特征的功能求解模型是提高机械产品创新设计效率和创新程度的关键。机械产品功能求解模型应该具有机械特点才能更有效地进行机械产品的创新设计。机械产品的特点是利用或转换机械能，使用的手段是进行机械运动的传递和变换。因此，机械产品的功能可定义为：功能是对能量流、物质流、信息流进行传递和变换的程序、功效与能力的抽象化描述。能量流、物质流、信息流的传递和变换的具体方式就是行为。对机械来说，行为可以理解为各种各样的机械动作。

图 33.6-1 所示为机械产品功能求解模型，即 F-W-P-A-M 模型。功能（function）具体体现了设计任务和要求，工作机理（work mechanism）描述了功能的工作机理，工艺动作过程（process）是机械产品效应（工作机理）的具体化动作过程，执行动作（action）是对工艺动作过程分解的结果，执行机构（mechanism）是实现执行动作的机构。由此可见，F-

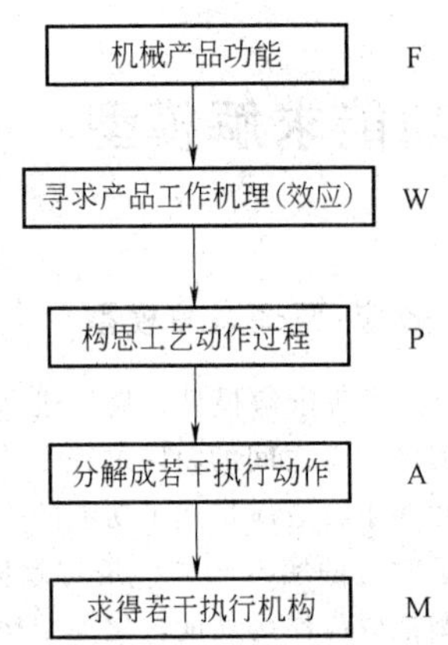

图33.6-1 机械产品功能求解模型

W-P-A-M求解模型是由机械产品的功能出发，寻求机械产品的效应（工作机理），构想工艺动作过程，分解工艺动作过程为若干可行的执行动作，根据执行动作选择合适的执行机构。最后由这些一系列的执行机构组成的机构系统就可实现机械产品的功能。

2.2 F-W-P-A-M功能求解模型的特点

F-W-P-A-M功能求解模型与已有的功能求解模型不同，归纳起来具有如下一些特点：

（1）F-W-P-A-M求解模型具有机械特色

机械产品的主要特征通过运动和动力变换与传递来实现其功能。F-W-P-A-M功能求解模型将机械产品的效应（工作机理）与机械产品的工艺动作过程联系起来，再将工艺动作过程分解成若干执行动作，这种功能求解过程与机械产品的特征相一致，符合机械设计师的设计思维过程，易于被他们接受并付诸实践。

（2）F-W-P-A-M功能求解模型具有可操作性

F-W-P-A-M功能求解模型的求解程序为确定效应（工作机理）→构思工艺动作过程→分解成若干可行动作→选择合适的执行机构。这一求解程序对于机械设计师来说，有很强的可操作性，因此求解模型具有有效性。

（3）F-W-P-A-M功能求解模型使设计有很大的创新性

F-W-P-A-M功能求解模型建立起功能域、效应域、工艺动作过程域、执行动作域和执行机构域五者之间的映射过程。各个域之间的映射关系孕育着创新思维和创新成果，大大开阔了设计师的创新思路，各种创新方案将会层出不穷。这将大大有利于我们进行产品的自主创新。

（4）F-W-P-A-M功能求解模型具有扎实的理论基础做支撑

F-W-P-A-M功能求解模型建立在对各种机械产品工作机理的深入研究和机构学的理论和方法的基础上，因此产品功能求解方法依据充分、思路清晰、所得结果可信度高。众所周知，各种类型的机械产品均有它们特有的工作机理，例如，印刷机有印刷工作机理、烫印模切机有烫印模切机理、缝纫机有缝纫工作机理、糖果包装机有糖果包装工作机理等，离开特有的产品工作机理就难以设计出性能优良的新机械产品。同时，机构学是机械设计学科的重要分支，研究机械设计和机构系统设计。为了实现所需要的执行机构，必须选择合适的执行机构或创造新的执行机构，这就需要机构设计与分析的理论和方法。从组成机械运动方案需要来看，机构系统的组合和设计也是机构学中所需解决的问题。这也充分说明机构学对于F-W-P-A-M功能求解模型是多么重要。

2.3 采用F-W-P-A-M功能求解模型的示例

对于锁式线迹的工业平缝机，它的功能为用缝线采用锁式线迹将缝料缝制起来。采用F-W-P-A-M功能求解模型来求解，其步骤如下：

（1）分析工业平缝机的工作机理（效应）

工业平缝机是将缝线进行底、面线交织成锁式线迹而使两层或多层缝料缝制起来。它要求面线穿过缝料后形成线环，与底线交织，然后通过面线收紧在缝料中，再将缝料送进一线迹长度。这就是锁式线迹缝纫的工作机理（或称效应）。

（2）构思锁式线迹工艺动作过程

根据锁式线迹工作机理，可构思它的工艺动作过程，如图33.6-2所示。

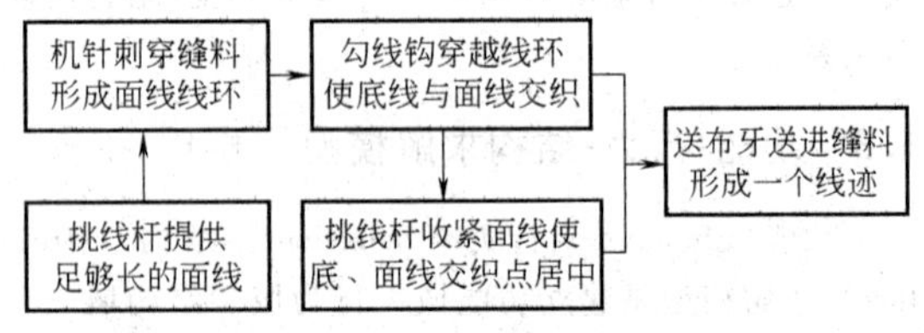

图33.6-2 锁式线迹工艺动作过程

（3）锁式线迹的工艺动作分解

锁式线迹的工艺动作过程可分解成4个执行动作，如图33.6-3所示。

（4）选择合适的4个执行机构完成功能求解

上述工艺动作过程分解成针杆动作、挑线杆动作、勾线动作和送料动作，可选择四个执行机构分别来完成上述动作，其结果见表33.6-1。当然，还可选择其他各种合适的机构。

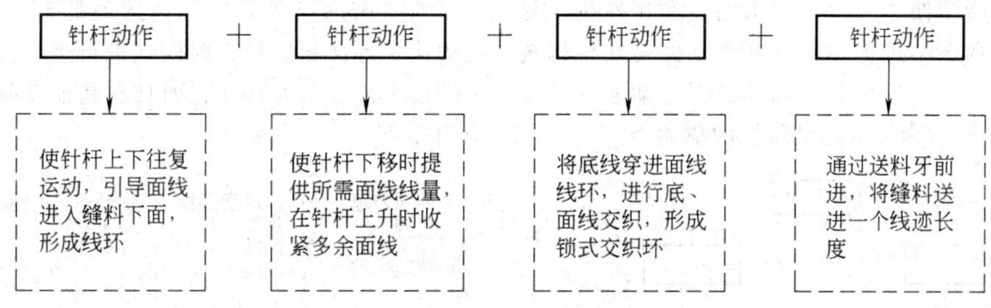

图 33.6-3　锁式线迹工艺动作过程的动作分解

表 33.6-1　执行动作求解出执行机构

针杆机构	挑线机构	勾线机构	送料机构
可采用曲柄滑块机构、正弦机构等	可采用连杆机构、凸轮机构等	可采用摆动导杆机构、齿轮机构、同步带传动等	可采用五杆机构、七杆机构等

3　执行机构选型和机构知识建模

从机械产品创新设计的流程来看，用动作映射执行机构是机械运动方案设计中具有创新意义的重要环节，也是实现计算机辅助机械产品创新设计中的关键步骤。

计算机辅助机构系统方案设计的主要任务是按实现动作的需要寻求大量的、符合基本条件的可行机械运动方案（机构系统方案）。在方案评价标准一定的条件下，通过计算机辅助产生的可行方案数越多，则最终得到最佳方案的可能性越大。

3.1　机构的分类原则和方法

执行机构是机构系统方案设计过程中最基本的设计要素，机构的分类原则和方法是否合理，会直接影响设计信息（包括设计要素信息和设计过程信息）的计算机存储空间大小和相应的推理机效率及自动化程度。常用的机构分类方法有四种，分述如下：

（1）按机构结构进行分类

平面机构的结构分类是根据机构中的基本杆组的级别进行的。对于高副是按通过高副低代后得到的平面机构来进行分类的。

按机构结构进行分类有利于建立机构的运动学和动力学研究方法，但很难直接反映机构的运动转换和实现功用的特性。因此，这种分类方法不适合机构系统设计。

（2）按机构类型进行分类

按机构基本特点来分类，一般可将机构分成连杆机构（包括平面连杆机构和空间连杆机构）、凸轮机构（包括平面凸轮机构和空间凸轮机构）、齿轮机构（包括平面齿轮机构和空间齿轮机构）以及组合机构四种。

由于每种机构运动转换功能的多样性，这种分类方法同样不适合机构系统设计。

（3）按机构运动转换功能进行分类

这种分类方法是根据从动件输出运动的类型对机构加以划分，一般有转动、移动、摆动、间歇移动、间歇转动、间歇摆动、实现轨迹、实现导向运动以及其他运动（如行程可调、急回、差动、闭锁等）。这种分类方法由于从运动转换功能需要出发，因此对于主要是选择实现所需动作的执行机构的机构系统设计是很有效的。但是这种分类方法会遇到机构同构异功和异构同功的情况，也就是动作与机构的映射关系复杂，一个机构可以实现多种动作或者一个动作可由多个机构来实现。因此采用这种方法存储设计知识时，将造成存储数据冗余。

（4）机构类型-运动转换功能复合分类方法

由于机构运动转化为功能分类方法会在一定程度上造成知识库中的数据存储冗余重复，降低计算机的搜索效率，也不利于今后知识库的扩充和更新，因此采用机构类型—运动转化功能复合分类法知识存储，即按机构类型进行分类，每个机构需注明性能指标。类型与功能复合降低了存储数据的冗余度，提高了检索效率。

3.2　动作的描述和机构属性表达方式分析

在机构系统方案中采用执行机构来实现各个执行动作，执行机构是通过动作形式、运动方向和运动速度的变换、运动的合成和分解，运动的缩小和放大以及实现给定的运动位姿和轨迹等来表达的。

机构系统的工艺动作过程往往是由一系列复杂运动来实现的，这些复杂运动又可看成是由一系列简单动作（或称基本运动），如单向转动、单向移动、往复摆动、往复移动和间歇运动等组合而成。因此，利用运动转换功能图便于找出与要求的运动特性相匹配的机构，使机构造型过程更具直观性。但是在机构选型和组合过程中，还应考虑运动轴线、运动速率的变化。图 33.6-4 所示为机构运动特性的描述。

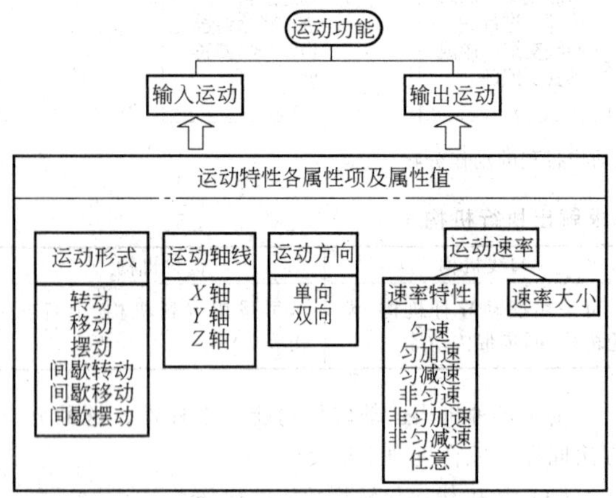

图 33.6-4　机构运动特性的描述

3.3　机构知识库结构模型

数据库虽是一组相关数据的集合，但并不是所有数据的堆积，数据的组织是数据库技术的核心问题。只有表示出数据之间的有机联系，才能反映客观实体之间的联系，即数据库中的数据具有结构特性，数据模型就是这种结构特性和数据组织的具体体现，它一方面要比较自然地模拟客观实体和实体间的联系，另一方面要使客观实体及实体间的联系抽象成计算机易于处理的形式。在具体数据库系统实现之前，尚未录入实际数据时，组建较好的数据模型是关系整个数据库系统运行效率和系统成败的关键。由此可见，数据模型是数据库设计中一项十分重要的工作，是数据库的核心与基础，是创建数据库、维护数据库并将数据库解释为外部活动模型的方式，是数据库定义数据内容和数据间联系的方法。因此，如何建立机械运动方案库的数据模型对能否实现机构的自动化选型十分重要。也就是欲建立运行效率高、工作性能好的机械运动方案知识库，首先须构建一个能够将机械运动方案设计过程知识、设计对象知识和设计经验知识进一步抽象成计算机能够识别的模式，即构建一个好的机械运动方案知识库数据模型。

3.4　计算机编码原则

在计算机进行搜索、查询时，必须建立一套关键字定义规则。接下来分别对几个主关键字进行计算机编码。

（1）运动行为 ID 的编码原则

如图 33.6-5 所示，选择运动类型、运动连续性、运动速率特性和运动方向四项进行运动编码可以代表运动行为最基本的特性，而且在其他文献中也经常被用到。

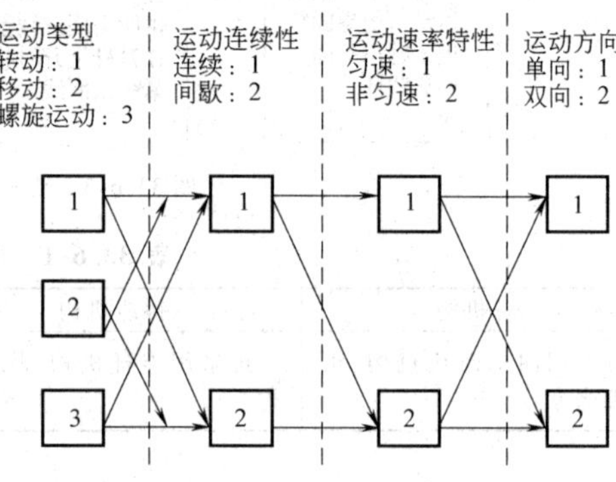

图 33.6-5　运动行为 ID 编码

常见的运动类型有转动、移动和螺旋运动三种，1 表示转动，2 表示移动，3 表示螺旋运动。运动连续性只有两种状态，1 表示运动连续，2 表示间歇运动。运动速率特性中，1 表示匀速，2 表示非匀速。运动方向中，1 表示单向，2 表示双向。例如，单向非匀速间歇转动可表示为 1221。

（2）功能元编码原则

运动行为既可以是输入运动，也可以是输出运动。一对输入/输出运动行为组成一类运动转换功能。机构选型设计中需通过机构表的检索，选择满足期望的运动功能的机构。因此，用一对运动行为 ID 来表达期望的运动功能，称为功能元 ID。

功能元编码 1111—2222 即表示将转动、连续、匀速、单向变换成移动、间歇、非匀速、双向。

（3）机构编码原则

为了软件开发的连续性，机构编码的方式同功能元编码原则一样，都应有简便的特点，以便于添加新的知识。同时，机构编码应能反映机构的构成和基本运动特性。

机构编码规则如下：

① 机构编码共八位，由六段子代码组成，它们分别是机构类别代码、输入构件代码、输出构件代码、轴线位置代码、输入/输出轴相对运动方向代码和机构输入/输出运动可递性代码。

② 机构类别代码为一位自然数，编码原则见表 33.6-2。

③ 机构输入、输出构件代码分别采用两位数表示（考虑今后增加构件而设）。

④ 输入/输出轴线位置代码采用一位数，代码起止范围为 1~6。其中，1 为同轴，2 为平行，3 为垂直相

交，4 为非垂直相交，5 为垂直交错，6 为非垂直交错。

⑤ 输入/输出轴相对运动方向代码采用一位数，代码起止范围为 1~4。其中，1 为相同，2 为相反，3 为不定，4 为空值。“不定”表示其中之一属往复运动。

⑥ 输入/输出运动可逆性代码采用逻辑变量，逻辑真为 T，逻辑假为 F。

由于上述编码方法易于扩充和修改，符合设计思维习惯，因此具有较大的实用价值。机构编码规则实例如图 33.6-6 所示。

（4）机构类别编码原则

为编码方便，按照常规机械原理机构分类定义，将机构分属不同类别，见表 33.6-2。

表 33.6-2　机构类别编码原则

机构类别	机构类别 ID	机构类别	机构类别 ID
平面机构	1	柔性机构	4
齿轮机构	2	其他机构	5
凸轮机构	3	组合机构	6

3.5　知识存储

（1）知识库数据存储

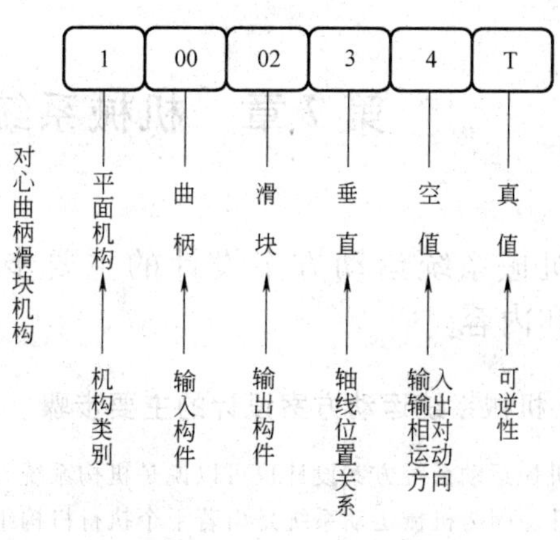

图 33.6-6　机构编码规则实例

可使用 Microsoft Access 创建机械运动方案设计领域知识数据库，主要包括四个表，即机构表、运动行为表、功能元表和功能元机构明细表，此处不再详述。

（2）知识库应用程序

可通过 Visual Basic 和 Microsoft Jet SQL 语言开发机械运动系统数据库应用程序。机构简图使用 AutoCAD 绘制，详情略。

第7章 机械系统运动方案的构思和设计

1 机械系统运动方案设计的主要步骤和内容

1.1 机械系统运动方案设计的主要步骤

机械运动系统方案设计也可以说是机构系统方案的设计。因为机械运动系统是由若干个执行机构组成的。用此机构系统来完成工艺动作过程，达到工作机器实现总功能的要求，如图33.7-1所示。

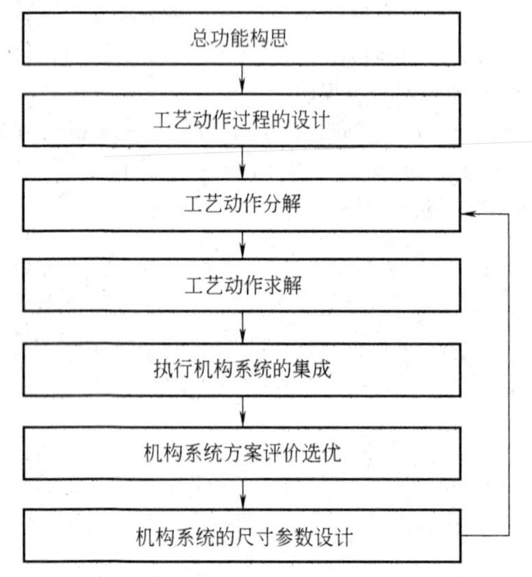

图33.7-1 机械系统运动方案设计主要步骤

机械系统运动方案设计的主要步骤如下：

（1）工艺动作过程的构思和设计

工艺动作过程的确定是机械系统运动方案设计的关键步骤，也是体现机械系统运动方案设计的主要特点。

（2）工艺动作分解和求解

工艺动作的分解是指将工艺动作过程分解为若干个执行动作。工艺动作求解是寻求实现分解得到的若干执行动作的可行的机构类型。

（3）寻求执行机构系统可行方案和进行最优方案的选择

由于实现某一执行动作的机构解不是唯一的，因此执行机构系统可行方案数一般是比较多的，从众多的可行方案中按一定的评价方法来选择综合最优方案。

（4）执行机构系统各机构的尺寸参数设计

执行机构系统方案的确定，一般是先确定各执行机构的类型。机构类型的选定只是说明有可能实现所需的工艺动作过程。为了使机构系统能精确实现机械的工艺动作过程，还应根据机械的运动循环图中所表达的各执行机构的执行构件运动规律，以及各执行构件的运动时间关系来进行各执行机构的尺寸参数设计。如果发现某一执行机构尺寸参数无法实现所需运动规律和运动时间序列，那么就必须改变机构的类型，重新进行机构尺寸参数设计。

1.2 功能原理方案设计

实现同样的总功能，可以有多种不同的工作原理。工作原理可以理解为各种科学原理，包括物理学的、化学的、生物学的等各学科的科学原理。而且同属物理学内的科学原理也是多种多样的，有力学、光学、声学、热学、电学等。功能原理就是实现功能的工作原理。一个崭新的功能原理方案就可以创造出一种新颖的机械产品。因此，在构思功能原理方案之前应多熟悉了解各种各样新技术、新工艺和新材料，做到开阔思路、力求创新。要寻求一种新颖的、合理的、最优的功能原理方案是一件相当复杂又十分困难的创新工作，往往需要经过大量的实验验证工作。

下面举例说明功能方案的构思和设计。

（1）洗衣机的功能原理方案

洗衣机是为了实现“洁衣”的核心功能，从污物和衣物分离的需要出发，它的功能原理有化学方法的干洗式、力学方法的机械搅拌式以及声学方法的超声波振荡式等。如若采用机械搅拌式的工作原理还可以分为波轮式（漩涡式）、搅拌式（摆动式）和滚筒式（拍洗）三种方式。如果模拟人手搓动，还可以用搓动式等。

构思出一种新颖的功能原理，就可以开发出一种新颖的产品。通过这一途径便可使洗衣机的新品种层出不穷。

（2）点火机的功能原理方案

点火机是为了实现“点火”的核心功能，可以利用摩擦取火法得到火柴式点火，利用可燃气体或液体燃烧法得到打火式点火，以及利用电热法得到电热式点火，除了这三种点火方法外，还可以用聚光法点火等。

（3）加工齿轮的功能原理方案

加工齿轮的功能原理也是多种多样的，要按它的精度要求、制造批量、加工成本和使用场合不同而加以选择，如采用铸造法的铸造齿轮，采用冲压法的冲压成形齿轮，采用挤压法的挤压成形齿轮以及切削法的切削齿轮。对于切削法又可分成仿形法（如铣削、拉削）和展成法（如插齿、滚齿）。仿形法加工精度不及展成法。

设计人员在构思和选择机械的功能原理方案时，可以采用发散思维方法，寻求一切可行的功能原理，进行功能原理方案创新设计。大家认识到方案创新不可能是无本之木、无源之水，设计人员应重视在科学原理应用上的新突破或技术基础研究上的新构想。例如，采用石英振荡原理获得高精度的计时原理，使钟表功能原理有了新的突破。又如，采用激光技术可以测量船舶尾轴的对中程度。

综合应用已有的科学原理和工程技术也是一种创新。例如，将喷气推进原理同燃气轮机技术相结合，发明了喷气式发动机；又如，利用电磁原理和摩擦原理相结合，发明了电磁离合器；再如，将超声技术同气流原理相结合，发明了超声波洗衣机等。

总之，在功能原理方案的设计上多下功夫，多加探索，将会产生意想不到的效果，有可能开发出一种新颖的产品，对于提高机械产品的创新性起着十分重要的作用。功能原理方案对于功能-结构过程的中间部分加以细化，通过功能原理将功能具体化，有利于求得功能载体（或称结构）。对于机械产品设计来说，功能原理又可称为工作原理，用功能原理可以构思出机械产品的工艺动作过程。

1.3　机械系统运动方案设计

机器的功能原理方案的构思和设计，只是提出了实施机器的各分功能的原理方案。对于机械产品来说，从功能原理方案到提供生产用的构形设计图样，其间还要做不少工作。其中第一步还是要进行机械运动系统方案设计，也就是机构系统方案的设计。具体来说是将功能原理方案所需实施的各分功能，构想出相应的执行动作。此一系列执行动作按运动循环图的顺序构成了机器的工艺动作过程。对各执行动作选择合适的执行机构来加以实现，这些执行机构所组成的机构系统就可实现所需的机器工艺动作过程。图 33.7-2 所示为机械运动系统方案（机构系统方案）设计流程图。由于同一执行动作可以用多个执行机构来实现，因此机构系统方案可以有好几个，通过选择可以得到综合最优的方案。

机械运动系统方案设计时应充分考虑对机器的设计要求：机器所需功率、生产能力、空间尺寸限制、物料流动方向和工作环境等。如何满足这些设计要求是机械运动系统方案设计时需一一加以考虑的。

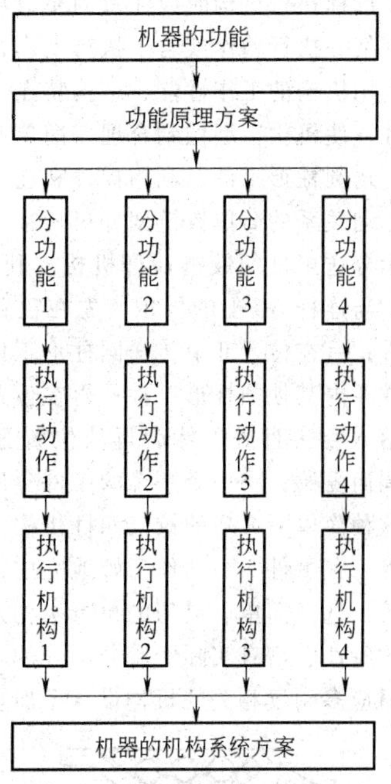

图 33.7-2　机构系统方案设计流程

为了得到性能优良、结构简单、工作可靠的机械运动系统方案，设计时应注意如下的几个原则：

（1）在工艺动作过程分解时应注意巧妙

对机器的工艺动作过程分解后所得到的执行动作应该能被常用的机构加以实现。但是利用一些布置巧妙的挡块，可以用一个执行动作完成几个工艺动作。例如，图 33.7-3 所示方糖折叠式包装，利用一个使方糖产生移动的执行机构，再加上上下两个挡块，使包装纸一次完成上、下、前面三个面的包装，使机械运动系统方案大为简化。如果上、下、前面的包装分别进行，则至少要加上两个执行机构，增加了机构系统方案的复杂性。因此，工艺动作过程分解时的巧妙性是与紧密结合实际情况，充分应用积累的知识和经验密切相关的。

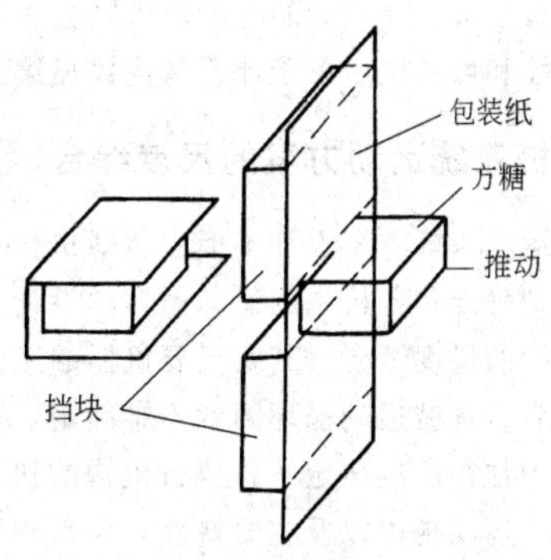

图 33.7-3　方糖折叠式包装

（2）在选择执行机构时应注意简单灵巧

要实现某一执行动作或若干执行动作，选择机构时应注意利用机构的工作性能、结构特点、适用范围等主要特性，使机构造型做到合理、简单、灵巧。例如，为了分送圆柱形工件，利用摇杆和连杆的特殊形状和相对运动关系的简单铰链四杆机构来实现。如图33.7-4所示分送工件的铰链四杆机构。利用摇杆 *CD* 上的手掌形与连杆 *BC* 上的挡爪，先在位置Ⅰ上接住圆柱形工件；后在位置Ⅱ上传送圆柱形工件，并用挡爪挡住工件斗内其他圆柱形工件；再在位置Ⅲ上将圆柱形工件落入存工件处。然后再从位置Ⅲ返回位置Ⅰ。如此周而复始，将一个一个的工件分送至存工件处。选择这种简单、灵巧的铰链四杆机构，将接工件—运送工件—存工件3个动作巧妙地完成，大大简化了机构系统。选择简单、灵巧的执行机构是与设计人员熟悉机构特性、富有实际经验分不开的。因此，设计人员平时应多阅读相关的机构设计手册。

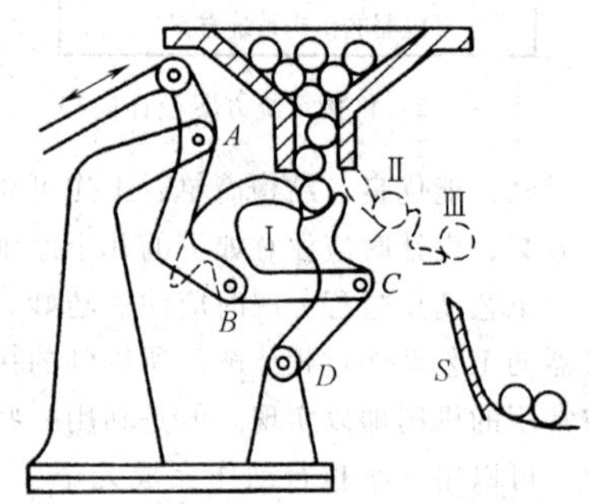

图33.7-4 分送工件的铰链四杆机构

（3）应采用适合于机械运动系统方案的评价指标体系，进行从机构到机构系统的评价选优

在数量较多的机械运动系统可行方案中，选择综合最优的方案并不是一件容易的事。选择合理的、可靠的、较为客观的评价指标体系和评价方法是十分重要的。对于机械运动系统来说，评价指标体系的确定应来自于有丰富设计经验的专家，否则会影响确定方案的合理性和可靠性。关于评价选优详见第8章。

1.4 机械系统运动方案的尺度综合

机械运动系统方案设计不但应包括机构系统中各机构的类型确定和各机构的运动循环图设计，而且应包括各机构的尺度综合。其实只要机器的工艺动作过程确定以后，机械运动循环图就不难确定。在机械运动循环图中往往已经决定了各执行机构的执行构件的运动类型、运动规律以及主要特性。大家知道，执行构件的运动规律不仅取决于机构的类型而且还取决于机构的尺度参数。因此，必须对机构系统中的各机构的尺度进行设计，使其能实现所需的运动类型、运动规律和基本特性。

例如，为了实现往复移动，可以有齿轮齿条机构、直动从动件盘形凸轮机构、曲柄滑块机构、正弦机构、正切机构等，如图33.7-5所示。

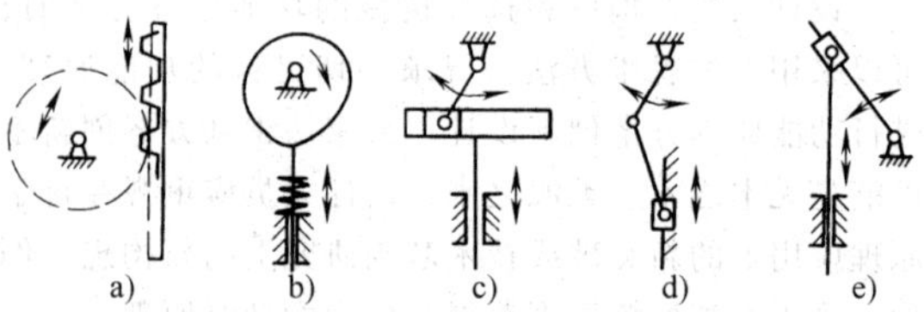

图33.7-5 实现往复移动的机构

a）齿轮齿条机构 b）直动从动件盘形凸轮机构

c）曲柄滑块机构 d）正弦机构 e）正切机构

但是如果要使往复移动实现简谐运动规律，只有采用直动从动件盘形凸轮机构和正弦机构两种。根据简谐运动的具体要求设计出凸轮轮廓曲线和正弦机构的曲柄长度。

2 机械的工艺动作过程的构思

2.1 工艺动作过程是功能和功能原理方案的具体体现

机器的工艺动作过程是指实现机器功能原理方案的一系列相关的动作。这些动作是按一定的时序依次完成的。

例如，牙膏装盒机是将灌装好的塑料软管装入纸盒后封口。图33.7-6所示为牙膏装盒机工艺动作初步构想方案，它是牙膏装盒功能的功能原理方案的具体体现。它可以分为7个动作。

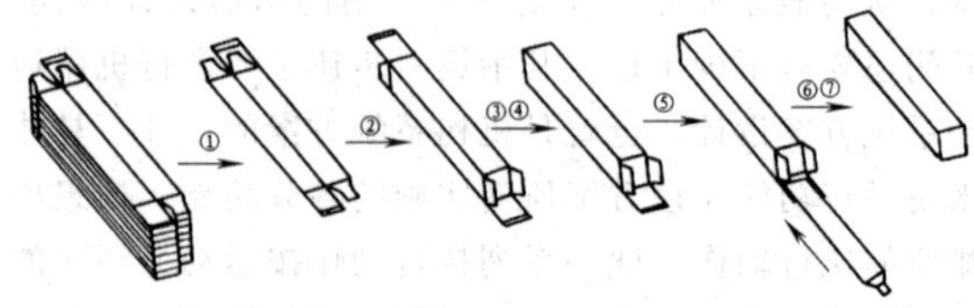

图33.7-6 牙膏装盒机工艺动作构想

1）将纸盒塑料坯从储存器内送出一个料坯。

2）将纸盒料坯成型。

3）将纸盒后面两侧舌片闭合。

4）将纸盒后面盒盖封口。

5）将已灌满的塑料牙膏推入纸盒。

6）将纸盒前面两侧舌片闭合。

7）将纸盒前面盒盖封口，装盒工作完成。

从上面牙膏装盒机工艺动作构想来看，仅仅只有一个抽象的功能——装盒，则无法进行功能求解，必须将功能分解细化，用若干有序的动作将功能具体化。

同时，上述有序动作不是一成不变的。如果采用塑壳牙膏垂直落入盒内的构想，则必须在动作之前将纸盒翻转 90°，然后才有可能将塑壳牙膏垂直装入盒内。而后面原来 5）将塑壳牙膏推入纸盒的动作即可取消。这样也就改变了工艺动作过程。

又如，汽车起动电动机电枢绝缘纸自动嵌纸机的功能是将绝缘纸自动嵌入起动电动机的电枢槽内，如图 33.7-7 所示起动电动机电枢示意图，要完成嵌纸功能必须完成相应的若干动作，如图 33.7-8 所示。

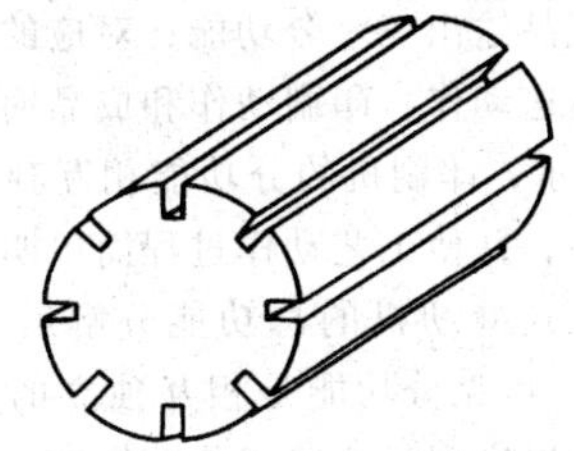

图 33.7-7　起动电动机电枢示意图

绝缘纸送纸动作
切纸动作
折纸、插纸动作
绝缘纸推纸动作
电动机电枢分度动作

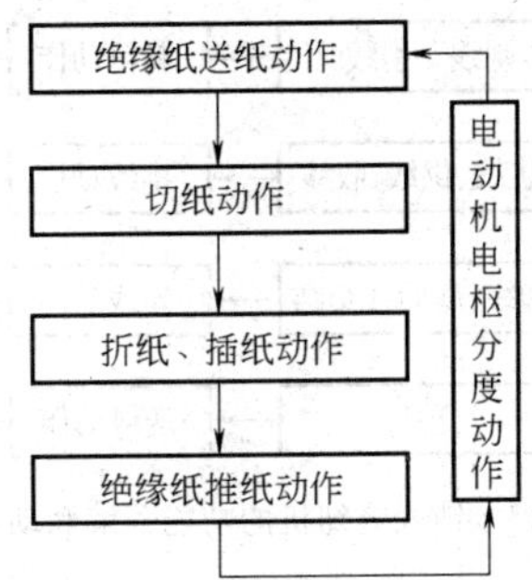

图 33.7-8　电动机电枢绝缘纸自动嵌纸动作构想

它将动作分解为送纸—切纸—插纸—推纸—分度后进入下一轮嵌纸。再如，工业平缝机的功能是形成锁式线迹缝纫所需缝料。它的线迹如图 33.7-9 所示。图 33.7-10 所示为工业平缝机缝制动作的构想。其主要动作要求分为五个步骤。它们由刺料—供线—勾线—收线—送料来简单描述。

面线
缝料
底线

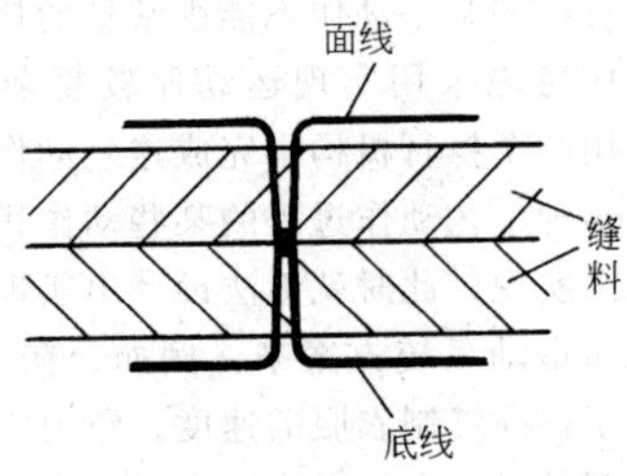

图 33.7-9　锁式线迹示意图

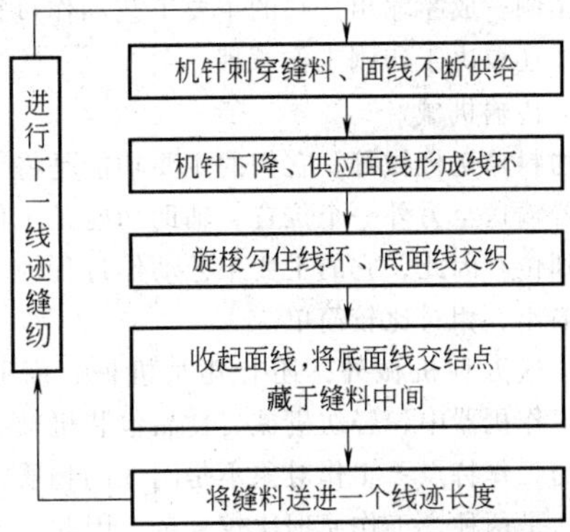

机针刺穿缝料、面线不断供给
机针下降、供应面线形成线环
旋梭勾住线环、底面线交织
收起面线，将底面线交结点藏于缝料中间
将缝料送进一个线迹长度
进行下一线迹缝纫

图 33.7-10　工业平缝机缝制动作构想

总之，功能是机器功用的描述。功能原理是实现功能所采用的工作原理，是功能的具体实现方式。工艺动作过程则是机器工作原理实施所采用的一系列的动作。因此，构想机械的工艺动作过程是进行机械运动系统方案设计的关键内容。

2.2　工艺动作过程与机器类型的关系

工艺动作过程与机器本身的工作机理、工作特性、工作范围、精度要求和生产率要求等均有十分密切的关系。

对于工作机器来说又可分为下列几种类型：

（1）金属冷加工机械

如金属切削加工机械、冲压机械等，它们的主要功能是加工（切削或冲压），辅助功能是上料和完成加工后工件的下料。上料—夹紧—加工—松开—下料是它的主要工艺动作过程。对于不同种类的加工机械，它的加工过程是有较大差别的。加工动作可能还应细分。

（2）轻纺机械

如纺织机械、缝制设备和制鞋机械等，它们的主要功能是织布、缝纫，辅助功能是供线、供料和成品送出。对于缝纫机刺料—供料—勾线—收线—送料是它的主要工艺动作过程。

（3）包装、食品机械

如包装机械、食品机械等，它们的主要功能是包装，辅助功能是被包装物和包装物的供料以及包装后物料的输出。包装物和被包装物的供料—包装—包装后成品输出是它的主要工艺动作过程。具体包装过程还应根据被包装物形态、包装物的材料等来加以细化。

（4）印刷机械

如印制机、装订机等，它们的主要功能是印刷、装订，辅助功能是纸张、油墨（或书贴、装订钉）的输送和成品的输出。对于印刷机，它的纸张、油墨输送—印刷—成品输出是它的主要工艺动作过程。印刷的动作还取决于印刷工作原理。

（5）传输机械

如物料输送机械等，它们的主要功能是将工件由一个位置输送至另外一个位置，辅助功能是工件供给和输出到位。因此，它的主要工艺动作过程为供给—输送—输出，相对比较简单。

除了这五种机械外，还有建筑机械、商业机械等。在工作机器中，轻纺机械、食品包装机械、印刷机械等的工作特点：工作对象不是刚性的物质，工作对象往往是两种，工作原理比较复杂。因此，这些类型的工艺动作过程相对也就比较复杂。

2.3　工艺动作过程构想原则

工艺动作过程是机器功能具体实施所表达的动作方案，优良的工艺动作过程是设计高质量、创新性强的机器的关键所在。构想机器工艺动作过程，应遵循如下的一些原则：

（1）工艺动作过程必须满足机器工作原理

机器的工作原理就是实现机器功能的工作原理和方法。机器工艺动作过程就是机器工作原理的具体动作和运动过程。工艺动作过程必须满足机器的工作机理。离开机器工作机理的工艺动作过程无法得到性能优良、高效可靠的工作。

例如，构想印刷机的工艺动作过程就应懂得印刷工作机理。印刷工作机理有轮转式印刷和平版式印刷两种。因此，可以构想出这两种不同的工艺动作过程。图 33.7-11 所示为轮转式和平版式印刷机的工作原理，动作应满足机器的工作原理需要。

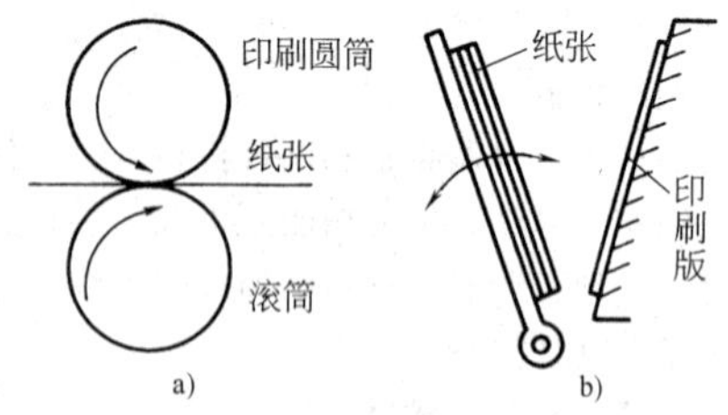

图 33.7-11　印刷机理
a）轮转式印刷机　b）平版式印刷机

又如，构想缝纫机的工艺动作过程就应懂得缝纫工作原理。缝纫中所实现的线迹主要有两种：锁式线迹和链式线迹，如图 33.7-12 所示。这两种线迹的工艺动作过程是不同的。应该在工艺动作过程构想中满足线迹形成的需要。

（2）工艺动作过程所实现的各分功能具有相互独立性

工艺动作过程是实现机器的总功能分解后的各个

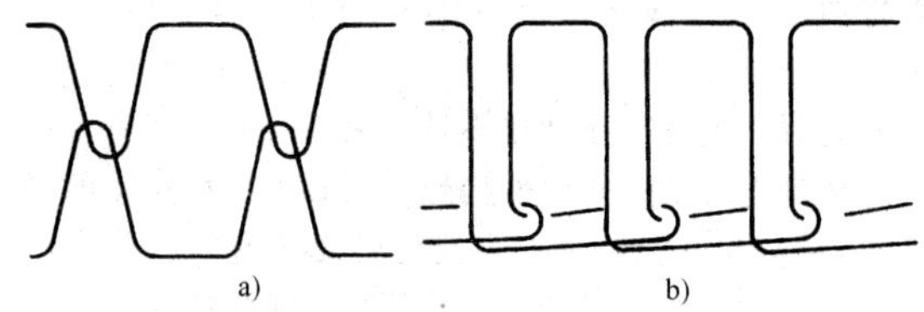

图 33.7-12　锁式线迹和链式线迹
a）锁式线迹　b）链式线迹

分功能，一个好的机械运动系统方案，其各分功能是相互独立的，并使机械运动系统方案简洁、有效。

例如，印刷机的总功能分解后可得纸张、油墨输送，印刷及成品输出三个分功能，对应的工艺动作为纸张、油墨输送动作，印刷动作和成品输出动作。如图 33.7-11 所示，印刷机的分功能相互独立，使工艺动作互不干涉，并使工艺动作过程简单明了。

又如，锁式缝纫机的总功能分解后分功能如图 33.7-13 所示。可见分功能是相互独立的，可用对应的工艺动作加以实现，这些工艺动作按一定的时序组合成锁式缝纫机的工艺动作过程。

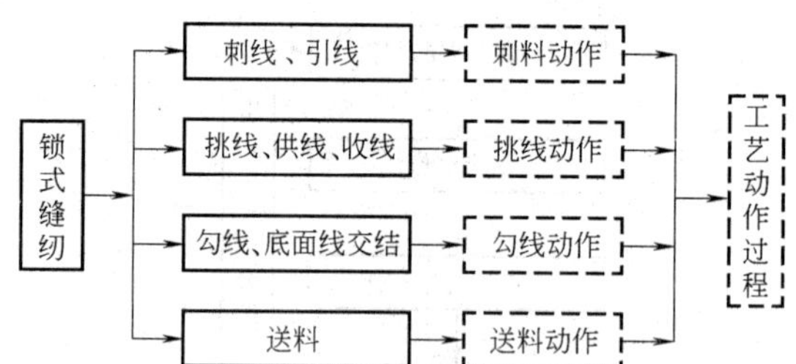

图 33.7-13　锁式缝纫机的功能分解和动作过程

（3）工艺动作过程的各动作要易于为常见的执行机构实现

工艺动作过程最终是由各执行机构的执行构件运动来实现的。机器的工作原理，功能的分解，工艺动作过程的构想均应考虑最后能易于为常见的执行机构来实现。常见的执行机构能实现等速和不等速转动、往复摆动、往复移动、间歇移动、间歇摆动、刚体导引、实现函数、实现轨迹以及复合运动等。通常的机械运动系统均由这些常见的执行机构组合而成。如果工艺动作过程中的某一动作不能由常见的执行机构来完成，那么应考虑采用实现运动比较复杂的组合机构，或者采用两个执行机构来完成这一动作。

有时，某种工艺动作过程的某些动作找不到合适的执行机构来实现，此时就无法设计出实现此工艺动作过程的机械运动系统方案来。例如，在 19 世纪中叶，人们为了提高缝制衣服的速度，致力于缝纫机的发明工作。开始时，人们考虑用机器来完成拟人的缝纫动作过程，也就是用一根针、一条线，线穿在针的尾部来进行缝纫。由于当时没有找到实现这种缝纫动作的相应的执行机构，致使发明缝纫机的工作宣告失败。但是后来有人采用了锁式线迹的缝纫动作过程，如图 33.7-12a 所示，这种缝纫动作过程是采用一根针、两条线，面线穿在针头孔中，底线绕在梭心中，通过刺布机构、挑线机构和勾线机构进行底面线交织来完成缝纫。由于机构的发展，人们最终还是发明了撬缝缝纫机，实现了拟人缝纫。

20 世纪 70 年代开始，机电一体化技术的不断完善，使传统的机构学发展成现代机构学。现代机构的主要特点是采用单自由度以及多自由度的可控机构，使机构能实现复杂多变的动作，因此使机械运动系统设计有了更广阔的途径。

2.4　工艺动作过程的构思方法

机械运动系统设计的一个关键问题是构想出一种简单、易行、高效的工艺动作过程。在构思工艺动作过程前必须懂得机器的工作机理。不懂工作机理便无法构想出好的工艺动作过程。在构思工艺动作过程前还必须熟悉执行机构的类型、运动特点和工作性能等，否则会使构想工艺动作过程陷入困境。

常用的构思工艺动作过程的方法有三种：

（1）拟人动作过程的构思方法

不少工作机器均是为了代替人类的手工劳动。例如，纺织机械、包装机械和食品加工机械等。它们均可按人工加工过程中的动作来构思机械的工艺动作过程。

为了构思医用棉签卷棉机的工艺动作过程，可以去观察护士医用棉签卷棉的过程：先将医用棉分段取出，再将木棒取出，然后将医用棉包在木棒上，最后将木棒转动而形成棉签。只要实现上述过程就可构思出棉签卷棉机的运动系统方案来。

为构思书本包装机的工艺动作过程，可以观察人工包装的动作过程：先取出包装纸，后将书本放在纸上，再将两侧包装纸折上，最后将两端包装纸折合好。这种动作过程就是书本包装机的工艺动作过程。

拟人动作的方法要注意两点：一是要将多种可能的拟人动作进行精心的挑选，以求高效；二是选择好易于为机构实现的拟人动作，以求易于机械化。

（2）物料流引发动作过程的构思方法

任何工作机器主要功用是进行物料的运动变化和形态变化。通常工作机器物料流所引发的动作过程为：

相关物料输送到位—相关物料形态变化—新形态物料的输出。

这种物料流所引发的动作过程连贯在一起就可成为较为自然合理的工艺动作过程。

例如，扭结式糖果包装机的物料流动作过程如图 33.7-14 所示，它由包糖纸、糖果输送到位，包糖纸裹包扭结包装和包装后糖果输出三个物料流动作组成。

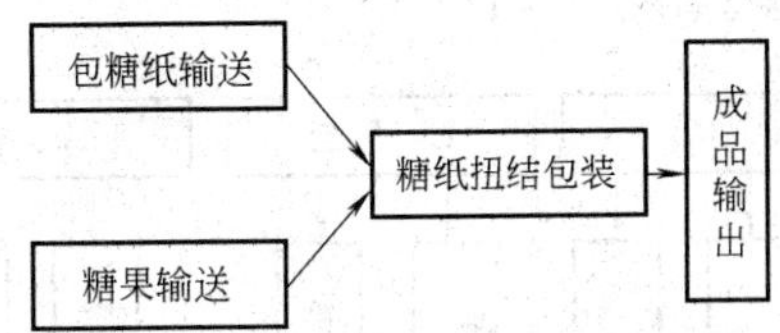

图 33.7-14　扭结式糖果包装机物料流

再如，核桃剥壳机的物料流动作过程如图 33.7-15所示，它由核桃到位、核桃挤压破壳以及核桃壳和核桃肉输出三个物料流动作组成。

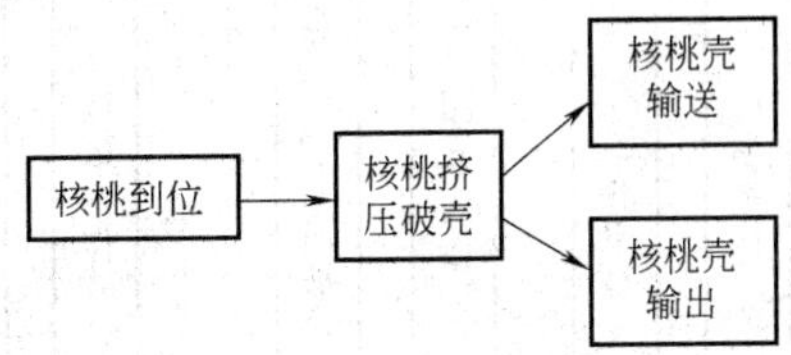

图 33.7-15　核桃剥壳机物料流

（3）基于功能细化和分解的工艺动作过程构思方法

功能细化和分解将会有利于对工艺动作过程的构思。第 8 章提出了通过抽象化可以得到机械的“核心功能”。但是作为一台完整的机械功能，还应包括“前导功能”和“后续功能”。如图 33.7-16 所示为基于功能细化和分解的工艺动作过程的构思。

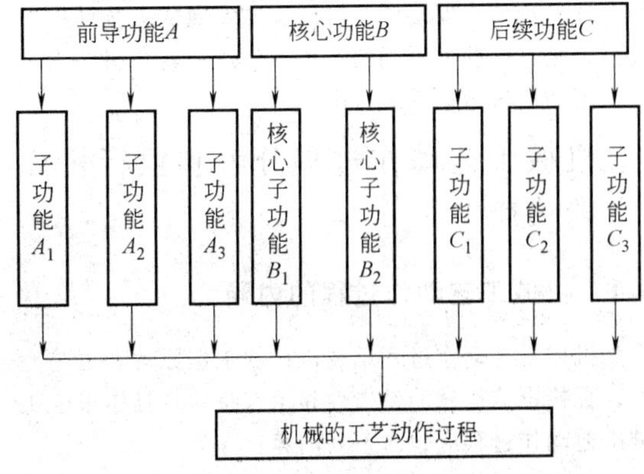

图 33.7-16　基于功能细化和分解的工艺动作过程构思

前导功能是将所需要物料输送到位。核心功能是机械所应完成的、物料的运动和形态的变化。后续功能是将完成核心功能的物料输出。将完成这三个功能所分解出的所有子功能的系列行为动作连贯在一起，可以构成机械工艺动作过程。

例如，平版印刷机的核心功能是在白纸上印出文字和图案。它的前导功能是上油墨、在铅字版上刷油墨和将白纸输送到位。它的后续功能是将铅字版和印刷完的纸张分离并取出印刷完毕的纸品。它的工艺动作过程构思如图 33. 7-17 所示。

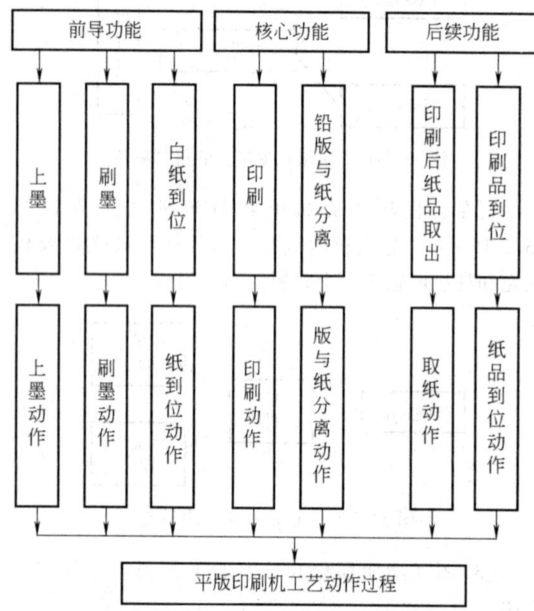

图 33. 7-17　平版印刷机工艺动作过程构思

基于功能细化和分解的方法，实质上是功能分解法，将各子功能寻求它的动作解，再来构思出工艺动作过程。

从上述几种构思工艺动作过程来看，这是机械创新设计的重要步骤。同一机械所要实现的工艺动作过程可以是不同的，不同的工艺动作过程就会引发出一种全新的机械运动系统方案。

3　机械工艺动作过程分解和执行机构的选择

3.1　机械工艺动作过程的内涵

机械工艺动作过程反映机械的工作原理和工艺特点，直接影响机械的创造性和工作特性。具体来说机械工艺动作过程应包含下列内容：

（1）从坯件到成品的具体工作过程

对于工作机器来说，坯料就是提供的毛坯或原始的物料。成品是指毛坯经过形态变换后的产品，或将原始物料经过组合后的产品，表达了具体的工作过程。

（2）表示产品工艺动作顺序和工位数

工艺动作过程表示完成总功能的各个工艺动作的先后顺序，反映了动作协调配合的工作过程。从机械运动系统方案设计出发，可以将机械的工艺动作过程用若干工位来完成。每个工位所完成的工艺动作情况决定了应该有多少工位数。工位数较多，每个工位完成动作可以较为简单，但是会使机械运动系统方案由于工位数增多而复杂化；相反，工位数较少，每个工位完成动作会趋向复杂，但机械运动系统方案由于工位数减少而得到简化。因此，合理地选择工位数对于机械运动系统方案设计是至关重要的步骤。

（3）表示产品在各工位上的加工状态及运动形式

一旦由工艺动作过程分解成若干工位，每个工位上的加工状态和运动形式即取决于此工位所需完成的功能。加工状态取决于机械工作机理的需要，运动形式取决于物料和工作需要。

（4）表示产生动作的构件所处位置、运动方向和运动形式

产生动作的构件又称执行构件。执行构件的运动方向和运动形式对于设计机械运动系统方案是十分重要的。因为执行构件的运动方向、运动类型和运动规律是我们选择执行机构的依据。

3.2　机械工艺动作过程的分解

机械工艺动作过程的分解是机械运动系统方案设计中十分重要的步骤。通过合理的分解才能得到各工位上的运动形式和运动规律，才能确定相应的执行机构。

（1）机械工艺动作过程的分解准则

为了使机械工艺动作过程分解更趋合理，应满足下列分解准则：

1）动作最简化原则。在机械工艺动作过程分解时应遵循最简化原则，即采用最简单的一系列动作组成此工艺动作过程。分解动作越简单，将来采用对应的执行机构也越简单。

2）动作可实现性原则。在机械工艺动作过程分解时应遵循可实现性原则，这是由于在机械中任何动作都由执行机构来实现，而常用的执行机构可以实现的动作是有限的，如表 33. 7-1 所列，常见的运动形式变换中输出运动有 9 种。分解后的动作基本上应属于上述 9 种之内，这就符合可实现性原则，否则要采用组合机构或可控机构来实现，增加了设计工作的难度。

3）动作数最小原则。在机械工艺动作过程分解时应遵循分解后所得动作数尽量减少的原则，动作数的减少可以使执行机构数目减少，从而使机械运动系统方案简化。如图 33. 7-18 所示，只要上、下加固定的板块，用一个移动的动作推动被包装物，就可实现

三面的包装，有利于机械运动系统的简化。

表 33.7-1　常见执行机构输出动作的形式、符号、实现机构

序号	运动形式变换内容	符　号	实现功能的机构
1	连续转动变单向直线移动		齿轮齿条机构、螺旋机构、蜗杆齿条机构、带传动机构和链传动机构等
2	连续转动变往复直线移动		曲柄滑块机构、移动推杆凸轮机构、正弦机构、正切机构、牛头刨机构、不完全齿轮齿条机构和凸轮连杆组合机构等
3	连续转动变带停歇往复直线移动		移动推杆凸轮机构、利用连杆轨迹实现带停歇运动机构和组合机构等
4	连续转动变单向间歇直线移动		不完全齿轮齿条机构、曲柄摇杆机构+棘条机构、槽轮机构+齿轮齿条机构和其他组合机构等
5	连续转动变单向间歇转动		槽轮机构、不完全齿轮齿条机构、圆柱凸轮式间歇机构、蜗杆凸轮间歇机构、平面凸轮间歇机构和内啮合星轮间歇机构等
6	连续转动变双向摆动		曲柄摇杆机构、摆动导杆机构、曲柄摇块机构、摆动推杆凸轮机构、电风扇摆头机构和组合机构等
7	连续转动变带停歇双向摆动		摆动推杆凸轮机构、利用连杆曲线实现带停歇运动机构、曲线导槽的导杆机构和组合机构等
8	往复摆动变单向间歇转动		棘轮机构、钢球式单向机构等
9	连续转动转变为实现预定轨迹		平面连杆机构、连杆-凸轮组合机构、联动凸轮机构、精确直线机构和椭圆仪机构等

实现动作数量少，要求我们针对工艺动作过程认真分析、精心构思。

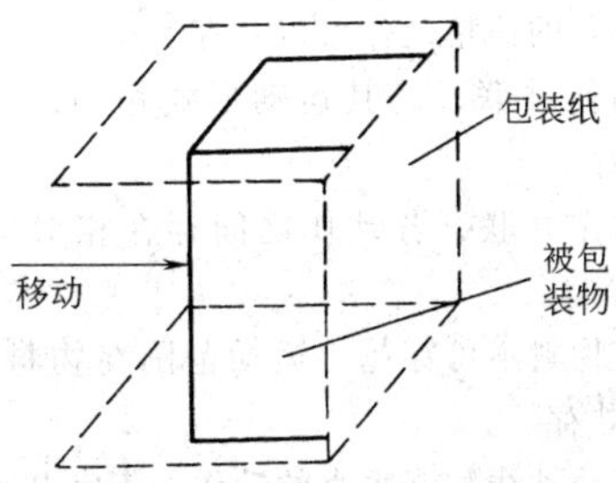

图 33.7-18　同时包装三面的一个动作

（2）机械工艺动作过程的分解方法

机械工艺动作过程的分解方法可以归纳为以下 3 种：

1）物流运动状态表示法。机械工艺动作过程是物流运动状态的具体描述。利用物流状态的具体化过程，可以得出相应的运动动作，分解出若干个执行动作。例如，图 33.7-13 所示的锁式缝纫机的工艺动作过程，它的物料运动状态必须完成：刺料引线—供线收线—勾线—送料 4 个执行动作。又如，图 33.7-17 的平版印刷机的工艺动作过程按它的物料运动状态必须完成：纸墨输送—印刷动作—印刷品输出等执行动作。

由此可见物流运动状态的表达是机械功能的具体实现过程。

2）功能-行为法（F-B 法）。机械工艺动作过程是为了实现机械的总功能。因此，采用功能-行为法可以对体现机械工艺动作过程的总功能进行分解，用分解所得的分功能求得相应的动作行为，从而实现工艺动作过程的分解。图 33.7-19 表示了功能-行为法的具体分解过程。由此可见不同的总功能分解方法，可以求得不同的机械工艺动作过程，也就会得到不同的动作行为。

3）功能-动作过程-动作法（F-P-A 法）。由机械的总功能构思机械的工艺动作过程，然后将工艺动作过程进行动作分解得到相应的各个执行动作，其过程

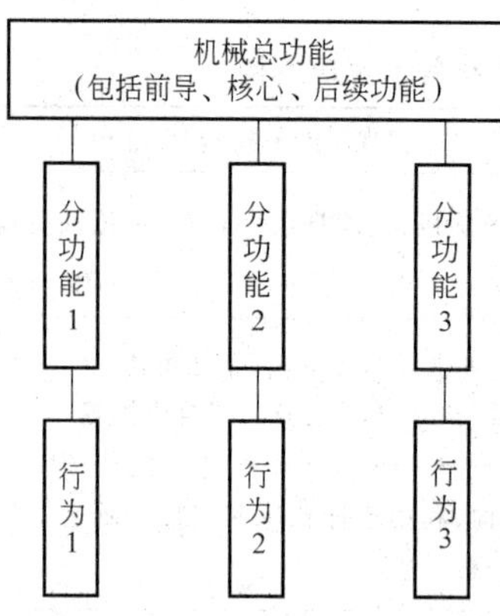

图 33.7-19 功能-行为法求解动作

可以用图 33.7-20 来表示。例如，扭结式糖果包装机，它是要求将包糖纸裹包糖果后将包糖纸扭结包装。其物料流如图 33.7-14 所示。上述扭结包装糖果的工艺动作过程可以分解成下列动作：输送包糖纸—输送糖果—包糖纸裹包糖果—包糖纸扭结—糖果成品输出。

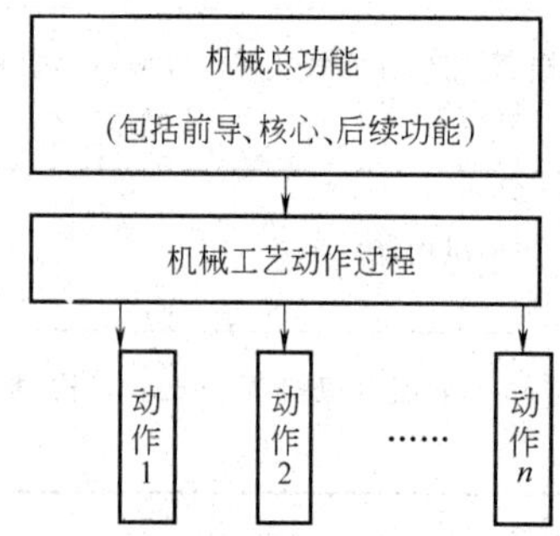

图 33.7-20 功能-动作过程-动作法

工艺动作过程的分解对于机械运动系统方案构思和设计是十分重要的。如何分解好机械工艺动作过程需要借助于对此类机械工作机理的认识和设计者的设计经验。同一机械工艺动作过程可以有不同的分解结果，因而可以构思和设计出不同的机械运动系统方案来。

3.3 动作组合的创新

从机械运动系统方案设计的流程来看，由动作来映射执行机构是机械运动系统方案设计中具有创新作用的重要环节，也是目前实现计算机辅助创新的关键步骤。

计算机辅助机械运动系统方案设计的主要任务是按实现动作的需要寻求大量的、符合基本条件的可行的执行机构系统方案。在方案评价标准一定的条件下，计算机产生的可行方案越多，其最终得到的最优方案的质量通常也越高。

为了使产生的可行方案数量增加，我们提出了针对动作-机构（A-M）的创新方法：

（1）动作分组法

动作直接映射为机构，还需要解决两个问题：

1）如何确定执行机构的输出运动。一个较为复杂的动作可以分解为若干个简单动作；反之，某些简单动作也可以合成为一个较复杂动作。但是哪种输出运动更有利于实现机械的功能是关键。

2）如何确定机械运动系统应有多少执行机构，应该考虑多少执行机构组成整个系统才是最佳的。

为了解决上述两个问题，我们提出两个措施：

1）规定一组动作能且仅能描述一个执行构件的运动。

2）假定一个执行机构只有一个执行构件。

动作分组法基本思路如图 33.7-21 所示。表示将复杂动作分解为较为简单的动作，也可将相互矛盾、不可共存的两动作 A_1、A_2 加以分开。若动作小组 1、2 中动作仍不可共存就继续分组，直至动作小组数等于简单动作个数。通过这种办法，可遍历所有可能的动作组合情况，完成对机械运动系统动作过程的组合解的全面搜索，有利于进行机构系统的创新。

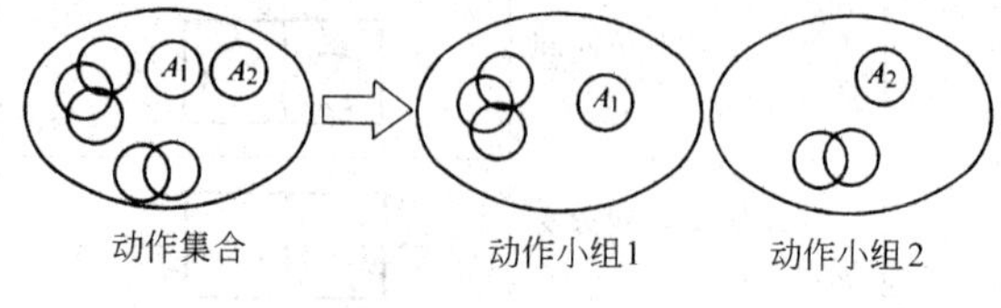

图 33.7-21 动作分组法

为了判别动作是否可共存，其判断规则（又称动作集合分组规则）如下。

1）串联的简单动作可以共存。

2）动作并联，若其运动形式相同，方向相反，则不能共存。

3）动作并联，若动作之间存在相对运动关系，则不能共存。

4）若物料不可穿越，运动范围在物料两侧的动作，不宜共存。

5）运动轴线相互垂直的动作，不宜共存。

6）作用力相差悬殊的动作，不宜共存。

7）其他导致动作不宜共存的情况。

除了上述 7 条动作集合分组规则外，还需判断分组是否合适的分组评价规则：

1）若估出的小组动作的运动总时间远大于执行机构系统的工作循环时间，则认定分组不合适。

2）若无法找到实现小组动作的执行机构，则认定分组不合适。

3）若不能满足功能的其他要求（除运动规律外），则认定分组不合适。

动作分组法的具体步骤见图 33.7-22。

在图 33.7-21 所示的动作集合中共有 $n=7$ 个行为，其中两个动作不可共存。若该集合仅分为两组，则可行动作分组数可按下式计算

$$C_5^0+C_5^1+C_5^2+C_5^3+C_5^4+C_5^5=32$$

由此说明这种动作集合可以有 32 个可行动作组合方案。用动作分组法可以实现机构系统方案的创新。

（2）动作变换法

动作变换法是通过改变动作的表现形式来创新出新的动作组合形式。动作变换主要包括动作合并、动作分割、动作分解和动作分位等形式。

1）动作分割和合并。动作分割是将一个动作分割成若干子动作；动作合并是将若干动作合并成一个动作。

图 33.7-23 所示为将一个动作分割成若干个串联的子动作。图 33.7-24 所示为将若干个并联的子动作合并成一个动作。不同的动作分割方式，对生产率的影响是不同的。

2）动作的分解。动作分解是按一定的分解原理，将一个动作分解为两个或两个以上的子动作。

图 33.7-25 所示为实现印刷功能的动作分解的若干方案，动作分解可产生许多可行的方案。因此，动作分解就会有创新方案的可能性。

3）动作的分位。动作分位就是将一个动作分若干个工位来完成。动作分位的目的是提高生产率，方法是分配动作到适当的空间位置上。对于动作是否可以分位及如何分位，我们先做一个假设：

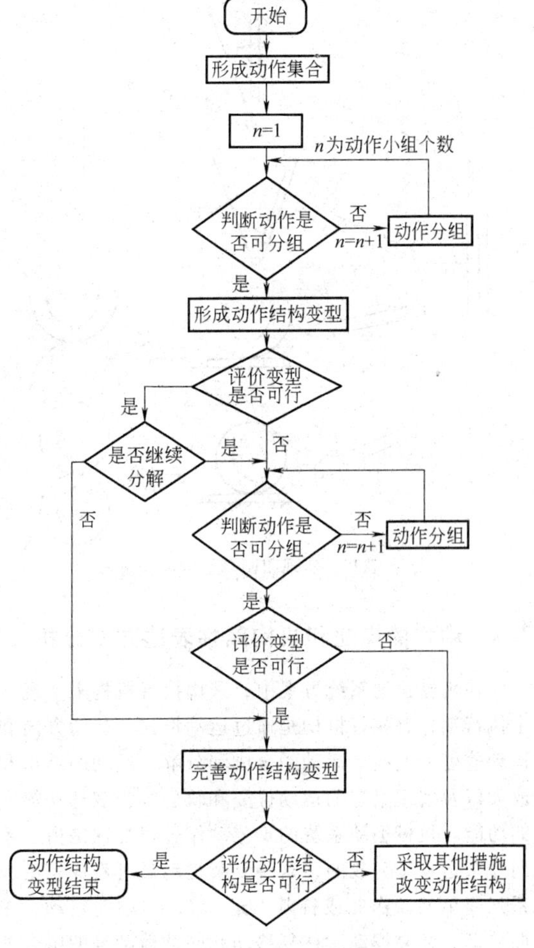

图 33.7-22　动作分组法流程图

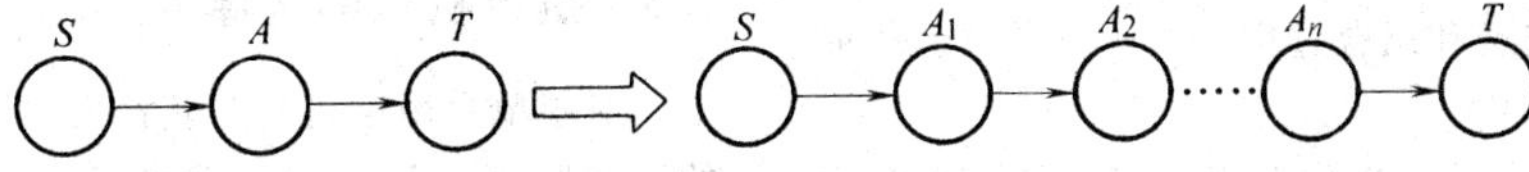

图 33.7-23　动作分割

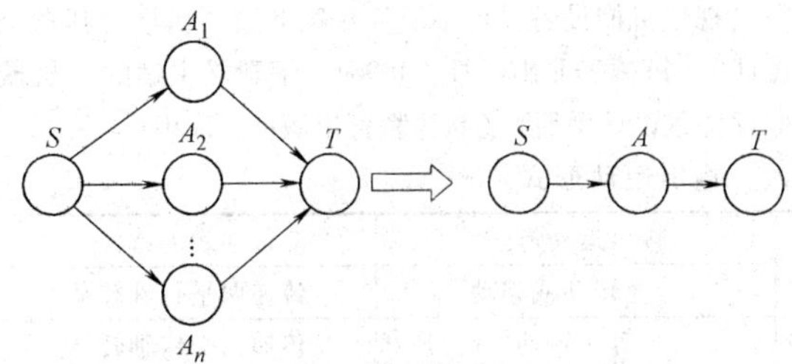

图 33.7-24　动作合并

在一个工作循环中，物料经过一个工位只有一次。

动作是否可分位的判别规则如下：

1）存在相对运动关系的两组动作，无法分在不同工位上。

2）两组动作之间存在一个时序关系，且发生时序关系的两个动作不是各自组的最后一个动作，也不是各自组的最前一个动作，则无法分在不同工位上。

3）两组动作之间存在不止一个时序关系，则两组动作无法分在不同工位上。

4）两组动作之间存在一个时序关系且发生时序关系的两个动作中，先完成的动作是该组的最后一个动作或后完成的动作是该组的最前一个动作，则这两组动作可分在不同工位上。

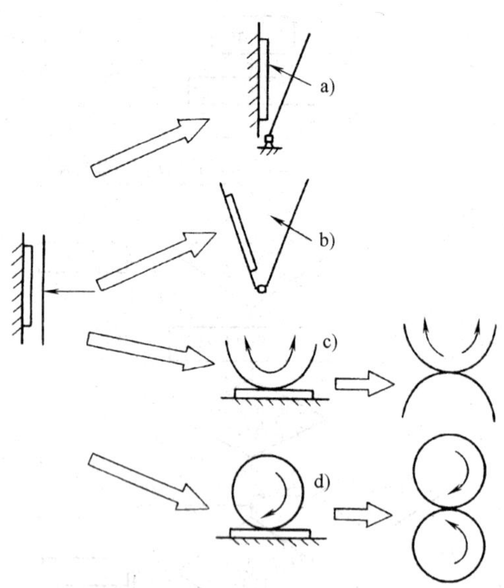

图 33.7-25　实现印刷功能的动作分解

3.4　动作的描述和机构属性表达方式分析

在机械运动系统方案中，采用执行机构来实现各个执行动作，执行机构是通过运动形式、运动方向和运动速度的变换，运动的合成和分解，运动的缩小和放大以及实现给定的运动位姿和轨迹等来表达功能元的功能。机械运动系统的工艺动作过程往往是由一系列复杂运动来完成的，这些复杂运动又可看成是由一系列简单的动作（或称基本运动），如单向转动、单向移动、往复摆动、往复移动和间歇运动等的组合而成。因此，利用运动转换功能图，便于找出与要求的运动特性相匹配的机构，使机构造型过程更具直观性。但是在机构选型和组合过程中，还应考虑运动轴线、运动速率的变化。

图 33.7-26 所示为四工位专用机床中从动力源到机床各执行件（安装工件的工作台、装有刀具的主轴箱和刀具）之间的运动类型的转换和速率大小的变化。但是，没有反映出从动力源到机床各执行件的轴线位置变化情况，两个电动机的回转轴线是一个未知量，3 个执行件（工作台、主轴箱和刀具）的运动轴线也不明确，而在机械运动系统方案设计中，动力源和各执行件的轴线位置恰恰是一个十分重要的因素，有时甚至是决定方案是否可行的一项指标。此外，图中各运动速率特性（匀速、匀加速还是非匀速等）也没有明确表示出来。

在机械运动系统方案设计中，设计者最关心的机构运动功能是输入和输出的运动形式（也称动作类型）、运动轴线、运动方向及运动速率等。

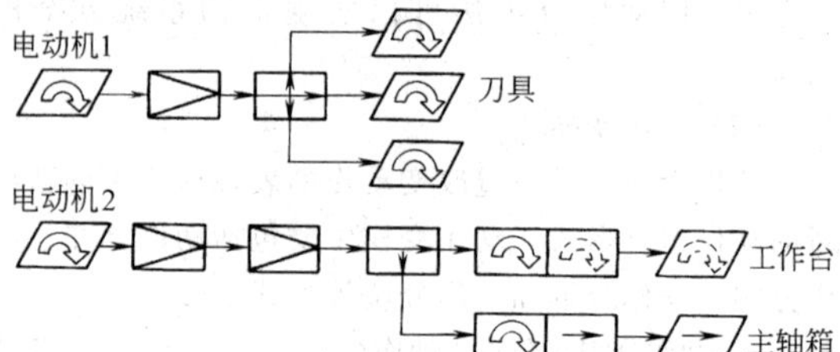

图 33.7-26　四工位专用机床运动转换功能图

机构的运动特性可以概括为：运动形式的转换、输入和输出轴的方向、输入和输出的速率大小。

机构运动特性的描述参见图 33.6-4。

运动形式的转换具体表现为：输入和输出运动形式间的变化。对于机构来说，输入运动主要有：转动、摆动或移动；输出运动主要有：单向转动、单向移动、往复摆动、往复移动、间歇摆动、间歇移动、刚体导引运动和点的轨迹运动等。

输入和输出的基本运动方向可具体描述为：绕 3 个坐标轴的单向或双向转动与摆动；沿 3 个坐标轴的单向或双向移动。

输入和输出的速率大小包括速率特性。

3.5　执行机构的选择

对于单自由度机构，其输入和输出构件都有确定的运动形式，表 33.7-2 列出了常见机构输入、输出运动形式。

为了选择好合适的执行机构，还可参见贝季瑶主编的《现代机械设备设计手册》中第 8 篇“机构及其系统设计”（机械工业出版社，1996），邹慧君主编的《机械原理课程设计手册》（高等教育出版社，2010）。

表 33.7-2　常见机构输入、输出运动形式

序号	常见机构	输入运动形式	输出运动形式	传递运动特性
1	圆柱齿轮机构	等速转动	等速转动或移动	传递两平行轴转动
2	螺旋齿轮机构	等速转动	等速转动	传递两交错轴转动
3	蜗杆蜗轮机构	等速转动	等速转动	传递两垂直交错轴转动
4	锥齿轮机构	等速转动	等速转动	传递两相交轴转动
5	盘形凸轮机构	等速转动或移动	往复移动或摆动	传递平面内运动
6	圆柱凸轮机构	等速转动	往复移动或摆动	传递空间运动

（续）

序号	常见机构	输入运动形式	输出运动形式	传递运动特性
7	平面连杆机构	等速转动	往复移动或摆动 刚体导引或点的轨迹	传递平面内运动
8	空间连杆机构	等速转动	往复移动或摆动	传递空间运动
9	间歇运动机构	等速转动	往复间歇摆动或移动	传递两平行轴或相交轴或交错轴运动
10	组合机构	等速转动	往复摆动或移动 刚体导引或点的轨迹	一般为平行轴间运动

4　机械运动系统方案的组成原理与方法

机械运动系统方案的组成是将所选的执行机构构成若干可行的机械运动系统方案（亦可称之为机构系统的组成），它应包括机构系统的型综合和机构系统的尺度综合。型综合是确定机构的类型；尺度综合是确定所选机构的各运动尺寸。机构系统的型综合包括各执行机构类型的选择和它们的相互动作关系的确定。机构系统的尺度综合是根据各执行机构的执行动作的要求进行各机构的运动尺度的计算和各机构动作时间序列确定，从而使各机构的输出运动完全满足机械的工艺动作过程要求。

4.1　机械运动系统组成的相容性原则

在机械运动系统中各执行机构的组成大多采用串联形式和并联形式。在组成机械运动系统方案时，它的相容性主要反映在保持各执行机构运动的同步性、各执行机构输出动作的协调性以及各执行机构输出运动精度的匹配性等方面。

（1）各执行机构运动的同步性

同步性反映了机械运动系统在一个机械工作循环中各执行机构有相同的工作周期，按一定的节拍完成机械工艺动作要求。通常情况下，要求各执行机构的输入构件按同一转速转动或按一定的平均转速比转动，使各执行机构的运动周期相同。当然，在某些特殊的机械工艺动作过程中，个别执行机构的运动周期是其他执行机构的运动周期的整数倍。这时，可以通过定传动比的机构传动来加以保证。

例如，图 33.7-27 所示为家用缝纫机机构系统方案图，其中刺布机构和挑线机构的输入构件均为缝纫机的上轴，它由电动机带动旋转，使刺布机构和挑线机构的运动具有同步性。摆动的勾线机构和移动的送布机构的输入构件均由上轴通过一个曲柄摇杆机构和一个凸轮式高副机构传至下面 3 根轴产生摆动。因此，送布机构和勾线机构也一定与刺布机构和挑线机构同步运动。

又如，图 33.7-28 所示内燃机机构系统方案图中，1′-2-3-7 为主机构——曲柄滑块机构；4′-5-7 及 4″-6-7 为吸气及排气凸轮机构；1-4 为齿轮机构。吸气及排气凸轮机构的两凸轮在同一轴上，而主机构曲柄与凸轮通过定传动比齿轮机构建立确定的运动关系，因此两者也是同步运动。

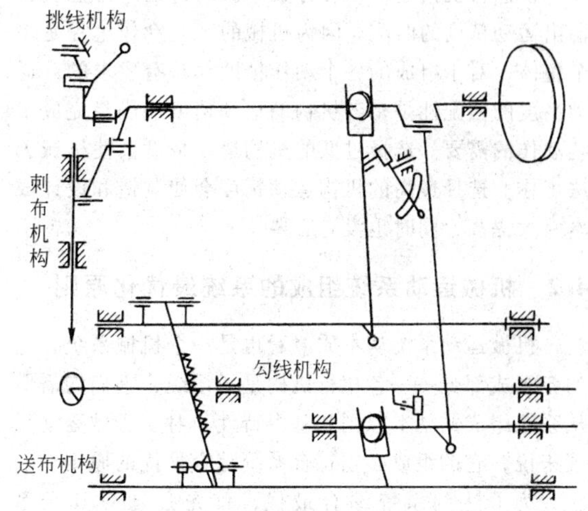

图 33.7-27　家用缝纫机机构系统方案图

（2）机构输出运动的协调性

在机械运动系统方案组成时，应考虑各机构的输出运动特性。机构的输出运动特性包括运动形式、运动轴线、运动方向和运动速率。机械运动系统设计时先考虑采用何种工作原理；工作原理确定后需构思工艺动作过程。为了满足工艺动作需要，在组成机械运动系统方案时，应使机构的运动特性符合规定要求，使各执行机构的运动相互协调。

例如，图 33.7-27 所示家用缝纫机机构系统中各机构的运动形式、运动方向和运动规律应满足刺布—挑线—勾线—送布的要求，同时运动轴线布置也应符合各机构的要求。又如，图 33.7-28 所示内燃机机构系统方案图中主机构的轴线和凸轮机构的轴线相平行，因此采用圆柱齿轮机构传动。如果主机构的轴线与凸轮机构的轴线相互垂直，那么应采用锥齿轮机构传动等。

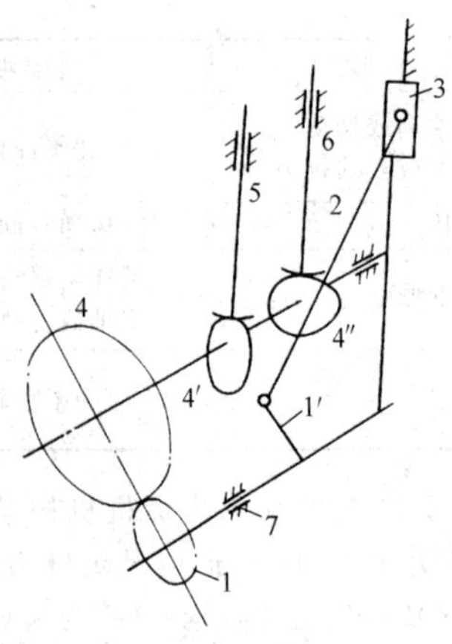

图 33.7-28　内燃机机构系统方案图

（3）机构输出运动精度的匹配性

在进行机械运动系统方案组成时，还应考虑机构输出运动精度的匹配。因为机械的工艺动作过程是一个整体，对于组成的各个动作精度都是有要求的。运动精度的匹配性是指各机构的运动精度能满足完成工艺动作的需要。选择过低的机构运动精度会使机械无法工作。选择过高的机构运动精度会使制造和设计成本大大提高，同时也没有必要。

4.2　机械运动系统组成的系统最优化原则

机械运动系统从本质上看也是一个机械系统，它的各组成部分——各执行机构是子系统，它们均需服从系统组成的基本原则和基本特性。对于机械运动系统来说，它的组成必须符合系统综合最优的原则。

为了达到系统综合最优，首先必须对其子系统——执行机构进行综合最优的评价和选优。对于每个执行机构必须从实现功能、工作性能、动力性能、经济性和结构紧凑 5 个方面来进行评价，并由评价结果从众多的可行执行机构中择优选择。其次，应对整个机械运动系统-机构系统从整体的实现功能、工作性能、动力性能、经济性和结构紧凑来进行全面评价，从众多的、可行的机械运动系统中选择几个综合最优方案，供最后决策和选择。

机械运动系统追求整体综合最优方案，这是系统设计的关键所在。

4.3　寻求执行机构的创新设计是机械运动系统创新设计的基础

要得到具有创新性的机械运动系统方案，其基础是创新出整体性能最佳的新颖执行机构。

机构的创新设计方法已在第 3 章中加以描述。在执行机构层次上的创新设计，可以使机械运动系统方案更具创新性。

对于较为复杂的动作，如果采用常用的基本机构无法实现，可以采用组合机构和机构组合。组合机构常见的有齿轮-连杆机构、凸轮-连杆机构和凸轮-齿轮机构，它们均是将一些凸轮、齿轮、连杆的元素融合在一起的复合机构。因此，它们所能实现的运动规律和运动轨迹比基本机构更加复杂多变。机构组合也是实现比基本机构更为复杂的运动规律，一般它们是采用两种基本机构的串联和并联来实现的。

5　机械系统运动方案设计举例

为了说明机械运动系统方案设计的步骤和大致过程，现列举两个实例。通过实例可以说明机械运动系统的构思和设计的基本原理和基本方法，同时希望能使读者起到举一反三的效果，开阔构思思路，启迪创新思维。

5.1　设计平版印刷机的运动系统方案

（1）机器的功能和设计要求

机器的功能是表达机器的功用。机器的设计要求是机器设计的出发点。简易平版印刷机用于中、小型印刷厂，它可以印刷各种表格、联单、账簿、商标和名片等 8 开以下的印刷品。简易平版印刷机由于具有结构简单、成本低廉、使用方便和维修容易等特点，因而目前仍广泛地得到应用。

平版印刷机的功能是在小型铜锌版上刷上油墨，通过铜锌平版与白纸的相互贴合而完成印刷工艺。

为了实现平版印刷工艺，平版印刷机必须完成纸张输送、油辊上添加油墨、铜锌版上刷墨、白纸与刷墨后的铜锌版贴合印刷、取出和叠好印刷品 5 个分功能。

平版印刷机的设计要求和参数有：

1）印刷能力——24 次/min。

2）驱动电动机——采用 Y90S-6：$P=0.75\text{kW}$，$n=910\text{r/min}$；或 Y90L-6：$P=1.1\text{kW}$，$n=910\text{r/min}$。

3）电动机安装在印刷机底部或墙板的侧面。

4）机械运动方案应力求简单，其固定铰链点布置在规定的墙板上。

5）印头的固定支撑位置见图 33.7-29，印头摆角 50°；油辊在刷墨过程中需占据的两个极限位置 F_1、F_2 也表示在图 33.7-29 上。

6）从提高印刷质量来考虑，希望印头在印刷的瞬时有一短暂的停歇。

7）为了使油辊刷墨均匀，希望油辊在工作行程和回程中的速度尽量均匀。

（2）工作原理与工艺动作分解

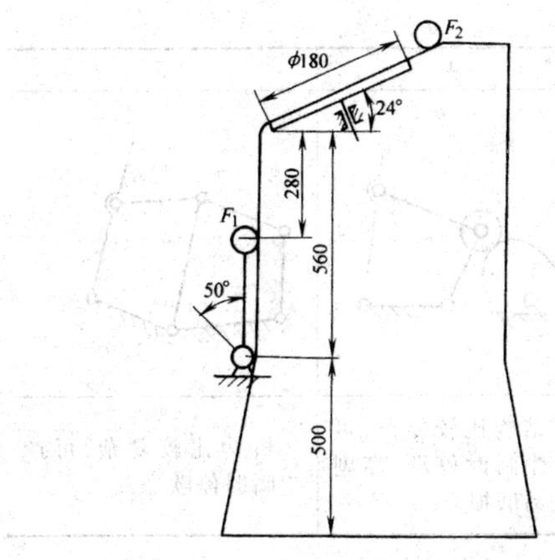

图 33.7-29　印头固定支撑位置

为了实现平版印刷的功能，可以有两种工作方式：一是铜锌版固定，纸张由印头带动与之贴合以完成印刷工艺；二是纸张固定，铜锌版由印头带动与之贴合以完成印刷工艺。这两种不同的工作方式，它们的工艺动作过程是有区别的。下面以前一种工作方式为例说明工艺动作分解情况。对于简易式平版印刷机，它的输纸和取出印刷品均由手工完成。因此，它的工艺动作可分解为：

1）由间歇动作机构给油辊上墨。

2）由油辊上下运动完成在铜锌版上的均匀刷墨。

3）由纸张来回摆动与涂墨后的铜锌版贴合完成印刷工艺。

为了使油辊上墨均匀，先将油墨定量输送至油盘，再将油盘定期间歇转动实现不断均匀上墨。

为了使油辊均匀刷墨于铜锌版上，要求在刷墨时油辊尽可能等速运动。

为了使纸张与铜锌版贴合，希望在贴合瞬间有一短暂的停留。

根据工艺动作分析，简易式平版印刷机具有 3 个执行构件——油盘、油辊和印头。它们的运动形式分别为：

油盘做间歇转动，一般采用在一个运动循环内做定向间歇转过 60°的动作。

油辊沿固定导路（它主要由油盘和铜锌版组成）在一个运动循环内做一次往复运动。

印头在一个运动循环内做一次往复摆动。

（3）根据工艺动作顺序和协调要求拟定运动循环图

拟定简易平版印刷机运动循环图的目的是确定印头、油辊、油盘 3 个执行构件动作的先后顺序、相位，以利对各执行机构进行设计、装配和调试。

在拟定运动循环图时要确定一个主要执行机构，以它的主动件每转一周完成一个运动循环，平版印刷机是以印头的执行机构的主动件的某一零位角为横坐标的起点，纵坐标表示执行件的位移情况。在运动循环图上表示的位移曲线主要表达出运动的起讫位置，而不必准确表示出各执行构件的运动规律。

图 33.7-30 所示为简易印刷机的运动循环图。印头的摆动具有工作行程和空回行程。油辊摆动的工作行程是在印头回程中完成的。油盘在油辊工作行程后半段开始做间歇转动一次，至油辊回程的前半段完成转动，接着油盘停顿一直至第二次间歇运动开始。

拟定运动循环图时，为了提高机器生产率，可使各执行构件的动作起讫位置在不影响相互动作协调和干扰的前提下进行重叠安排。

确定了运动循环图后，就可按此来拟定合适的运动规律，进行机构设计。必要时，可对所设计的机构进行运动分析，用分析所得的位移规律加到初步设计的运动循环图上，观察机构的运动是否协调，评估机构的运动和动力性能是否合适。若有不当之处，还可以将运动循环图做适当的修正。

（4）机构选型

根据 3 个执行构件——印头、油盘、油辊的动作要求一般可以选择一些常用的、合适的机构。

对于印头执行机构，一般可选择表 33.7-3 所示的 5 种机构。设计者也可根据需要另行构思和设计其他的机构。

对于油辊执行机构，一般可选择如表 33.7-4 所示的 3 种机构：曲柄摇杆机构加固定凸轮机构、摆动导杆机构加固定凸轮机构和六连杆机构加固定凸轮机构。

对于油盘间歇运动机构，可以选择如表 33.7-5 所示的 4 种机构。在特殊情况下还可以采用利用连杆曲线的圆弧段或直线段来实现间歇运动。对于速度较低的平版印刷机一般可采用棘轮机构或槽轮机构。

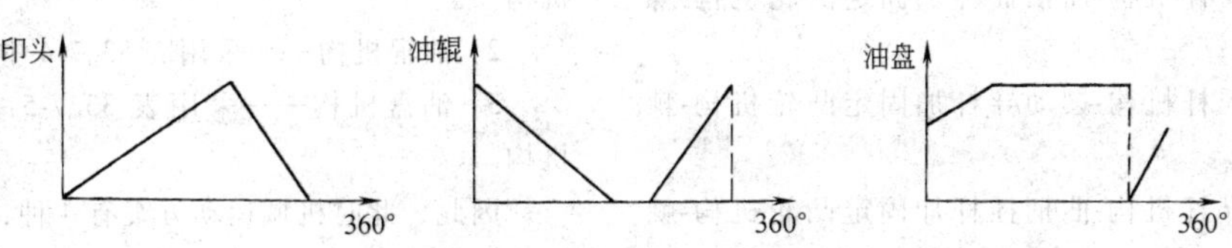

图 33.7-30　简易印刷机运动循环图

表 33.7-3　印头执行机构

序号	1	2	3	4	5
简图					
特点	结构简单、设计计算方便、有急回特性，全是铰链不易自锁	结构简单、设计计算方便、有急回特性，移动副中摩擦有影响	结构简单、设计计算方便、可有瞬时停歇，易磨损	结构比较复杂，可产生瞬时停歇，高副处易磨损	机构比较复杂，可产生瞬时停歇

表 33.7-4　油辊执行机构

序号	1	2	3
简图	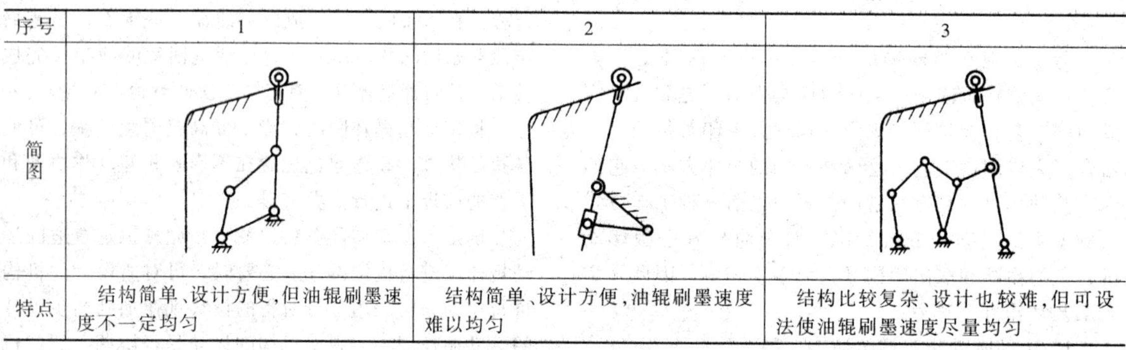		
特点	结构简单、设计方便，但油辊刷墨速度不一定均匀	结构简单、设计方便，油辊刷墨速度难以均匀	结构比较复杂、设计也较难，但可设法使油辊刷墨速度尽量均匀

表 33.7-5　油盘执行机构

序号	1	2	3	4
机构名称	棘轮机构	槽轮机构	不完全齿轮机构	凸轮式间歇运动机构
特点	结构简单，适用于低速，但需附加曲柄摇杆机构	结构简单，适用于低速，槽轮转角大小不能调节	结构比前两种机构复杂，具有瞬心线附加杆可减小冲击	凸轮形状复杂，制造较难，可用于高速场合

（5）机械运动方案的选择与评定

从上述印头执行机构、油辊执行机构以及油盘间歇运动机构可以选择的种类数目考虑，在一般情况下，根据数学上排列组合原理，平版印刷机的机械运动方案数目有

$$N=5\times3\times4=60$$

从 60 种机构运动方案中，根据给定条件、各机构的相容性、要求机构尽可能简单等来选择方案，如果印头不要求有瞬时停歇的保压阶段、油辊刷墨速度不考虑速度均匀，其机构运动方案有以下几种：

1）曲柄摇杆机构-曲柄摇杆加固定凸轮机构-棘轮机构。

2）曲柄摇杆机构-摆动导杆加固定凸轮机构-棘轮机构。

3）摆动导杆机构-曲柄摇杆加固定凸轮机构-棘轮机构。

4）摆动导杆机构-摆动导杆加固定凸轮机构-棘轮机构。

这 4 种方案，再加上间歇运动机构改为槽轮机构，也有 4 种方案，加起来一共有 8 种方案。从结构简单、摩擦情况良好考虑，在 8 种方案中可选用第一方案。

如果要求印头有瞬时停歇的保压阶段、油辊刷墨速度要尽量均匀，在目前机器速度不高的情况下，各执行机构可选择如下：

1）印头机构——采用表 33.7-3 中的第 4、5 两种机构。

2）油辊机构——采用表 33.7-4 中的第 3 种机构。

3）油盘机构——采用表 33.7-5 中的第 1、2 种机构。

因此，此时机械运动方案有 4 种，可以采用机械运动方案的评价方法（详见第 8 章）来评价选优。

（6）机械传动系统的转速比和变速机构

根据本例给定的条件，平版印刷机选用的驱动电动机的转速为 $n=910\text{r/min}$，而印刷能力为 24 次/min（亦即平版印刷机的主轴转速为 24r/min）。因此，必须采用减速机构，其转速比为

$$i=\frac{n}{n_1}=\frac{910}{24}=37.916\approx 38$$

可采用一级带减速传动、二级齿轮传动，它们的传动比分别为：

1）带传动：传动比为 3。

2）第一级直齿圆柱齿轮传动：传动比为 3.411，$z_1=17$，$z_2=58$。

3）第二级直齿圆柱齿轮传动：传动比为 3.705，$z_2'=17$，$z_3=63$。

（7）画出机械运动方案简图（机械运动示意图）

根据上述确定的最简单的机械运动方案，画出机械运动示意图，如图 33.7-31 所示。其中包括由驱动电动机开始的机械传动系统，3 个执行机构组成的机械运动示意图。

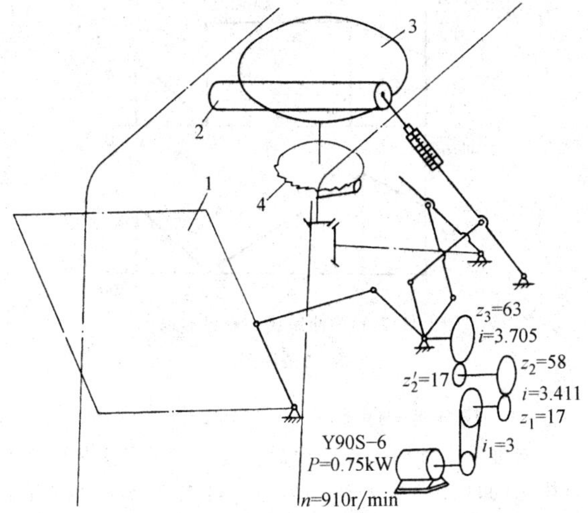

图 33.7-31　驱动电动机、传动机构示意图

（8）对机械传动系统和执行机构的尺度设计

其内容包括：

1）对带传动进行初步设计计算。

2）对第一对齿轮传动进行强度计算和几何尺寸计算，确定模数和有关尺寸。

3）对第二对齿轮传动进行强度计算和几何尺寸计算，确定模数和有关尺寸。

4）对印头执行机构-曲柄摇杆机构按摆角大小、行程转速比系数等进行设计计算，必要时可进行机构运动分析后做改进设计。

5）对油辊执行机构-曲柄摇杆机构按油辊摆动角度及机械运动循环图上的相关角关系进行设计计算。由于油辊执行机构是由曲柄摇杆机构加固定凸轮机构组成，故油辊的绝对运动求解是比较复杂的。上述组合机构相当于凸轮不是等速转动的移动从动件盘形凸轮机构。

6）对油盘间歇运动机构-棘轮机构及其附加的曲柄摇杆机构进行设计计算。

5.2　设计冲压式蜂窝煤成形机的运动系统方案

冲压式蜂窝煤成形机的运动系统设计主要步骤和过程如下：

（1）冲压式蜂窝煤成形机的功能和设计要求

功能

冲压式蜂窝煤成形机是我国城镇蜂窝煤（通常又称为煤饼）生产厂的主要生产设备，这种设备由于具有结构合理、成形性能好、经久耐用、维修方便等优点而被广泛采用。

冲压式蜂窝煤成形机的功能是将粉饼加入转盘的模筒内，经冲头冲压成蜂窝煤。

为了实现蜂窝煤冲压成形，冲压式蜂窝煤成形机必须完成 5 个动作：

1）粉煤加料。

2）冲头将蜂窝煤压制成形。

3）清除冲头和出煤盘内积屑的扫屑运动。

4）将在模筒内冲压后的蜂窝煤脱模。

5）将冲压成形的蜂窝煤输出。

设计要求和原始数据

1）蜂窝煤成形机的生产能力：30 次/min。

2）图 33.7-32 所示为冲头、脱模盘、扫屑刷和模筒转盘的相互位置情况。实际上冲头与脱模盘都与上下移动的滑梁连成一体，当滑梁下冲时冲头将粉煤冲压成蜂窝煤、脱模盘将已压成的蜂窝煤脱模。在滑梁上升过程中扫屑刷将刷除冲头和脱模盘上粘着的粉煤。模筒转盘上均布了模筒，转盘的间歇运动使加料后的模筒进入冲压位置，成形后的模筒进入脱模位置，空的模筒进入加料位置。

3）为了改善蜂窝煤冲压成形的质量，希望冲压机构在冲压后有一保压时间。

4）由于同时冲两只煤饼时的冲头压力较大，最大可达 50kN，其压力变化近似认为在行程的一半进入冲压，压力呈线性变化，由零值至最大值，因此，希望冲压机构具有增力功能，以减小机器的速度波动，减小原动机的功率。

5）驱动电动机目前采用 Y180L-8，其功率 $P=11\text{kW}$，转速 $n=730\text{r/min}$。

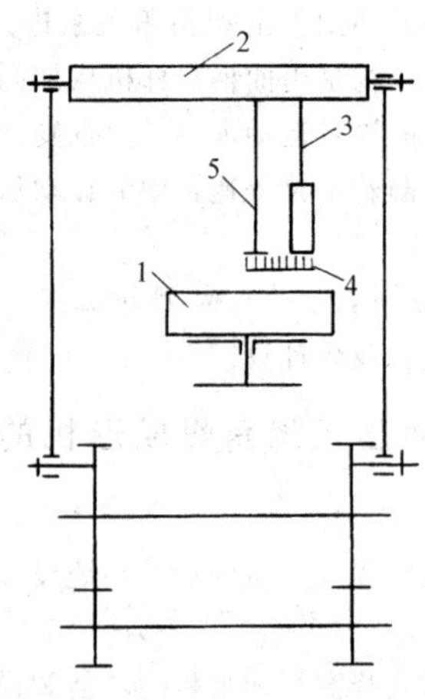

图 33.7-32 冲头、脱模盘、扫屑刷和模筒转盘位置示意图
1—模筒转盘 2—滑梁 3—冲头 4—扫屑刷 5—脱模盘

6）机械运动方案应力求简单。

（2）工作原理和工艺动作分解

根据上述分析，冲压式蜂窝煤成形机要求完成的工艺动作有以下6个动作：

1）加料：这一动作可利用粉煤重力打开料斗自动加料。

2）冲压成形：要求冲头上下往复移动，在冲头行程的后1/2进行冲压成形。

3）脱模：要求脱模盘上下往复移动，将已冲压成形的煤饼压下去而脱离模筒。一般可以将它与冲头一起固结在上下往复移动的滑梁上。

4）扫屑：要求在冲头、脱模盘向上移动过程中用扫屑刷将粉煤扫除。

5）模筒转盘间歇转动：完成冲压、脱模、加料3个工位的转换。

6）输送：将成形的煤饼脱模后落在输送带上送出成品，以便装箱待用。

以上6个动作，加料和输送的动作比较简单，暂时不予考虑，冲压和脱模可以用一个机构来完成。因此冲压式蜂窝煤成形机运动方案设计重点考虑冲压和脱模机构、扫屑机构和模筒转盘的间歇转动机构这3个机构的选型和设计问题。

（3）根据工艺动作顺序和协调要求拟定运动循环图

冲压式蜂窝煤成形机运动循环图主要是确定冲压和脱模盘、扫屑刷、模筒转盘3个执行构件的先后顺序、相位，以利于各执行机构的设计、装配和调试。

冲压式蜂窝煤成形机的冲压机构为主机构，以它的主动件的零位角为横坐标的起点，纵坐标表示各执行构件的位移起讫位置。

图 33.7-33 所示为冲压式蜂窝煤成形机3个执行机构的运动循环图。冲头和脱模盘都由工作行程和回程两部分组成。模筒转盘的工作行程在冲头的回程后半段和工作行程的前半段完成，使间歇转动在冲压以前完成。扫屑刷要求在冲头回程后半段至工作行程前半段完成扫屑动作。

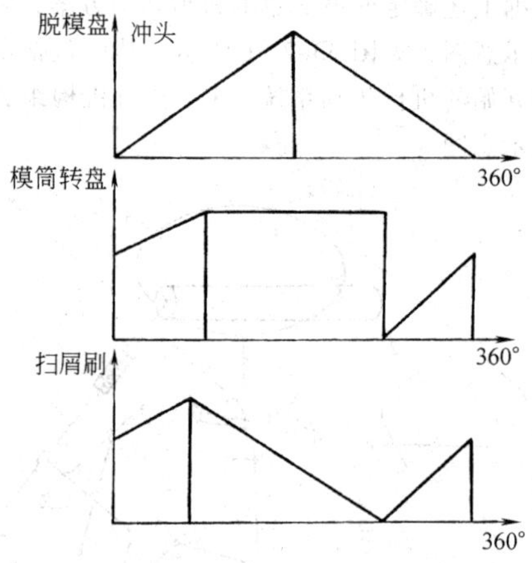

图 33.7-33 冲压式蜂窝煤成形机运动循环图

（4）执行机构的选型

根据冲头和脱模盘、模筒转盘、扫屑刷这3个执行机构的动作要求和结构特点，可以选择表 33.7-6 所列的常用的机构，这一表格又可称为执行机构的形态学矩阵。

图 33.7-34a 所示为附加滑块摇杆机构利用滑梁的上下移动使摇杆 OB 上的扫屑刷摆动扫除冲头和脱模盘底上的粉煤屑。图 33.7-34b 所示为固定移动凸轮利用滑梁上下移动使带有扫屑刷的移动从动件顶出而扫除冲头和脱模盘底的粉煤屑。

表 33.7-6 3个执行机构的形态学矩阵

冲头和脱模盘机构	对心曲柄滑块机构	偏置曲柄滑块机构	六杆冲压机构
扫屑刷机构	附加滑块摇杆机构	固定移动凸轮移动从动件机构	
模筒转盘间歇运动机构	槽轮机构	不完全齿轮机构	凸轮式间歇移动机构

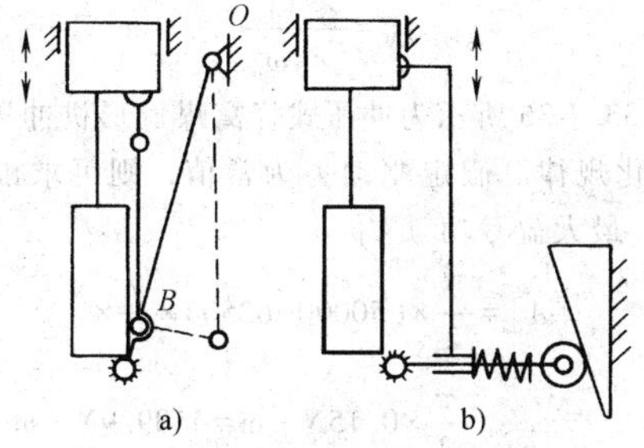

图 33.7-34　两种机构运动形式比较

（5）机械运动系统方案的选择和评定

根据表 33.7-6 所列的 3 个执行机构形态学矩阵，可以求出冲压式蜂窝煤成形机的机械运动方案数为

$$N=3\times2\times3=18$$

现在，可以按给定条件、各机构的相容性和尽量使机构简单等要求来选择方案。由此可选定两个结构比较简单的方案。

方案Ⅰ：冲压机构为对心曲柄滑块机构，模筒转盘机构为槽轮机构，扫屑刷机构为固定移动凸轮移动从动件机构。

方案Ⅱ：冲压机构为偏置曲柄滑块机构，模筒转盘机构为不完全齿轮机构，扫屑刷机构为附加滑块摇杆机构。

两个方案可以用模糊综合评价方法来进行评估选优，这里从略。最后选择方案Ⅰ为冲压式蜂窝煤成形机的机械运动方案。

（6）机械传动系统的转速比和变速机构

根据选定的驱动电动机的转速和冲压式蜂窝煤成形机的生产能力，它们的机械传动系统的总转速比为

$$i_{总}=\frac{n_{电动机}}{n_{执行主轴}}=\frac{730}{30}=24.333$$

机械传动系统的第一级采用带传动，其传动比为 4.866；第二级采用直齿圆柱齿轮传动，其传动比为 5。

（7）画机械运动系统方案简图

按已选定的 3 个执行机构的形式及机械传动系统，画出冲压式蜂窝煤成形机的机械运动系统示意图。其中 3 个执行机构部分也可以称为机械运动方案简图。如图 33.7-35 所示，其中包括了机械传动系统、3 个执行机构的组合。如果再加上加料机构和输送机构，那就可以完整地表示整台机器的机械运动系统方案图。

有了机械运动系统方案简图，就可以进行机构的运动尺度设计计算和机器的总体设计。

（8）对机械传动系统和执行机构进行尺度计算

为了实现具体的运动要求，必须对带传动、齿轮

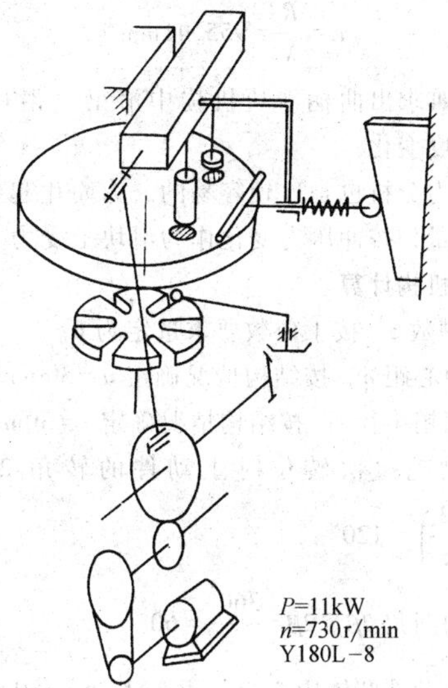

图 33.7-35　冲压式蜂窝煤成形机运动系统方案示意图

传动、曲柄滑块机构（冲压机构）、槽轮机构（模筒转盘间歇运动机构）和扫屑刷凸轮机构进行运动学计算，必要时还要进行动力学计算。

带传动计算

1）确定计算功率 P_c：$P_c=K_AP$。

取 $K_A=1.4$，则 $P_c=1.4\times11\text{kW}=15.4\text{kW}$。

2）选择带的型号。由 P_c 及主动轮转速 n_1，由有关线图选择 V 带型号为 C 型 V 带。

3）确定带轮节圆直径 d_1 和 d_2。取 $d_1=200\text{mm}$，则

$$d_2=4.866d_1=973.2\text{mm}$$

4）确定中心距 a_0。

$$0.7(d_1+d_2)\leqslant a_0\leqslant2(d_1+d_2)$$

即 $821.24\text{mm}\leqslant a_0\leqslant2346.4\text{mm}$。

5）确定 V 带根数 z。

$$z\geqslant\frac{P_c}{[P_0]}=\frac{15.4}{3.8}=4$$

齿轮传动计算

取 $z_1=22$，$z_2=i\times22=5\times22=110$。按钢制齿轮进行强度计算，其模数 $m=5\text{mm}$，则

$$d_1=z_1m=110\text{mm}$$

$$d_2=z_2m=550\text{mm}$$

其余尺寸，按有关表格算出。

曲柄滑块机构计算

已知冲压式蜂窝煤成形机的滑梁行程 $s=300\text{mm}$，连杆系数 $\lambda=\dfrac{R}{L}=0.157$，则曲柄半径

$$R=\frac{1}{2}s=150\text{mm}$$

连杆长度　　$L=\frac{R}{\lambda}=955.41\text{mm}$

因此，不难求出曲柄滑块机构中滑梁（滑块）的速度和加速度变化。

它的力分析也是比较容易的，为简化起见，不计各构件重量，按冲压力变化作为滑块上受力。

槽轮机构计算

1）槽数 z。按工位数要求选定为 6。

2）中心距 a。按结构情况确定 $a=300\text{mm}$。

3）圆销半径 r。按结构情况确定 $r=30\text{mm}$。

4）槽轮每次转位时主动件的转角 2α。$2\alpha=180°\left(1-\frac{2}{z}\right)=120°$。

5）槽间角 2β。$2\beta=\frac{360°}{z}=60°$。

6）主动件圆销中心半径 R_1。$R_1=a\sin\beta=150\text{mm}$。

7）R_1 与 a 的比值 λ。$\lambda=\frac{R_1}{a}=\sin\beta=0.5$。

8）槽轮外圆半径 R_2。$R_2=\sqrt{(a\cos\beta)^2+r^2}=262\text{mm}$。

9）槽轮槽深 h。$h\geqslant a(\lambda+\cos\beta-1)-r$。

$h\geqslant 79.8\text{mm}$，取 $h=80\text{mm}$。

10）运动系数 k。$k=\frac{z-2}{2z}=\frac{1}{3}$（$n=1$，$n$ 为圆销数）。

扫屑刷凸轮机构计算

固定移动凸轮采用斜面形状，其上下方向的长度应大于滑梁的行程 s，其左右方向的高度应能使扫屑刷在活动范围内扫除粉煤。具体按结构情况来设计。

（9）冲压式蜂窝煤成形机的飞轮设计

飞轮设计对于冲压式机械——三相交流电动机组成的机组可以采用精确算法，为了简便，这里采用了飞轮的近似算法，其公式为

$$J_M=\frac{[A]}{[\delta]\omega_m^2}$$

图 33.7-36 所示为冲压式蜂窝煤成形机冲压力的近似变化规律。假定驱动力为常值，则可求出 $F_d=6250\text{N}$。最大盈亏功 $[A]$

$$[A]=\frac{1}{2}\times(50000-6250)\times\frac{7}{8}\times\frac{\pi}{2}\times0.15\text{N}\cdot\text{m}=4509.9\text{N}\cdot\text{m}$$

同时，取 $[\delta]=0.15$，为了减小飞轮尺寸，将飞轮安装在小齿轮轴上，则 $\omega_m=150\times\frac{2\pi}{60}\text{rad/s}$，因此

$$J_M=\frac{4509.9}{0.15\times\left(150\times\frac{2\pi}{60}\right)^2}\text{kg}\cdot\text{m}^2=121.853\text{kg}\cdot\text{m}^2$$

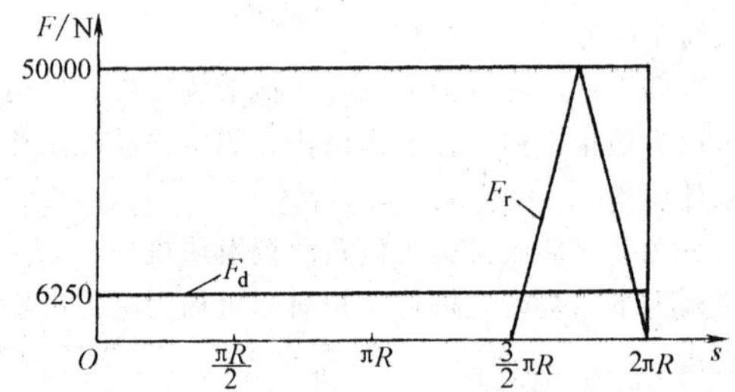

图 33.7-36　蜂窝煤成形机冲压力变化曲线

加了飞轮之后，由于飞轮能储存能量，故可使冲压式蜂窝煤成形机所需电动机功率减小，其电动机功率为

$$P'=F_d v=6250\times\frac{2\pi\times0.15\times30}{60}\text{W}=2945.243\text{W}=2.945\text{kW}$$

目前采用的电动机的功率为 11kW，显然没有考虑附加飞轮，而是从克服短时冲压力较大的需要出发的。

第 8 章　机械运动系统的评价体系和评价方法

1　评价指标体系的确定原则

机械运动系统方案的构思和拟定的最终目标是确定某一机械运动系统方案，并进一步解决机构系统设计问题。如何通过科学的评价和决策方法来确定最佳机械运动系统方案是机械运动方案设计的一个重要阶段。为此，必须根据机械运动方案的特点来确定评价特点、评价准则和评价方法，从而使评价结果更为准确、客观、有效，并能为广大工程技术人员认可和接受。

机械运动系统方案设计是机械设计的初始阶段的设计工作，其评价具有如下特点：

1）评价准则应包括技术、经济和安全可靠 3 个方面的内容。这一阶段的设计工作只是解决原理方案和机构系统的设计问题，不具体地涉及机械结构设计的细节。因此，对经济性评价往往只能从定性角度加以考虑。对于机械运动系统方案的评价准则所包括的评价指标总数不宜过多。

2）在机械运动系统方案设计阶段，各方面的信息一般来说都还不够充分，因此一般不考虑重要程度的加权系数。但是，为了使评价指标有广泛的适用范围，对某些评价指标可以按不同应用场合列出加权系数。例如承载能力，对于重载的机器应加上较大的加权系数。

3）考虑到实际的可能性，一般可以采用 0~4 的 5 级评分方法来进行评价，即将各评价指标的评价值等级分为 5 级。

4）对于相对评价值低于 0.6 的方案，一般认为较差，应该予以剔除。若方案的相对评价值高于 0.8，那么，只要它的各项评价指标都较均衡，则可以采用。对于相对评价值介于 0.6~0.8 之间的方案，则要进行具体分析，有的方案在找出薄弱环节后加以改进，可成为较好的方案而被采纳。例如，当传递相对较远的两平行轴之间的运动时，采用 V 带传动是比较理想的方案。但是，当整个系统要求传动比十分精确，而其他部分都已考虑到这一点而采取相应措施时（如高精度齿轮传动、无侧隙双导程蜗杆传动等），V 带传动就是一个薄弱环节。如果改成同步带传动后，就能达到扬长避短的目的，又能成为优先选用的好方案。

5）在评价机械运动系统方案时，应充分集中机械设计专家的知识和经验要尽可能多地掌握各种技术信息和技术情报；要尽量采用功能成本（包括生产成本和使用成本）指标值进行机械运动方案的比较。通过这些措施才能使机械运动方案评价更加有效。

为了使机械运动系统方案的评价结果尽量准确、有效，必须建立一个评价指标体系，它是一个机械运动方案所要达到的目标群。对于机械运动方案的评价指标体系，一般应满足以下基本要求：

1）评价指标体系应尽可能全面，但又必须抓住重点。它不仅要考虑到对机械产品性能有决定性影响的主要设计要求，而且应考虑到对设计结果有影响的主要条件。

2）评价指标应具有独立性，各项评价指标相互间应该无关。这也就是说，采用提高方案中某一评价指标评价值的某种措施，不应对其他评价指标的评价值有明显影响。

3）评价指标都应进行定量化。对于难以定量的评价指标可以通过分级量化。评价指标定量化有利于对方案进行评价与选优。

2　评价指标体系

2.1　机构的评价指标

机械运动系统方案是由若干个执行机构来组成的。在方案设计阶段，对于单一机构的选型或整个机构系统（机械运动系统）的选择都应建立合理、有效的评价指标。从机构和机构系统的选择和评定的要求来看，主要应满足 5 个方面的性能指标，具体见表 33.8-1。

表 33.8-1　机构系统的评价指标

序　　号	1	2	3	4	5
性能指标	机构功能	机构的工作性能	机构的动力性能	经济性	结构紧凑
具体内容	1）运动规律的形式 2）传动精度	1）应用范围 2）可调性 3）运转速度 4）承载能力	1）加速度峰值 2）噪声 3）耐磨性 4）可靠性	1）制造难易程度 2）制造误差敏感度 3）调整方便性 4）能耗	1）尺寸 2）重量 3）结构复杂性

确定这5个方面17项评价指标的依据：一是根据机构及机构系统设计的主要性能要求；二是根据机械设计专家的咨询意见。因此，随着科学技术的发展、生产实践经验的积累，这些评价指标需要不断增删和完善。有了比较合适的评价指标，将有利于评价选优。

2.2 几种典型机构的评价指标的初步评定

在构思和拟定机械运动方案时，相当多执行机构往往首先选用连杆机构、凸轮机构、齿轮机构和组合机构这4种典型机构，这是因为这几种典型机构的结构特性、工作原理和设计方法都已为广大设计人员所熟悉，并且它们本身结构较简单，易于实际应用。表33.8-2对它们的性能和初步评价做简要评述，为评分和择优提供一定的依据。

如果在机械运动系统方案中采用自己创新的机构或其他的一些非典型机构，对评价指标应另做评定。

表33.8-2　4种典型机构评价指标的初步评定

性能指标	具体项目	评价			
		连杆机构	凸轮机构	齿轮机构	组合机构
功能A	1)运动规律形式	任意性较差，只能达到有限个精确位置	基本上能任意	一般作定速比转动或移动	基本上可以任意
	2)传动精度	较高	较高	高	较高
工作性能B	1)应用范围	较广	较广	广	较广
	2)可调性	较好	较差	较差	较好
	3)运转速度	高	较高	很高	较高
	4)承载能力	较大	较小	大	较大
动力性能C	1)加速度峰值	较大	较小	小	较小
	2)噪声	较小	较大	小	较小
	3)耐磨性	耐磨	差	较好	较好
	4)可靠性	可靠	可靠	可靠	可靠
经济性D	1)制造难易程度	易	难	较难	较难
	2)制造误差敏感	不敏感	敏感	敏感	敏感
	3)调整方便性	方便	较麻烦	方便	方便
	4)能耗	可靠	一般	一般	一般
结构紧凑E	1)尺寸	较大	较小	较小	较小
	2)重量	较轻	较重	较重	较重
	3)结构复杂性	简单	复杂	一般	复杂

2.3 机构选型的评价体系

机构选型的评价体系是由机械运动方案设计应满足的要求来确定的。依据上述评价指标所列项目，通过一定范围内的专家咨询，逐项评定分配分数值。这些分配分数值是按项目重要程度来分配的。这一工作是十分细致、复杂的。在实践中，还应该根据有关专家的咨询意见，对机械运动方案设计中的机构选型的评价体系不断进行修改、补充和完善。表33.8-3为初步建立的机构选型评价体系，它既有评价指标，又有各项分配分数值，正常情况下满分为100分。有了这样一个初步的评价体系，可以使机械运动系统方案设计逐步摆脱经验、类比的情况。

利用表33.8-3所列的机构选型评价体系，再加上对各个选用的机构评价指标的评价量化后，就可以对几种被选用的机构进行评估、选优。

表33.8-3　初建的机构选型评价体系

性能指标	总分	项目	分配分	备　注
A	20	*A*1	15	以运动为主时，加权系数为1.5，即*A*×1.5
		*A*2	10	
B	20	*B*1	5	受力较大时，在*B*3、*B*4上加权系数为1.5
		*B*2	5	
		*B*3	5	
		*B*4	5	
C	20	*C*1	5	加速较大时，加权系数为1.5，即*C*×1.5
		*C*2	5	
		*C*3	5	
		*C*4	5	
D	20	*D*1	5	
		*D*2	5	
		*D*3	5	
		*D*4	5	
E	15	*E*1	5	
		*E*2	5	
		*E*3	5	

2.4 机构评价指标的评价量化

利用机构选型评估体系对各种被选用机构进行评估、选优的重要步骤就是将各种常用的机构就各项评价指标进行评价量化。通常情况下各项评价指标较难量化，一般可以按“很好”“好”“较好”“不太好”和“不好”5档来加以评价，这种评价当然应出自机械设计专家的评估。在特殊情况下，也可以由若干个有一定设计经验的专家或设计人员来评估。上述 5 档评价可以量化为 4、3、2、1、0 的数值。由于多个专家评价总是有一定差别的，其评价指标的评价值取其平均值，因此不再为整数。如果数值 4、3、2、1、0 用相对值 1、0.75、0.5、0.25、0 表示，其评价值的平均值也就按实际情况而定。有了各机构实际的评价值，就不难进行机构选型。这种选型过程由于依靠了专家的知识和经验，因此可以避免个人决定的主观片面性。

2.5　机构系统选型的评估方法

在机械运动系统方案中，实际上是由若干个执行机构进行评估后将各机构评价值相加，取最大评价值的机构系统作为最佳机构运动方案。除此之外，也可以采用多种价值组合的规则来进行综合评估。

机械运动方案的选择本身是一个因素复杂、要求全面的难题，采用什么样的机构系统选型的评估计算方法值得认真去探索。上面采用评价指标体系及其量化评估的办法是进行机械运动方案选择的一大进步，只要不断完善评价指标体系，同时又注意收集机械设计专家的评价值的资料，吸收专家经验，并加以整理，那么，就能有效地提高设计水平。

3　价值工程方法

价值工程是以提高产品实用价值为目的，以功能分析为核心，以开发集体智力资源为基础，以科学分析方法为工具，用最低的成本去实现机械产品的必要功能。

价值工程中功能与成本的关系是

$$V=\frac{F}{C} \tag{33.8-1}$$

式中　V——价值；

F——功能；

C——寿命周期成本。

机械运动系统方案的评价可以按它的各项功能求出综合功能评价值，以便从多种方案中合理地选择最佳方案。即以功能为评价对象，以金额为评价尺度，找出某一功能最低成本。

下面先分别说明产品的功能、产品的寿命周期成本、产品的价值以及产品价值评定的思考等的含义。

3.1　产品的功能

价值工程的根本问题，是摆脱以事物（产品结构）为中心的研究，转向以功能为中心的研究。功能是机械产品设计的出发点和依据。用户所要求的是特定的功能而不是具体的产品结构本身，结构本身只不过是实现特定功能的一种手段。例如，间歇运动机构的改进，如果单从机械结构出发来研究，最终仍离不开原来的框框，如从实现间歇运动这一功能出发就可采用步进电动机。因此，功能定义可以帮助设计者打破老框框，创造新机构。

功能是指机械产品所具有的特定用途和使用价值。对于机械运动方案来说，特定用途就是指实现某一特定工艺动作过程，使用价值就是指机械实现了功能所体现的价值。对某一执行机构来说，特定用途就是指实现某一工艺动作，使用价值就是此动作所体现的效果。

3.2　产品的寿命周期成本

产品的寿命周期成本是指产品自研究、形成到退出使用所需的全部费用。产品的寿命周期成本是生产成本 C_v 与使用成本 C_u 之和，即

$$C=C_v+C_u \tag{33.8-2}$$

用户为获得机械产品而用的购置费，称为生产成本 C_v；而用户在使用机械产品过程中所支付的各种使用费用，称为使用成本 C_u。

价值工程法的目的就是寻求不同的设计方案，以使最低寿命周期成本可靠地实现使用者所需功能，以获取最佳的综合效益。图 33.8-1 所示为机械产品功能 F 与机械产品寿命周期成本 C 之间关系。在 C 曲线的最低点 B 处，产品寿命周期成本最低。价值工程追求的也是这一理想点。说明设计方案在技术、经济上更为合理。

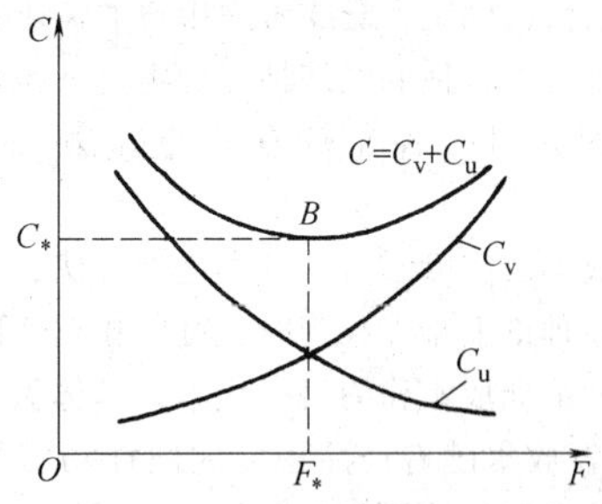

图 33.8-1　产品功能与产品成本间的关系

3.3　产品的价值

为了评定机械产品的价值，必须使功能能够与成本进行比较。因此，功能也必须用货币来表示。每一机械产品都是为了实现用户需要的某种功能，为了获得这种功能必须克服某种困难，而克服困难的难易程度是可以设法用货币来表示的。这种用货币表示的实现功能的费用，亦即功能的货币表现，称为功能评价

值。在大多数情况下，对于机械运动方案的功能有好几项，选择的分析对象为执行机构。例如，家用缝纫机，它的四个执行机构——刺料机构、挑线机构、送料机构和勾线机构，它们的功能分别为 F_1、F_2、F_3 和 F_4。

由此得出价值公式

$$V=\frac{F_1+F_2+F_3+F_4+\cdots}{C} \tag{33.8-3}$$

功能评价值（即货币表示的功能）可以相加。

在评定机械运动方案的价值时，$V=1$ 表示实现功能所花的费用与其成本相适应，这是理想状况。$V<1$ 表示实现功能的实际成本比其必需成本大，应该努力降低成本，使其趋近于 1。$V>1$ 表示用较少的成本实现了规定的功能，可以采取保持一定成本水平下适当地提高其功能。

3.4　机械运动方案的价值评定

（1）功能成本分析

功能成本是实现功能所需费用，它包括生产成本和使用成本。对于机械运动方案的功能是由各执行机构来实现的，因此功能成本分析对象就是各个执行机构。功能成本分析主要依靠生产厂和用户的资料进行预测和估算，这就需要进行成本资料的积累和分析。这些工作往往有很强的针对性。例如，针对缝纫机、包装机械等进行资料积累。

（2）功能评价值的确定

从定义来看，功能评价值是一个理论数值。在实际工作中，通常都是把功能目标成本作为功能评价值。这一数值的确定，既要考虑用户的需求，还要考虑技术实现的可行性和经济性。确定这一数值的方法很多，下面介绍一种比较有效的方法——最低成本法。

最低成本法实际上是一种类比的方法，当功能的目标成本在理论上难以找到时，可以找出实际中实现同样功能的最低成本作为目标成本，具体做法为：

1）广泛收集已有产品中完成同样功能的实际资料，弄清楚它们的功能相关条件，如工作性能、动力性能、经济性和结构紧凑等，并了解这些功能的实际满足程度和产品成本及用户反映等。

2）统一产品的可比成本。将收集到的产品有关资料，按功能相关条件进行分类，功能及功能实现条件相似或相同的划分为一类，同一类中，依据功能满足程度再划分等级。

3）根据成本资料估算出各自的功能成本。然后以产品功能实现程度为横坐标，以成本值为纵坐标绘制坐标图，把各产品实现该功能的情况画入坐标图，分别描出“×”点，如图 33.8-2 所示。

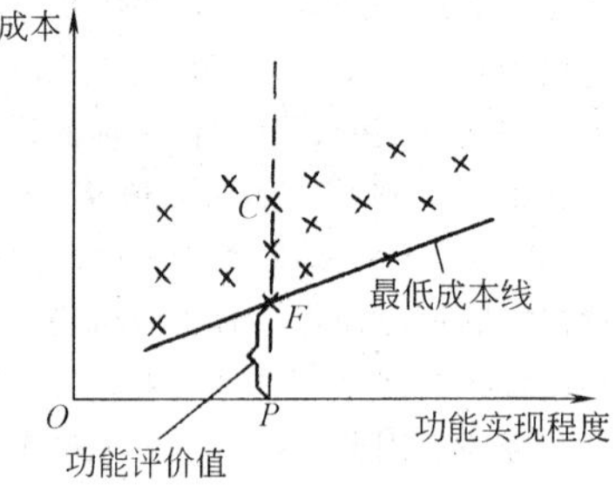

图 33.8-2　产品功能估算

4）把图中最低点连成一条直线，这条直线就是按不同满足程度实现这一功能的最低成本线。从这条直线上可以很方便地求出目标成本。如图 33.8-2 所示，P 点为原方案的满足程度，F 点代表满足同样功能水平的目标成本，而 C 点为目前成本。

这种方法要求有充分的实际数据作为依据，可靠性强、可比性好。而且由于目标成本在实际上是不断变化的，需要不断收集资料进行分析。适当地调整收集到的成本值。有了机械运动方案的功能成本和功能评价值就可以进行几个机械运动方案的评估选优。但是，由于方案阶段不确定因素还比较多，因此困难较大。所以对某一种专门机械产品一定要在大量资料积累之后才能够有效地进行评价选择。此外，该方法由于强调机械的功能和成本，因此有可能对不同工作原理的方案进行评价，为人们进行方案创造开辟一条重要途径。

4　系统分析方法

系统分析法就是将整个机械运动系统方案作为一个系统，从整体上评价方案适合总的功能要求的情况，以便从多种方案中客观地、合理地选择最佳方案。系统工程评价是通过求总评价值 H 来进行的，通常 Q 个方案中 H 值最高的方案为整体最佳的方案。

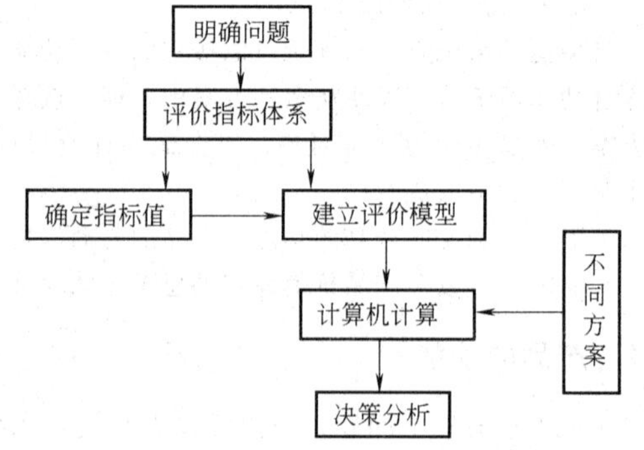

图 33.8-3　系统工程评价步骤

当然，最终决策还可以由设计者根据实际情况做出选择。例如，完成某一实际工艺动作有许多机械运动方案，有时为了满足一些特殊的要求，并不一定要选择 H 值最高的方案，而是选择 H 值稍低而某些指标值较高的方案。

图 33. 8-3 所示为系统工程评价步骤的框图。

对于任一机械运动系统方案，要达到的目标很多，它们的要求也不一样，系统工程评价法就是将一个机构系统从整体上对其各项评价指标进行综合评价。

4.1　系统工程评价方法的基本原则

为了达到机构系统从整体上进行综合评价，必须遵循以下几个原则：

（1）要保证评价的客观性

系统综合评价的目的是为了决策和选优，因此评价的客观性、有效性和合理性必须充分保证。这就要求评价的依据要全面和可靠；评价专家要有一定的权威性和客观性；评价方法要合理和可靠等。

（2）要保证方案的可比性

各个供选择的机械运动方案在保证实现系统的基本功能上要有可比性和一致性。不能突出一点不及其余，要进行方案的全面比较，才能防止片面性和个人主观武断。

（3）要有适合机械运动方案的评价指标体系

评价指标既要包括机构系统所要实现的定量目标，也要包括机构系统所应满足的定性要求。评价指标体系制定得好坏，对于评价结果的合理和有效性十分重要。评价指标体系的建立过程应充分集中领域专家的知识和经验。

4.2　建立评价指标体系和确定评价指标值

对于机械运动方案的评价指标体系如前所述，定为 5 个方面 17 项评价指标，从表 33. 8-3 中看出这 17 项评价指标的重要程度按分配分的多少来定，如果在具体的机械运动方案中要考虑一些特别情况，还可在有关项评价指标的分配分加权系数。

确定评价指标值的过程称之为量化，它是把具体某一执行机构所能达到评价指标要求的程度进行量化，一般采用相对比值办法，将实现程度定为 1、0. 75、0. 5、0. 25、0。对完全能实现评价指标规定的要求的机构就定为 1，也就取得这项评价指标分配分的满分，否则就要将分配分打一个折扣。量化的方法通常有 3 种：直接量化法、间接量化法和分等级法。现在是采用了分等级法。

如何确定机构系统评价指标体系及其各项评价指标的分配分是机械运动系统方案评估中十分重要的步骤。这些工作要通过领域专家的咨询而最后确定下来。表 33. 8-3 所示的就是一种集思广益的评价指标体系和各项分配分。

为了对各机械运动方案进行评估，还必须对各个具体的执行机构的各项指标的实现程度用相对比值来表示，这些相对比值的确定一定要根据机构的技术资料、手册、实验数据以及领域专家的知识和经验来确定。如果由多名专家用填表方式来确定相对比值，其平均值就作为最后确定的相对比值。

4.3　建立评价模型

评价模型应能综合考虑各评价指标，得出合理的评价结果。体现了系统工程评价法的具体计算原理。评价模型不但应考虑各指标在总体目标中的重要程度，还应考虑各指标之间的相互影响及结合状态。一般不能只用加权方法，还应运用多种价值组合规则。当各因素之间互相促进时用代换规则，当各因素之间可以互相补偿时用加法规则；当因素个个重要时用乘法规则。对于由 A、B、C 3 个执行机构组成的机械运动方案，如图 33. 8-4 所示。

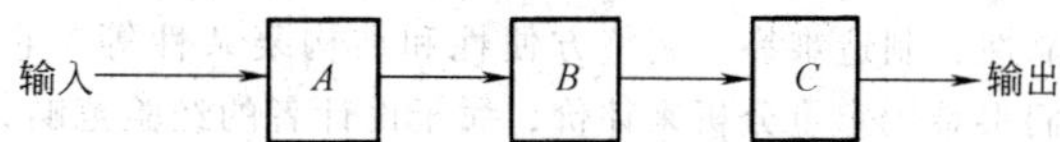

图 33. 8-4　3 个执行机构组成的机械运动方案评价模型

它的总评价模型为 H

$$H=\langle H_A^{\omega_A}\cdot H_B^{\omega_B}\cdot H_C^{\omega_C}\rangle \tag{33. 8-4}$$

式中，ω_A、ω_B、ω_C 为加权因子，根据各执行机构 A、B、C 在整体中所占的重要程度而定。必须注意，运用乘法规则时的加权因子采用指数加权。

评价模型的结构如图 33. 8-5 所示。

其中，

$H_A=\langle U_1(\cdot)U_2\cdots(\cdot)U_N\rangle$ 为乘法规则；

$H_B=\langle U_{N+1}(+)U_{N+2}\cdots(+)U_P\rangle$ 为加法规则；

$H_C=\langle U_{P+1}(\cdot)U_{P+2}\cdots(\cdot)U_S\rangle$ 为乘法规则。

每个指标 U_i 又可由若干子指标组成，可根据设计要求采用某一运动规则来组成。对于加法规则

$$U_i=\sum_{i=1}^{M}W_i \tag{33. 8-5}$$

经过计算得出所有方案的评价值后，应对所得结果进行分析，选取其中最能适合设计要求的方案。例如，A 执行机构有 m 个方案、B 执行机构有 n 个方案、C 执行机构有 p 个方案，那么根据排列组合理论和实际可行性，此机械运动系统方案共有方案数为

$$Q=mnp-k \tag{33. 8-6}$$

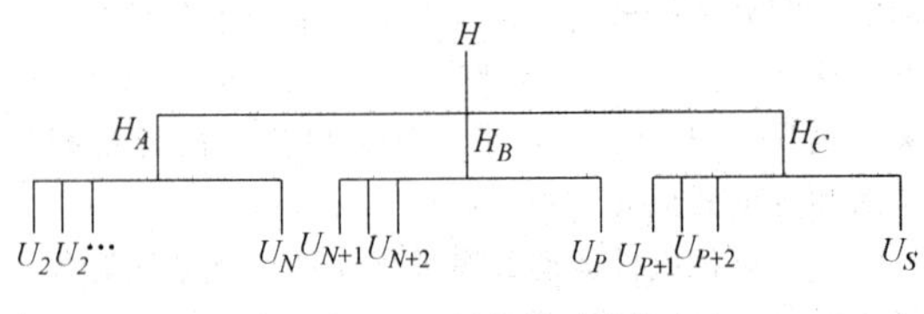

图 33.8-5　评价模型结构

式中，k 为 A、B、C 3 个执行机构组成的不可行方案数。不可行方案主要是由于 3 个执行机构在 5 大类评价指标上不能匹配工作。

在通常情况下，Q 个方案中以 H 值最高的机械运动系统方案为整体最佳的方案。当然，由系数工程方法算出的评价值只是为设计者选择机械运动方案提供了可靠的依据。但是，最终的选择方案的决策还可以由设计者根据实际情况作出最终选择。例如，在实际工作中，有时为了满足一些特殊的要求，并不一定选择 H 值最高的方案，而是选择 H 值稍低，但某些指标值较高的方案。

5　模糊综合评价法

在机械运动系统方案评价时，由于评价指标较多，如应用范围、可调性、承载能力、耐磨性、可靠性、制造难易、调整方便性和结构复杂性等，它们很难用定量分析来评价，属于设计者的经验范畴，只能用“很好”“好”“不太好”“不好”等“模糊概念”来评价。因此，应用模糊数学的方法进行综合评价将会取得更好的实际效果。模糊评价就是利用集合与模糊数学将模糊信息数值化，以进行定量评价的方法。

5.1　模糊综合评价中主要运算符号

$\in$：表示元素与集合的属；	$\bar{\in}$ 或 $\notin$：不属于；
$\subseteq$：包含；	$\not\subset$：不包含；
$\subset$：真包含；	$\cup$：并；
$\cap$：交；	$\underset{\sim}{A}$：模糊集合；
$\underset{\sim}{A}^C$：模糊集的补；	$\wedge$：取小运算；
$\vee$：取大运算。	

5.2　模糊集合的概念

定义：论域 U 中的模糊集合 $\underset{\sim}{A}$，是以隶属函数 $\mu_{\underset{\sim}{A}}$ 为表征的集合，即

$$\mu_{\underset{\sim}{A}}:U\to[0,1]$$
$$u\to\mu_{\underset{\sim}{A}}(u)$$

$\mu_{\underset{\sim}{A}}$ 称为 $\underset{\sim}{A}$ 的隶属函数，$\mu_{\underset{\sim}{A}}(u)$ 表示元素 $u\in U$ 属于 $\underset{\sim}{A}$ 的程度，并称 $\mu_{\underset{\sim}{A}}(u)$ 为 u 对于 $\underset{\sim}{A}$ 的隶属度。

关于此定义，有如下几点说明：

1）$\underset{\sim}{A}$ 的隶属函数与普通集合的特征函数相比，它是经典集合的一般化，而经典集合则是它的特殊形式。亦即 $\underset{\sim}{A}$ 是 U 上的一个模糊子集。

2）模糊子集完全由其隶属函数来刻画。事实上，我们可以建立模糊子集与隶属函数间的一一对应关系。

$\mu_{\underset{\sim}{A}}(u)$ 接近于 1，表示 u 隶属于 $\underset{\sim}{A}$ 的程度大；反之 $\mu_{\underset{\sim}{A}}(u)$ 接近于零，表示 u 隶属于 $\underset{\sim}{A}$ 的程度小。

3）隶属函数是模糊数学的最基本概念，借助它我们才有可能对模糊集合进行量化，也才有可能利用精确数学方法去分析和处理模糊信息。

隶属函数通常是根据经验或统计来确定，它本质上是客观事物的属性，但往往带有一定的主观性。正确地建立隶属函数，是使模糊集合能够恰当地表现模糊概念的关键。所以，应用模糊数学去解决实际问题，往往归结为找出一个恰当的隶属函数，这个问题解决了，其他问题也就迎刃而解了。

为了说明隶属函数与其模糊集合的关系，举例如下。

例 33.8-1　设 $U=[0,100]$ 表示年龄的某个集合，$\underset{\sim}{A}$ 和 $\underset{\sim}{B}$ 分别表示“年老”与“年轻”，其隶属度函数分别见图 33.8-6 和图 33.8-7，其表达式如下

$$\mu_{\underset{\sim}{A}}(x)=\begin{cases}0 & 0\leqslant x\leqslant 50\\ \left[1+\left(\dfrac{x-50}{50}\right)^{-2}\right]^{-1} & 50<x\leqslant 100\end{cases}$$

$$\mu_{\underset{\sim}{B}}(x)=\begin{cases}0 & 0\leqslant x\leqslant 25\\ \left[1+\left(\dfrac{x-25}{25}\right)^{2}\right]^{-1} & 25<x\leqslant 100\end{cases}$$

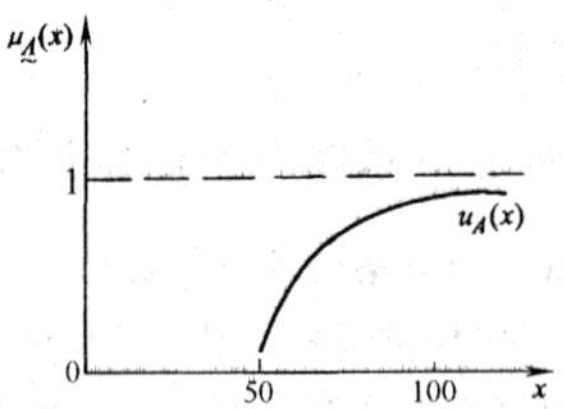

图 33.8-6　“年老”隶属度函数

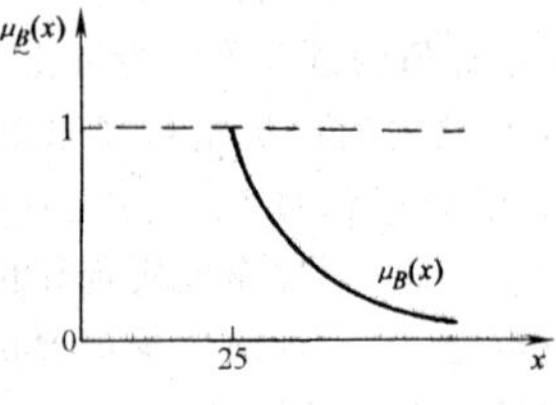

图 33.8-7　“年轻”隶属度函数

如果 $x=60$，则有 $\mu_{\underset{\sim}{A}}(60)=0.80$，$\mu_{\underset{\sim}{B}}(60)=0.02$，即是说 60 岁属于“年老”的程度为 0.80，属于“年轻”

的程度为 0.02,故可以认为 60 岁是比较老的。

5.3　隶属度函数的确定方法

一个模糊集合在给定某种特性之后，就必须建立反映这种特性所具有的程度函数即隶属度函数。它是模糊集合应用于实际问题的基石。一个具体的模糊对象，首先应当确定其切合实际的隶属度函数，才能应用模糊数学方法作具体的定量分析。

模糊评价的表达和衡量是用某一评价指标的评价概念（如优、良、差）隶属度的高低来表示。例如，某方案的调整方便性，一般不可能是绝对方便或绝对不方便，而被认为对方便性的概念有八成符合，那么就可称它对调整方便性的隶属度为 0.8。

隶属度可采用统计法或通过已知隶属度函数求得。

（1）模糊统计试验法

模糊统计试验，是对评价指标体系中某一指标进行模糊统计试验，其试验次数应足够多，使统计得到的隶属频率稳定在某一数值范围，由此求得较准确的隶属度。

例如，为了对机械运动方案中某执行机构的调整方便性隶属度函数进行统计试验。由 20 位机械设计人员进行评定，其数据见表 33.8-4。

由表 33.8-4 可见，此指标在“好”处的隶属度为 0.75。

表 33.8-4　某机械执行机构调整方便性评价统计

序　号	评　价	频　数	相对频数
1	很好	1	0.05
2	好	15	0.75
3	较好	3	0.15
4	不太好	1	0.05
5	不好	0	0

（2）二元对比排序法

二元对比排序法确定隶属度，在实际工作中，常常能对不易量化的概念得到较好的数据处理，但主观色彩较浓厚。下面介绍二元对比排序法中的择优比较法。它是经过抽样试验后，利用统计方法求取隶属度的。

例如，对于某种评价指标，5 种机构哪种最好？

设论域 U={机构Ⅰ,机构Ⅱ,机构Ⅲ,机构Ⅳ,机构Ⅴ}。

从从事机械设计的科技人员中，随机抽取 50 人，每人被测 20 次，每次在 U 中选两种机构对比，被测者从两种机构中择优指定自己选定的机构。

每个被试者按表 33.8-5 中的次序反复进行两遍，结果记于表 33.8-6 中。

择优比较法将表 33.8-6 各行数字相加，按总和数值大小排序。百分数是由各行总和除以“Σ”列总和后求得。其中各百分数就代表某评价指标“好”的隶属度。由表 33.8-6 可见，机构Ⅱ为最好。

表 33.8-5　择优选定记录

	机构Ⅰ	机构Ⅱ	机构Ⅲ	机构Ⅳ	机构Ⅴ
机构Ⅰ					
机构Ⅱ	1				
机构Ⅲ	5	2			
机构Ⅳ	8	6	3		
机构Ⅴ	10	9	7	4	

表 33.8-6　择优选定记录结果与排序

择优次数	Ⅰ	Ⅱ	Ⅲ	Ⅳ	Ⅴ	Σ	%	顺序
Ⅰ		52	52	54	66	224	22.4	2
Ⅱ	48		84	48	58	238	23.8	1
Ⅲ	47	16		53	61	177	17.7	4
Ⅳ	45	52	47		64	208	20.8	3
Ⅴ	40	52	39	22		153	15.3	5

5.4　模糊综合评价

机械运动方案的评价指标的评价往往是模糊的，因此需采用模糊综合评价的方法对机构系统的方案做出最佳决策。

（1）确定评价因素集

评价因素集又称评价指标集，其中每一因素都是评价的“着眼点”。

对于一个执行机构的评价因素集，由表 33.8-2、表 33.8-3 可得

$$U=\{A,B,C,D,E\}$$

式中　$A=(A_1,A_2)$；$B=(B_1,B_2,B_3,B_4)$；

$C=(C_1,C_2,C_3,C_4)$；$D=(D_1,D_2,D_3,D_4)$；

$E=(E_1,E_2,E_3)$。

为了全面评价某一选定的执行机构，它的评价指标集应由专家群来确定，以力求全面、合理。

（2）确定评价等级集合

对于 U 中的各因素做出评价等级，一般可以按“很好”“好”“较好”“不太好”“不好”5 个等级来加以评价。因此，请 N 个专家，分别对 U 中各因素作出评价 u_i，列于表 33.8-7，其中评价因素集中的因素 u_i 有 x_{ij}个专家评定为 u_j。

表 33.8-7　确定评价等级集合

	v_1	v_2	v_3	v_4	v_5	Σ
$u_1(A_1)$	X_{11}	X_{12}	X_{13}	X_{14}	X_{15}	N
$u_2(A_2)$	X_{21}	X_{22}	X_{23}	X_{24}	X_{25}	N
$u_3(B_1)$	X_{31}	X_{32}	X_{33}	X_{34}	X_{35}	N
⋮	⋮	⋮	⋮	⋮	⋮	
$u_{17}(E_3)$	X_{17-1}	X_{17-2}	X_{17-3}	X_{17-4}	X_{17-5}	N

(3) 确定评价矩阵

对于某一执行机构都可确定从 U 到 V 的评价矩阵，亦可称为模糊关系$\underset{\sim}{\boldsymbol{R}}$:

$$\underset{\sim}{\boldsymbol{R}}=(r_{ij})_{n\times m}=\begin{pmatrix} r_{11} & r_{12} & \cdots & r_{1m} \\ r_{21} & r_{22} & \cdots & r_{2m} \\ \vdots & \vdots & & \vdots \\ r_{n1} & r_{n2} & \cdots & r_{nm} \end{pmatrix}$$

式中，$r_{ij}=\dfrac{x_{ij}}{N}$。

对于一个执行机构，它的评价因素有 n 个，$n=17$；它的评价等级有 m 个，$m=5$。

(4) 确定权数分配集

权数又称权重，它是表征各评价因素相对重要性大小的估测。权数分配集用$\underset{\sim}{\boldsymbol{A}}$表示

$$\underset{\sim}{\boldsymbol{A}}=(a_1,a_2,a_3,\cdots,a_n)$$

式中，$a_i>0$，且 $\sum\limits_{i=1}^{n} a_i=1$。

权数确定方法很多，对于机械运动方案评估可以采用专家估测法。这种方法取决于机械设计领域中的专家的知识与经验，各评价指标的权数都可由专家群作出判断。

设评价指标集为 $U=\{u_1,u_2,u_3,\cdots,u_n\}$，请 M 个专家分别就 U 中元素做出权数判定，其结果列于表 33.8-8。

表 33.8-8 专家对评价因素权数判定

专家	评价指标				
	u_1	u_2	…	u_n	Σ
	权数				
专家 1	a_{11}	a_{12}	…	a_{1n}	1
专家 2	a_{21}	a_{22}	…	a_{2n}	1
⋮	⋮	⋮		⋮	⋮
专家 M	a_{M1}	a_{M2}	…	a_{Mn}	1
$\dfrac{1}{M}\sum a_{ij}=t_i$	$\dfrac{1}{M}a_1$	$\dfrac{1}{M}a_2$	…	$\dfrac{1}{M}a_n$	1

显然，表中各行之和等于 1，即 $\sum\limits_{j=1}^{n} a_{ij}=1(i=1,2,\cdots,M)$。根据表 33.8-8，可取各评价因素权数的平均值作为其权数，表中 $a_i(i=1,2,\cdots,n)$ 表示 $\sum\limits_{i=1}^{M} a_{ij}$，即各行之和，那么 a_i 对应于指标 u_i 的权数为

$$t_i=\frac{1}{M}\sum_{i=1}^{M} a_{ij}=\frac{a_i}{M}$$

在实际确定权数过程中，为了使所得权数更加客观、合理，一般应剔除 $a_{kj}=M_{\max}(a_{ij})$ 及 $a_{k'j}=M_{\min}(a_{ij})$，亦即除去一个最大值和一个最小值，然后将其余各值平均后得到权数 t_i。

由于表 33.8-3 中所列评价性能指标的分配分是征集了专家意见后确定的，因此按分配分可得到各评价指标（评价因素）的权数，17 项评价指标的权数为

$$\underset{\sim}{\boldsymbol{A}}=(0.15,0.10,0.05,0.05,0.05,0.05,0.05,0.05,0.05,0.05,0.05,0.05,0.05,0.05,0.05,0.05,0.05)$$

(5) 计算模糊决策集

在确定评价矩阵$\underset{\sim}{\boldsymbol{R}}$和权数分配集$\underset{\sim}{\boldsymbol{A}}$以后，我们可以按下式求模糊决策集$\underset{\sim}{\boldsymbol{B}}$。

一般地可令

$\underset{\sim}{\boldsymbol{B}}=\underset{\sim}{\boldsymbol{A}}\circ\underset{\sim}{\boldsymbol{R}}$（“$\circ$” 为算子符号）

$\underset{\sim}{\boldsymbol{B}}$的算法主要有两种：

1）采用模糊矩阵的复合算法

$\underset{\sim}{\boldsymbol{B}}=\underset{\sim}{\boldsymbol{A}}\cdot\underset{\sim}{\boldsymbol{R}}=(b_1,\ b_2,\ b_3,\ \cdots,\ b_m)$

$b_j=\bigvee\limits_{i=1}^{n}(a_i\wedge r_{ij})\qquad (j=1,\ 2,\ \cdots,\ m)$

即“$\circ$”取“$\wedge$”“$\vee$”运算（即取小运算和取大运算）。

现以简单例子说明运算过程，设$\underset{\sim}{\boldsymbol{A}}=(0.25,0.20,0.20,0.20,0.15)$，方案评价矩阵$\underset{\sim}{\boldsymbol{R}}$可求得

$$\underset{\sim}{\boldsymbol{R}}=\begin{pmatrix} 0.4 & 0.3 & 0.2 & 0.1 & 0 \\ 0.4 & 0.3 & 0.2 & 0 & 0.1 \\ 0.3 & 0.2 & 0.2 & 0.2 & 0.1 \\ 0.3 & 0.3 & 0.1 & 0.2 & 0.1 \\ 0.2 & 0.2 & 0.3 & 0.1 & 0.2 \end{pmatrix}$$

那么模糊决策集：

$$\underset{\sim}{\boldsymbol{B}}=\underset{\sim}{\boldsymbol{A}}\cdot\underset{\sim}{\boldsymbol{R}}=(0.25,0.2,0.2,0.2,0.15)\begin{pmatrix} 0.4 & 0.3 & 0.2 & 0.1 & 0 \\ 0.4 & 0.3 & 0.2 & 0 & 0.1 \\ 0.3 & 0.2 & 0.2 & 0.2 & 0.1 \\ 0.3 & 0.3 & 0.1 & 0.2 & 0.1 \\ 0.2 & 0.2 & 0.3 & 0.1 & 0.2 \end{pmatrix}$$

$$\begin{aligned}=(&(0.25\wedge0.4)\vee(0.2\wedge0.4)\vee(0.2\wedge0.3)\vee(0.2\wedge0.3)\vee(0.15\wedge0.2),\\ &(0.25\wedge0.3)\vee(0.2\wedge0.3)\vee(0.2\wedge0.2)\vee(0.2\wedge0.3)\vee(0.15\wedge0.2),\\ &(0.25\wedge0.2)\vee(0.2\wedge0.2)\vee(0.2\wedge0.2)\vee(0.2\wedge0.1)\vee(0.15\wedge0.3),\\ &(0.2\wedge0.1)\vee(0.2\wedge0)\vee(0.2\wedge0.2)\vee(0.2\wedge0.2)\vee(0.15\wedge0.1),\end{aligned}$$

$$
\begin{aligned}
&(0.25\wedge 0)\vee(0.2\wedge 0.1)\vee(0.2\wedge 0.1)\vee(0.2\wedge 0.1)\vee(0.15\wedge 0.2))\\
&=(0.25\vee 0.2\vee 0.2\vee 0.2\vee 0.15, 0.25\vee 0.2\vee 0.2\vee 0.2\vee 0.15,\\
&\quad 0.2\vee 0.2\vee 0.2\vee 0.1\vee 0.15, 0.1\vee 0\vee 0.2\vee 0.2\vee 0.1,\\
&\quad 0\vee 0.1\vee 0.1\vee 0.1\vee 0.15)\\
&=(0.25, 0.25, 0.2, 0.2, 0.15)
\end{aligned}
$$

评价结果表明，该方案“很好”的程度为 0.25，“好”的程度为 0.25，“较好”的程度为 0.2，“不太好”的程度为 0.2，“不好”的程度为 0.15。假如对 $\underset{\sim}{\boldsymbol{B}}=(0.25,\ 0.25,\ 0.2,\ 0.2,\ 0.15)$ 进行归一化处理，即 $\underset{\sim}{\boldsymbol{B}}^{*}=\left(\dfrac{0.25}{1.05},\ \dfrac{0.25}{1.05},\ \dfrac{0.2}{1.05},\ \dfrac{0.2}{1.05},\ \dfrac{0.15}{1.05}\right)=$ $(0.233,\ 0.238,\ 0.190,\ 0.190,\ 0.144)$，就是说，认为该方案“很好”的占 23.8%，“好”的占 23.8%，“较好”的占 19%，“不太好”的占 19%，“不好”的占 14.4%。

这种方法因为采用了“∧”“∨”运算，对于某些问题，可能丢失了太多的信息，使结果显得粗糙。特别是评价因素较多，权数分配又较均衡时，由于 $\sum\limits_{i=1}^{n} a_i=1$，因而使每一个因素所分得的权重 a_i 必然很小，于是利用“∧”“∨”运算时，使综合评价中得到的 b_j 注定很小（$b_j\leqslant\vee a_i$）。这时较小的权数通过“∨”运算而被剔除了，那么实际得到的结果往往会掩盖所有评价因素的评价，而变得不够真实。因此，需要采用以下的改进方法。

2）改进的运算方法

$\underset{\sim}{\boldsymbol{B}}=\underset{\sim}{\boldsymbol{A}}\circ\underset{\sim}{\boldsymbol{R}}=(b_1,\ b_2,\ b_3,\ \cdots,\ b_m)$

$b_j=\sum\limits_{i=1}^{n}(a_i,\ r_{ij})=(a_1 r_{1j})\oplus(a_2 r_{2j})\oplus\cdots\oplus(a_n r_{nj})\qquad(j=1,\ 2,\ \cdots,\ m)$

即“∘”取“•”“⊕”算子：$a\cdot b=a\cdot b$ 乘积算子；$a\oplus b=(a+b)\wedge 1$ 闭合加法算子。$\sum\limits_{i=1}^{n}$ 表示对几个数在下求⊕和。这种算法简记为 $M(\bullet,\ \oplus)$。

对上法中所列举例子用改进的运算方法来计算模糊决策集。

$$
\underset{\sim}{\boldsymbol{B}}=\underset{\sim}{\boldsymbol{A}}\circ\underset{\sim}{\boldsymbol{R}}=(0.25,\ 0.2,\ 0.2,\ 0.2,\ 0.15)\begin{pmatrix}0.4 & 0.3 & 0.2 & 0.1 & 0\\ 0.4 & 0.3 & 0.2 & 0 & 0.1\\ 0.3 & 0.2 & 0.2 & 0.2 & 0.1\\ 0.3 & 0.3 & 0.1 & 0.2 & 0.1\\ 0.2 & 0.2 & 0.3 & 0.1 & 0.2\end{pmatrix}
$$

采用 $M(\bullet,\ \oplus)$，有

$$
\begin{aligned}
\underset{\sim}{\boldsymbol{B}}=&((0.25\times 0.4)\oplus(0.20\times 0.4)\oplus(0.20\times 0.3)\oplus(0.20\times 0.3)\oplus(0.15\times 0.2),\\
&(0.25\times 0.3)\oplus(0.20\times 0.3)\oplus(0.20\times 0.2)\oplus(0.20\times 0.3)\oplus(0.15\times 0.2),\\
&(0.25\times 0.2)\oplus(0.20\times 0.2)\oplus(0.20\times 0.2)\oplus(0.20\times 0.1)\oplus(0.15\times 0.3),\\
&(0.25\times 0.1)\oplus(0.20\times 0)\oplus(0.20\times 0.2)\oplus(0.20\times 0.2)\oplus(0.15\times 0.1),\\
&(0.25\times 0)\oplus(0.20\times 0.1)\oplus(0.20\times 0.1)\oplus(0.20\times 0.1)\oplus(0.15\times 0.2))\\
=&(0.1\oplus 0.08\oplus 0.06\oplus 0.06\oplus 0.03, 0.075\oplus 0.06\oplus 0.04\oplus 0.06\oplus 0.03,\\
&0.05\oplus 0.04\oplus 0.04\oplus 0.02\oplus 0.45, 0.025\oplus 0\oplus 0.04\oplus 0.04\oplus 0.015,\\
&0\oplus 0.02\oplus 0.02\oplus 0.02\oplus 0.03)\\
=&(0.33, 0.265, 0.195, 0.12, 0.09)
\end{aligned}
$$

归一化处理后有

$\underset{\sim}{\boldsymbol{B}}^{*}=(0.33, 0.265, 0.195, 0.12, 0.09)$

上述计算结果表明，认为方案“很好”的占 33%，“好”的占 26.5%，“较好”的占 19.5%，“不太好”的占 12%，“不好”的占 9%。如果把认为方案叫“很好”“好”和“较好”这三者相加就占了 79%。

采用 $M(\wedge,\ \vee)$ 与 $M(\bullet,\ \oplus)$ 的计算结果不同，是运算算子不同的缘故。实际计算结果表明，当中元素较均衡时，利用 $M(\wedge,\ \vee)$ 运算结果是失真的，但取 $M(\bullet,\ \oplus)$ 则弥补了 $M(\wedge,\ \vee)$ 算法的不足，所以实际工作中要根据不同情况注意选择运算算子。

（6）模糊综合评价

对于单一机构的选型评价，我们只要对所选用的若干机构分别按上述步骤算出各机构的模糊决策集 $\boldsymbol{B}_{\mathrm{I}}^{*}$、$\boldsymbol{B}_{\mathrm{II}}^{*}$、…、$\boldsymbol{B}_{N}^{*}$，然后综合评价它们的优劣，选择最佳机构。

对于由若干个机构组成的机械运动系统方案，亦可根据以上方法，先求出此机械运动系统方案中各机构的模糊决策集 $\underset{\sim}{\boldsymbol{B}}_1$、$\underset{\sim}{\boldsymbol{B}}_2$、…、$\underset{\sim}{\boldsymbol{B}}_n$；然后确定各机构的综合权数分配集 $\underset{\sim}{\boldsymbol{A}}_{综}$；最后计算此机械运动系统方

案的模糊综合决策集$\underset{\sim}{B}_{综}$

$$\underset{\sim}{B}_{综}=\underset{\sim}{A}_{综}\circ\underset{\sim}{R}_{综}=\underset{\sim}{A}_{综}\begin{pmatrix}\underset{\sim}{B}_1\\ \underset{\sim}{B}_2\\ \vdots\\ \underset{\sim}{B}_n\end{pmatrix}$$

其中，$\underset{\sim}{R}_{综}$可用各机构的模糊决策集叠加而成，其运算方法取 M（$\bullet$，$\oplus$）。

为了要对多个机械运动系统方案进行模糊综合评价，可将分别求出各方案的模糊综合决策集 $B^{\mathrm{I}}_{综}$、$B^{\mathrm{II}}_{综}$、$\cdots B^{N}_{综}$。根据模糊综合决策集的评价结果，在各方案中选择最佳方案。

例如，某种机械运动系统方案由 3 个执行机构组成，它有两套方案，已知

$$\underset{\sim}{A}^{\mathrm{I}}_{综}=(0.4,\ 0.3,\ 0.3)$$

$$\underset{\sim}{R}^{\mathrm{I}}_{综}=\begin{pmatrix}0.4 & 0.3 & 0.1 & 0.1 & 0.1\\ 0.35 & 0.25 & 0.2 & 0.1 & 0.1\\ 0.4 & 0.2 & 0.2 & 0.2 & 0.1\end{pmatrix}$$

$$\underset{\sim}{A}^{\mathrm{II}}_{综}=(0.35,0.35,0.3)$$

$$\underset{\sim}{R}^{\mathrm{II}}_{综}=\begin{pmatrix}0.35 & 0.3 & 0.2 & 0.15 & 0\\ 0.4 & 0.4 & 0.1 & 0.1 & 0\\ 0.3 & 0.3 & 0.2 & 0.1 & 0.1\end{pmatrix}$$

由此可求出模糊综合决策集 $B^{\mathrm{I}}_{综}$、$B^{\mathrm{II}}_{综}$

$$B^{\mathrm{I}}_{综}=(0.4,0.3,0.3)\begin{pmatrix}0.4 & 0.3 & 0.1 & 0.1 & 0.1\\ 0.35 & 0.25 & 0.2 & 0.1 & 0.1\\ 0.4 & 0.2 & 0.2 & 0.2 & 0.1\end{pmatrix}$$

$$=(0.385,0.255,0.16,0.13,0.10)$$

归一化后得

$$B^{*\mathrm{I}}_{综}=(0.374,0.248,0.155,0.126,0.097)$$

$$B^{\mathrm{II}}_{综}=(0.35,0.35,0.3)\begin{pmatrix}0.35 & 0.3 & 0.2 & 0.15 & 0\\ 0.4 & 0.4 & 0.1 & 0.1 & 0\\ 0.3 & 0.3 & 0.2 & 0.1 & 0.1\end{pmatrix}$$

$$=(0.3525,0.335,0.165,0.1175,0.03)$$

归一化后得

$$B^{*\mathrm{II}}_{综}=(0.3525,0.335,0.165,0.1175,0.03)$$

由 $B^{*\mathrm{I}}_{综}$、$B^{*\mathrm{II}}_{综}$ 的评价结果来看，方案Ⅰ的“很好”“好”“较好”占 77.7%，方案Ⅱ的“很好”“好”“较好”占 85.25%。因此，应选择方案Ⅱ。

如果机械运动系统方案由更多的执行机构所组成，提出的机械运动系统方案数更多，那么可以按上法求出 $B^{*\mathrm{I}}_{综}$、$B^{*\mathrm{II}}_{综}$、…、$B^{*N}_{综}$后，最终选定某一方案。

6　实例分析

6.1　系统工程评价法评价机械运动方案

为了使提花织物纹板轧制系统实现自动化，纹版冲孔机的第一个功能是削纸，它是将放在纸库内的纹板（它是一块长 400mm、宽 68mm、厚 0.8mm 的纸板）推出，送至由一对滚轮组成的纹版步进机构。削纸机构的削纸速度要求均匀，每次削纸要可靠不能卡纸或削空。图 33.8-8 所示为削纸机构的结构示意图。同时，还要求机构尽量简单，便于加工制造，便于设计。

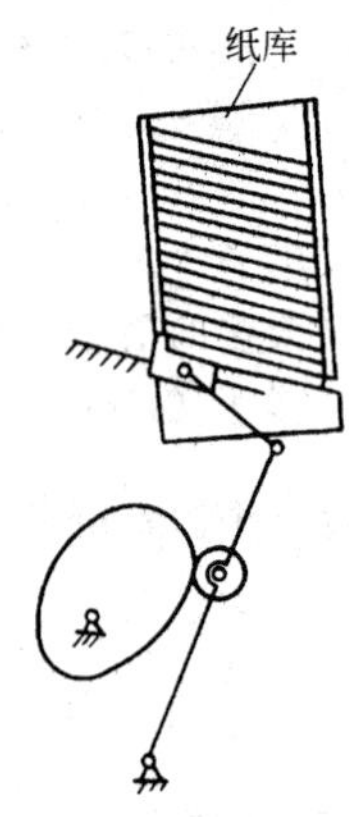

图 33.8-8　削纸机构

根据对削纸机构的要求，通过初步分析研究，可以采用以下 3 个方案：

1）凸轮摇杆滑块机构（见图 33.8-9）。

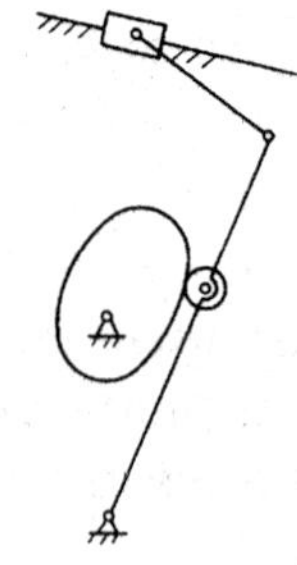

图 33.8-9　凸轮摇杆滑块机构

2）牛头刨机构（见图 33.8-10）。

3）斯蒂芬森机构（见图 33.8-11）。

除了上述 3 种机构外，还可以通过创新和构思设计出其他型式的削纸机构。

根据削纸机构的工作特点、性能要求和应用场合等，采用表 33.8-2 所示的评价体系，它可以用图 33.8-12 来简单表示。

根据各评价指标相互关系，建立评价模型为

$$H_A=\langle U_1(\cdot)U_2(\cdot)U_3(\cdot)U_4(\cdot)U_5\rangle$$

式中　$U_1=S_1+S_2$；

$U_2=S_3+S_4+S_5+S_6$；

$U_3=S_7+S_8+S_9+S_{10}$；

$U_4=S_{11}+S_{12}+S_{13}+S_{14}$；

$U_5=S_{15}+S_{16}+S_{17}$。

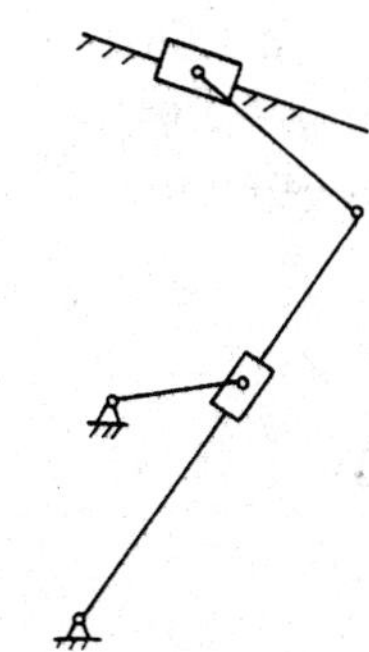

图 33.8-10　牛头刨机构

从上述表达式表示 U_1、U_2、U_3、U_4、U_5 各指标之间采用了乘法规则，而它们内部各子评价指标采用加法规则。

表 33.8-9 所列为上述 3 个机构方案的评价指标体系、评价值及计算结果。在表中所有指标值分为 5 个等级："很好""好""较好""不太好""不好"，它们分别用 1，0.75，0.50，0.25，0 来表示。确定指标值最好征集有设计经验的设计人员意见，采取他们评定的指标值的平均值可以更趋合理，具体评估时不妨一试。

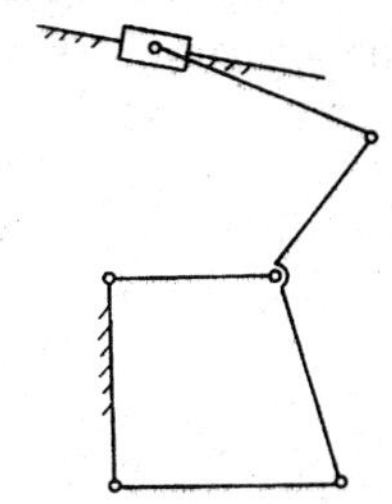

图 33.8-11　斯蒂芬森机构

根据表 33.8-9 给出的评价值，用系统工程评价法可以算出各方案的 H 值，以 H 值的大小来排列 3 个机构方案的次序为：方案Ⅰ最佳，方案Ⅱ其次，方案Ⅲ最差。在一般情况下宜选用方案Ⅰ。

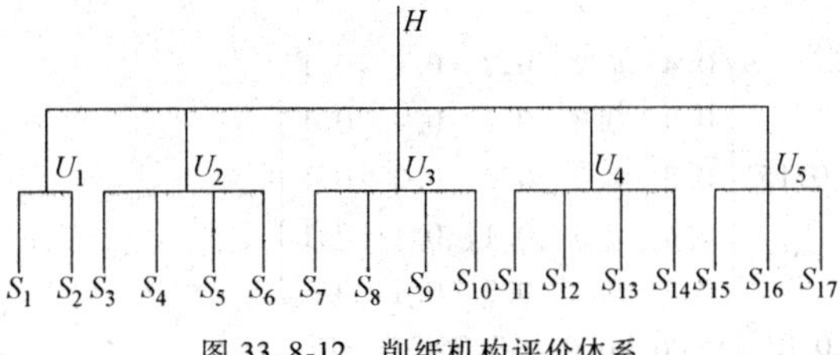

图 33.8-12　削纸机构评价体系

表 33.8-9　3 种机构的评价指标体系、评价值和计算结果

评价指标		方案Ⅰ（凸轮摇杆滑块机构）	方案Ⅱ（牛头刨机构）	方案Ⅲ（斯蒂芬森机构）
U_1	S_1	1	0.75	0.75
	S_2	0.75	0.75	0.75
U_2	S_3	0.75	0.75	0.75
	S_4	0.75	0.75	0.75
	S_5	0.75	0.75	0.75
	S_6	0.75	0.75	0.75
U_3	S_7	1	0.50	0.50
	S_8	0.50	0.75	0.75
	S_9	0.50	0.75	0.75
	S_{10}	1	1	7
U_4	S_{11}	0.50	0.75	0.50
	S_{12}	0.50	0.75	0.75
	S_{13}	1	0.75	0.75
	S_{14}	0.75	0.75	0.75
U_5	S_{15}	0.75	0.50	0.50
	S_{16}	0.75	0.75	0.75
	S_{17}	0.75	0.75	0.50
方案的 H 值		89.32	81	78.875

6.2　模糊综合评价法评价机械运动系统方案

在冲压式蜂窝煤成形机运动系统方案设计过程中，可以看到它有 18 个方案可供选择。为了简化分析比较，我们将下列两个机械运动系统方案用模糊综合评价法来加以评估（见表 33.8-10），如果有更多方案，亦可照此办理。

下面列出它的评价计算步骤：

(1) 计算方案Ⅰ中各机构的模糊决策集

1) 对心曲柄滑块机构。

权数分配集 $\underset{\sim}{A}{}_1^{\mathrm{I}}=(0.25,\ 0.2,\ 0.2,\ 0.2,\ 0.15)$

评价矩阵为 $$\underset{\sim}{R}{}_1^{\mathrm{I}}=\begin{pmatrix}0.5 & 0.2 & 0.2 & 0.1 & 0\\0.5 & 0.2 & 0.1 & 0.2 & 0\\0.4 & 0.2 & 0.2 & 0.1 & 0.1\\0.4 & 0.2 & 0.2 & 0.2 & 0\\0.4 & 0.3 & 0.2 & 0.1 & 0\end{pmatrix}$$

表 33.8-10　蜂窝煤成形机评价的机械运动系统方案

蜂窝煤成形机的三大机构	机械运动方案Ⅰ	机械运动方案Ⅱ
冲头和脱模机构	对心曲柄滑块机构	六连杆冲压机构
扫屑刷机构	附加滑块摇杆机构	移动从动件固定凸轮机构
模筒转盘间歇运动机构	槽轮机构	凸轮式间歇运动机构

模糊决策集为

$$\underset{\sim 1}{\boldsymbol{B}}^{\mathrm{I}}=\underset{\sim 1}{\boldsymbol{A}}^{\mathrm{I}}\circ\underset{\sim 1}{\boldsymbol{R}}^{\mathrm{I}}=(0.25,\ 0.2,\ 0.2,\ 0.2,\ 0.15)\begin{pmatrix}0.5 & 0.2 & 0.2 & 0.1 & 0\\0.5 & 0.2 & 0.1 & 0.2 & 0\\0.4 & 0.2 & 0.2 & 0.1 & 0.1\\0.4 & 0.2 & 0.2 & 0.2 & 0\\0.4 & 0.3 & 0.2 & 0.1 & 0\end{pmatrix}$$

$$\begin{aligned}&=(0.125\oplus0.1\oplus0.08\oplus0.08\oplus0.06,\ 0.05\oplus0.04\oplus0.04\oplus0.04\oplus0.045,\\&\quad 0.05\oplus0.02\oplus0.04\oplus0.04\oplus0.03,\ 0.025\oplus0.04\oplus0.02\oplus0.04\oplus0.015,\\&\quad 0\oplus0\oplus0.02\oplus0\oplus0)\\&=(0.445,\ 0.215,\ 0.18,\ 0.14,\ 0.02)\end{aligned}$$

归一化后为

$$\underset{\sim 1}{\boldsymbol{B}}^{*\mathrm{I}}=(0.445,\ 0.215,\ 0.18,\ 0.14,\ 0.02)$$

2）附加滑块摇杆机构。

权数分配集 $\underset{\sim 2}{\boldsymbol{A}}^{\mathrm{I}}=(0.25,\ 0.2,\ 0.2,\ 0.2,\ 0.15)$

评价矩阵为 $\underset{\sim 2}{\boldsymbol{R}}^{\mathrm{I}}=\begin{pmatrix}0.3 & 0.3 & 0.2 & 0.1 & 0.1\\0.3 & 0.3 & 0.2 & 0.2 & 0\\0.3 & 0.3 & 0.2 & 0.1 & 0.1\\0.4 & 0.3 & 0.2 & 0.1 & 0\\0.5 & 0.3 & 0.1 & 0.1 & 0\end{pmatrix}$

模糊决策集为

$$\underset{\sim 2}{\boldsymbol{B}}^{\mathrm{I}}=\underset{\sim 2}{\boldsymbol{A}}^{I}\circ\underset{\sim 2}{\boldsymbol{R}}^{\mathrm{I}}=(0.25,0.2,0.2,0.2,0.15)\begin{pmatrix}0.3 & 0.3 & 0.2 & 0.1 & 0.1\\0.3 & 0.3 & 0.2 & 0.2 & 0\\0.3 & 0.3 & 0.2 & 0.1 & 0.1\\0.4 & 0.3 & 0.2 & 0.1 & 0\\0.5 & 0.3 & 0.1 & 0.1 & 0\end{pmatrix}$$

$$\begin{aligned}&=(0.075\oplus0.06\oplus0.06\oplus0.08\oplus0.075,0.075\oplus0.06\oplus0.06\oplus0.06\oplus0.045,\\&\quad 0.05\oplus0.04\oplus0.04\oplus0.04\oplus0.015,0.025\oplus0.04\oplus0.02\oplus0.02\oplus0.015,\\&\quad 0.025\oplus0\oplus0.02\oplus0\oplus0)\\&=(0.35,0.3,0.185,0.12,0.045)\end{aligned}$$

归一化后为

$$\underset{\sim 2}{\boldsymbol{B}}^{*\mathrm{I}}=(0.35,0.3,0.185,0.12,0.045)$$

3）槽轮机构。

权数分配集 $\underset{\sim 3}{\boldsymbol{A}}^{\mathrm{I}}=(0.25,0.2,0.2,0.2,0.15)$

评价矩阵为 $\underset{\sim 3}{\boldsymbol{R}}^{\mathrm{I}}=\begin{pmatrix}0.4 & 0.2 & 0.2 & 0.1 & 0.1\\0.4 & 0.3 & 0.1 & 0.1 & 0.1\\0.3 & 0.2 & 0.2 & 0.2 & 0.1\\0.4 & 0.3 & 0.1 & 0.1 & 0.1\\0.3 & 0.3 & 0.3 & 0.1 & 0\end{pmatrix}$

模糊决策集为

$$\underset{\sim 3}{\boldsymbol{B}}^{\mathrm{I}}=\underset{\sim 3}{\boldsymbol{A}}^{\mathrm{I}}\circ\underset{\sim 3}{\boldsymbol{R}}^{\mathrm{I}}=(0.25,0.2,0.2,0.2,0.15)\begin{pmatrix}0.4 & 0.2 & 0.2 & 0.1 & 0.1\\0.4 & 0.3 & 0.1 & 0.1 & 0.1\\0.3 & 0.2 & 0.2 & 0.2 & 0.1\\0.4 & 0.3 & 0.1 & 0.1 & 0.1\\0.3 & 0.3 & 0.3 & 0.1 & 0\end{pmatrix}$$

$$=(0.1\oplus0.08\oplus0.06\oplus0.08\oplus0.045,0.05\oplus0.06\oplus0.04\oplus0.06\oplus0.045,$$

$$0.05\oplus0.02\oplus0.04\oplus0.02\oplus0.045,0.025\oplus0.02\oplus0.04\oplus0.02\oplus0.015,$$
$$0.025\oplus0.02\oplus0.02\oplus0.02\oplus0)$$
$$=(0.365,0.255,0.175,0.12,0.085)$$

归一化后为

$$\underset{\sim 3}{\boldsymbol{B}}^{*\,\mathrm{I}}=(0.365,0.255,0.175,0.12,0.085)$$

(2) 计算方案Ⅱ中各机构的模糊决策集

1) 六连杆冲压机构。

权数分配集 $\underset{\sim 1}{\boldsymbol{A}}^{\mathrm{II}}=(0.25,0.2,0.2,0.2,0.15)$

评价矩阵为 $\underset{\sim 1}{\boldsymbol{R}}^{\mathrm{II}}=\begin{pmatrix}0.4&0.3&0.2&0.1&0\\0.4&0.2&0.2&0.1&0.1\\0.4&0.2&0.2&0.1&0.1\\0.3&0.2&0.2&0.2&0.1\\0.3&0.2&0.2&0.3&0\end{pmatrix}$

模糊决策集为

$$\underset{\sim 1}{\boldsymbol{B}}^{\mathrm{II}}=\underset{\sim 1}{\boldsymbol{A}}^{\mathrm{II}}\circ\underset{\sim 1}{\boldsymbol{R}}^{\mathrm{II}}=(0.25,0.2,0.2,0.2,0.15)\begin{pmatrix}0.4&0.3&0.2&0.1&0\\0.4&0.2&0.2&0.1&0.1\\0.4&0.2&0.2&0.1&0.1\\0.3&0.2&0.2&0.2&0.1\\0.3&0.2&0.2&0.3&0\end{pmatrix}$$
$$=(0.1\oplus0.08\oplus0.08\oplus0.06\oplus0.045,0.075\oplus0.04\oplus0.04\oplus0.04\oplus0.03,$$
$$0.05\oplus0.04\oplus0.04\oplus0.04\oplus0.03,0.025\oplus0.02\oplus0.02\oplus0.04\oplus0.045,$$
$$0\oplus0.02\oplus0.02\oplus0.02\oplus0)$$
$$=(0.365,0.225,0.2,0.15,0.06)$$

归一化后为

$$\underset{\sim 1}{\boldsymbol{B}}^{*\,\mathrm{II}}=(0.365,0.225,0.2,0.15,0.06)$$

2) 移动从动件固定凸轮机构。

权数分配集 $\underset{\sim 2}{\boldsymbol{A}}^{\mathrm{II}}=$ (0.25, 0.2, 0.2, 0.2, 0.15)

评价矩阵为 $\underset{\sim 2}{\boldsymbol{R}}^{\mathrm{II}}=\begin{pmatrix}0.4&0.3&0.2&0.1&0\\0.2&0.2&0.3&0.2&0.1\\0.2&0.2&0.3&0.2&0.1\\0.3&0.2&0.3&0.1&0.1\\0.4&0.3&0.1&0.1&0.1\end{pmatrix}$

模糊决策集为

$$\underset{\sim 2}{\boldsymbol{B}}^{\mathrm{II}}=\underset{\sim 2}{\boldsymbol{A}}^{\mathrm{II}}\circ\underset{\sim 2}{\boldsymbol{R}}^{\mathrm{II}}=(0.25,0.2,0.2,0.2,0.15)\begin{pmatrix}0.4&0.3&0.2&0.1&0\\0.2&0.2&0.3&0.2&0.1\\0.2&0.2&0.3&0.2&0.1\\0.3&0.2&0.3&0.1&0.1\\0.4&0.3&0.1&0.1&0.1\end{pmatrix}$$
$$=(0.1\oplus0.04\oplus0.04\oplus0.06\oplus0.06,0.075\oplus0.04\oplus0.04\oplus0.04\oplus0.045,$$
$$0.05\oplus0.06\oplus0.06\oplus0.06\oplus0.015,0.025\oplus0.04\oplus0.04\oplus0.02\oplus0.015,$$
$$0\oplus0.02\oplus0.02\oplus0.02\oplus0.015)$$
$$=(0.3,0.24,0.245,0.14,0.075)$$

归一化后为

$$\underset{\sim 2}{\boldsymbol{B}}^{*\,\mathrm{II}}=(0.3,0.24,0.245,0.14,0.075)$$

3) 凸轮式间歇运动机构。

权数分配集 $\underset{\sim 3}{A}^{\text{Ⅱ}}=(0.25,\ 0.2,\ 0.2,\ 0.2,\ 0.15)$

评价矩阵为 $\underset{\sim 3}{R}^{\text{Ⅱ}}=\begin{pmatrix}0.4 & 0.2 & 0.2 & 0.1 & 0.1\\ 0.3 & 0.2 & 0.2 & 0.2 & 0.1\\ 0.4 & 0.3 & 0.2 & 0.1 & 0\\ 0.3 & 0.2 & 0.1 & 0.2 & 0.2\\ 0.2 & 0.3 & 0.2 & 0.2 & 0.1\end{pmatrix}$

模糊决策集为

$$\underset{\sim 3}{B}^{\text{Ⅱ}}=\underset{\sim 3}{A}^{\text{Ⅱ}}\circ\underset{\sim 3}{R}^{\text{Ⅱ}}=(0.25,0.2,0.2,0.2,0.15)\begin{pmatrix}0.4 & 0.2 & 0.2 & 0.1 & 0.1\\ 0.3 & 0.2 & 0.2 & 0.2 & 0.1\\ 0.4 & 0.3 & 0.2 & 0.1 & 0\\ 0.3 & 0.2 & 0.1 & 0.2 & 0.2\\ 0.2 & 0.3 & 0.2 & 0.2 & 0.1\end{pmatrix}$$

$$=(0.1\oplus 0.06\oplus 0.08\oplus 0.06\oplus 0.03,0.05\oplus 0.04\oplus 0.06\oplus 0.04\oplus 0.045,$$
$$0.05\oplus 0.04\oplus 0.04\oplus 0.02\oplus 0.03,0.025\oplus 0.04\oplus 0.02\oplus 0.04\oplus 0.03,$$
$$0.025\oplus 0.02\oplus 0\oplus 0.04\oplus 0.015)$$
$$=(0.33,0.235,0.18,0.155,0.1)$$

归一化后为

$$\underset{\sim 3}{B}^{*\text{Ⅱ}}=(0.33,0.235,0.18,0.155,0.1)$$

(3) 两机械运动方案的模糊综合评价

1) 方案Ⅰ。3个执行机构的权数分配集取

$$\underset{\sim 综}{A}^{\text{Ⅰ}}=(0.4,0.25,0.35)$$

方案Ⅰ的综合评价矩阵，由前可得

$$\underset{\sim}{R}_{综}^{\text{Ⅰ}}=\begin{pmatrix}\underset{\sim 1}{B}^{\text{Ⅰ}}\\ \underset{\sim 2}{B}^{\text{Ⅰ}}\\ \underset{\sim 3}{B}^{\text{Ⅰ}}\end{pmatrix}=\begin{pmatrix}0.445 & 0.215 & 0.18 & 0.14 & 0.02\\ 0.35 & 0.3 & 0.185 & 0.12 & 0.045\\ 0.365 & 0.255 & 0.175 & 0.12 & 0.085\end{pmatrix}$$

它的模糊综合决策集为

$$\underset{\sim 综}{B}^{\text{Ⅰ}}=\underset{\sim 综}{A}^{\text{Ⅰ}}\circ\underset{\sim 综}{R}^{\text{Ⅰ}}=(0.4,0.25,0.35)\begin{pmatrix}0.445 & 0.215 & 0.18 & 0.14 & 0.02\\ 0.35 & 0.3 & 0.185 & 0.12 & 0.045\\ 0.365 & 0.255 & 0.175 & 0.12 & 0.085\end{pmatrix}$$

$$=(0.178\oplus 0.0875\oplus 0.127753,0.086\oplus 0.075\oplus 0.08925,$$
$$0.072\oplus 0.04625\oplus 0.06125,0.056\oplus 0.03\oplus 0.042,$$
$$0.008\oplus 0.01125\oplus 0.02975)$$
$$=(0.3933,0.2503,0.1795,0.1279,0.049)$$

归一化后为

$$\underset{\sim 综}{B}^{*\text{Ⅰ}}=(0.3933,0.2503,0.1795,0.1279,0.049)$$

2) 方案Ⅱ。3个执行机构的权数分配集取

$$\underset{\sim 综}{A}^{\text{Ⅱ}}=(0.4,0.25,0.35)$$

方案Ⅱ的综合评价矩阵，由前可得

$$\underset{\sim}{R}_{综}^{\text{Ⅱ}}=\begin{pmatrix}\underset{\sim 1}{B}^{\text{Ⅱ}}\\ \underset{\sim 2}{B}^{\text{Ⅱ}}\\ \underset{\sim 3}{B}^{\text{Ⅱ}}\end{pmatrix}=\begin{pmatrix}0.365 & 0.225 & 0.2 & 0.15 & 0.06\\ 0.3 & 0.24 & 0.245 & 0.14 & 0.075\\ 0.33 & 0.235 & 0.18 & 0.155 & 0.1\end{pmatrix}$$

它的模糊综合决策集为

$$\underset{\sim}{B}_{综}^{\mathrm{II}}=\underset{\sim}{A}_{综}^{\mathrm{II}}\circ\underset{\sim}{R}_{综}^{\mathrm{II}}=(0.4,0.25,0.35)\begin{pmatrix}0.365 & 0.225 & 0.2 & 0.15 & 0.06\\ 0.3 & 0.24 & 0.245 & 0.14 & 0.075\\ 0.33 & 0.235 & 0.18 & 0.155 & 0.1\end{pmatrix}$$

$$=(0.146\oplus0.075\oplus0.1155,0.09\oplus0.06\oplus0.08225,$$
$$0.08\oplus0.06125\oplus0.063,0.06\oplus0.035\oplus0.05425,$$
$$0.024\oplus0.01875\oplus0.035)$$
$$=(0.3365,0.2323,0.2042,0.1493,0.0777)$$

归一化后为

$$\underset{\sim}{B}_{综}^{*\mathrm{II}}=(0.3365,0.2323,0.2042,0.1493,0.0777)$$

（4）机械运动系统方案的评估与选择

从上述计算所得$\underset{\sim}{B}_{综}^{*\mathrm{I}}$、$\underset{\sim}{B}_{综}^{*\mathrm{II}}$来看，方案Ⅰ的“很好”“好”“较好”占 82.31%，方案Ⅱ的“很好”“好”“较好”占 77.30%。因此，一般情况下应选择方案Ⅰ。

参考文献

[1] 邹慧君. 机构系统设计［M］. 上海：上海科学技术出版社，1996.

[2] 邹慧君. 机械运动方案设计手册［M］. 上海：上海交通大学出版社，1994.

[3] 邹慧君. 机构系统设计与应用创新［M］，北京：机械工业出版社，2008.

[4] 邹慧君. 机械原理［M］. 3版. 北京：高等教育出版社，1999.

[5] 邹珊刚，等. 系统科学［M］. 上海：上海人民出版社，1987.

[6] 江应洛. 系统工程理论方法与应用［M］. 北京：高等教育出版社，1992.

[7] 张延欣，等. 系统工程学［M］. 北京：气象出版社，1997.

[8] 邹慧君，颜鸿森. 机械创新设计理论和方法［M］. 北京：高等教育出版社，2009.

[9] 胡胜海. 机械系统设计［M］. 哈尔滨：哈尔滨工程大学出版社，1997.

[10] 苗东升. 系统科学精要［M］. 北京：中国人民大学出版社，1998.

[11] 黄纯颖. 设计方法学［M］. 北京：机械工业出版社，1992.

[12] 廖林清，等. 机械设计方法学［M］. 重庆：重庆大学出版社，1996.

[13] 威廉卡尔文. 大脑如何思维［M］. 杨雄里，等译. 上海：上海科学技术出版社，1996.

[14] 赵惠田. 发明创造技法［M］. 北京：科学普及出版社，1988.

[15] G帕尔，W拜茨. 工程设计学［M］. 北京：机械工业出版社，1992.

[16] 黄靖远，等. 机械设计学［M］. 北京：机械工业出版社，1991.

[17] Pahl G，Beitz W. Engineering Design［M］. London：The Design Council，1984.

[18] Pahl G，Beitz W. 工程设计学习与实践手册［M］. 张直明，等译. 北京：机械工业出版社，1992.

[19] M J French. Conceptual Design for Engineers［M］. 3rd. Berlin：Springer-Verlag，1999.

[20] H S Yan. Creative Design of Mechanical Devices［M］. Berlin：Springer-Verlag，1998.

[21] 邹慧君，等. 机电一体化系统概念设计的基本原理［J］. 机械设计与研究，1999（3）.

[22] 邹慧君，等. 机械产品概念设计及其方法综述［J］. 机械设计与研究，1998（2）.

[23] 李学荣. 新机器机构的创造发明—机构综合［M］. 重庆：重庆出版社，1988.

[24] 楼鸿棣，邹慧君. 高等机械原理［M］. 北京：高等教育出版社，1990.

[25] 寺野寿朗. 机械系统设计［M］. 姜文炳，译. 北京：机械工业出版社，1983.

[26] 邹慧君，张青. 广义机构设计与应用创新［M］. 北京：机械工业出版社，2009.

[27] 张启先，张玉茹. 我国机械学研究的新进展与展望［J］. 机械工程学报，1996，32（4）：1-4.

[28] Chiou S J，Kota S. Automated Conceptual Design of Mechanisms［J］. Mechanism and Machine Design，1999（34）：467-495.

[29] Qian L，Gero J S. Function-behavior-structure Paths and their Role in Analogy-based Design［J］. AIEDAM，1996，10（4）：289-312.

[30] 邹慧君，等. 机构学的研究现状、发展趋势和应用前景［J］. 机械工程学报，1999，35（5）：1-4.

[31] Sharpe J. AI System Support for Conceptual Design［M］. Berlin：Springer. 1996.

[32] Sturges R H，O'Shaughnessy K，Kilani M I，Computational Model for Conceptual Design Based on Extended Function Logic，Artificial Intelligence for Engineering Design［J］. Analysis and Manufacturing，1996，10（4）：255-274.

[33] Qian L，Gero J S. Function-behavior-structure Paths and their Role in Analogy-based Design［J］. AIEDAM，1996，10（4）：289-312.

[34] Umeda Y，Takeda H，Tomiyama T，et al，Function，Behavior，and Structure，In Application of Artificial Intelligence in Engineering，Gero J S，Ed.，Southhampton and Berlin：Computational Mechanics Publications and Springer-Verlag，1990：177-193.

[35] 朱崇贤. 工业设计系列讲座（七）：设计与市场［J］. 机械设计与研究，1994（1）：44-47.

[36] 荆冰彬，等. 市场需求及其对产品设计的影响［J］.机械设计与研究 1998（1）：15-17.

[37] 荆冰彬，等. 基于市场分析的商品化产品设计目标决策研究［J］. 中国机械工程，1999，10（1）：42-46.

[38] 闻邦椿．机械设计手册：第 6 卷［M］．5 版．北京：机械工业出版社，2010.

[39] 张春林，等．机械创新设计［M］．北京：机械工业出版社，1999.

[40] 黄纯颖．机械创新设计［M］．北京：高等教育出版社，2000.

[41] 邹慧君，等．机械系统概念设计［M］．北京：机械工业出版社，2003.

[42] 邹慧君．机械系统设计原理［M］．北京：科学出版社，2003.